单片机与ARM微处理器的原理及应用

于忠得　编著

国防工業出版社

·北京·

内 容 简 介

本书介绍了目前应用比较广泛的两种嵌入式处理器:8 位的 MCS－51 系列单片机和 32 位的 ARM 微处理器。第 1～3 章介绍了 MCS－51 单片机的硬件结构与指令系统;第 4～6 章介绍了 MCS－51 单片机内部 3 种功能部件(定时器/计数器、串行接口、中断系统)的原理与应用;第 7 章介绍了 ARM 微处理器的硬件架构;第 8 章介绍了 ARM 微处理器的指令系统;第 9 章介绍了 ARM 微处理器的编程知识;第 10 章介绍了一款具体的 ARM7TDMI 微处理器——S3C44B0X,对嵌入到微处理器内部的存储器控制器、时钟与电源管理部件做了详尽的介绍;第 11 章详尽介绍了嵌入到微处理器内部的 I/O 端口与串行接口。各章后给出了较多的思考题与习题,便于加深对各章内容的掌握。

本书可作为普通高校电类、计算机类本科生或研究生嵌入式处理器课程教材,也可作为工程技术人员的参考资料。

图书在版编目(CIP)数据

单片机与 ARM 微处理器的原理及应用/于忠得编著.
—北京:国防工业出版社,2012.6
ISBN 978-7-118-07975-3

Ⅰ.①单… Ⅱ.①于… Ⅲ.①单片微型计算机②微处理器,ARM Ⅳ.①TP368.1②TP332

中国版本图书馆 CIP 数据核字(2012)第 048361 号

※

国防工業出版社出版发行
(北京市海淀区紫竹院南路 23 号　邮政编码 100048)
北京奥鑫印刷厂印刷
新华书店经售

*

开本 787×1092　1/16　**印张** 16¼　**字数** 373 千字
2012 年 6 月第 1 版第 1 次印刷　**印数** 1—3000 册　**定价** 33.00 元

国防书店:(010)88540777　　发行邮购:(010)88540776
发行传真:(010)88540755　　发行业务:(010)88540717

前　言

单片机原理课程在国内电类专业作为一门专业必修课已有20年左右的历史,很多学生毕业后从事单片机系统应用研发工作,校内开展的科技创新活动大多与单片机应用有关,是一门地位重要、受学生欢迎的课程。近几年来,在一些高端的嵌入式系统中,由于复杂的人机界面需求和网络通信需求,传统的8位单片机已不能满足需要,必须转向高端的嵌入式微处理器,ARM处理器是高端嵌入式系统的主流微处理器。开设ARM微处理器与嵌入式系统课程,培养嵌入式系统研发人员以满足社会日益增长的需求,是一项十分紧迫的任务。由于目前国内高校电类专业的课程一般安排较满,短时间内难于做出大的教学计划修改,单独开出学时足够的有关ARM微处理器和嵌入式系统基础的课程,因此,很多高校近期的做法是,将单片机和ARM微处理器合二而一,作为一门课来上,承前继后,相互兼顾。鉴于这种情况,编写囊括MCS-51系列单片机与ARM微处理器原理应用的教材,以满足当前课程教学的需要和学生选书的需要。

全书分两部分:第1~6章为MCS-51系列单片机部分;第7~11章为ARM微处理器部分。在单片机部分,特别介绍了T2定时器/计数器,T2的功能远比T0、T1强大,在应用系统中有着广泛的使用,应当作为单片机原理的重点内容。在第7~11章中,以三星公司生产的S3C44B0X为例,介绍了ARM7TDMI微处理器的硬件架构、指令系统、编程基础以及微处理器内部嵌入的部分功能部件的原理:第7章,详尽地介绍了ARM微处理器的硬件架构,通过本章学习,可以掌握ARM微处理器的内核、硬件架构;第8章,详尽介绍了ARM微处理器的指令系统,给出了指令系统的全部知识细节。通过第7、8章的学习,可以掌握ARM微处理器的全部知识。第9章,介绍了编程的基础知识,通过本章的学习和先期C语言的学习,可以初步掌握基于ARM系统的软件编程。第10、11章,详尽地介绍了典型的ARM7TDMI处理器——三星公司的S3C44B0X,对嵌入在微处理器内部的部分功能电路,即存储器控制器、时钟与电源管理器、I/O端口与串行接口做了详尽的介绍,给出了所有的技术参数和应用实例;这两章的内容,可以支持基于S3C44B0X的工程设计。为了便于组织教学和测试学生的掌握情况,各章均给出较多的思考题与习题。

全书由大连工业大学于忠得撰写。由于作者的水平有限,书中难免有不当之处,恳请各位专家与读者批评指正。

作　者

目　录

第1章　概述 ······ 1

1.1　单片机的定义 ······ 1

1.2　单片机的产生及发展趋势 ······ 2

1.3　单片机的应用 ······ 4

1.4　MCS - 51系列单片机 ······ 5

思考题与习题 ······ 6

第2章　MCS-51单片机的硬件结构 ······ 7

2.1　MCS-51单片机的硬件结构 ······ 7

2.2　MCS-51单片机的引脚描述 ······ 9

2.3　MCS-51单片机的微处理器 ······ 11

2.4　存储器的组织 ······ 14

2.4.1　程序存储器的组织 ······ 14

2.4.2　数据存储器的组织 ······ 15

2.5　时钟电路与时序 ······ 17

2.5.1　时钟电路 ······ 17

2.5.2　时序 ······ 18

2.6　复位电路与WDT技术 ······ 21

2.6.1　复位 ······ 21

2.6.2　WDT技术 ······ 22

2.7　I/O接口与片外总线建立 ······ 25

2.7.1　I/O接口 ······ 25

2.7.2　片外总线建立 ······ 29

思考题与习题 ······ 31

第3章　MCS-51单片机的指令系统 ······ 33

3.1　概述 ······ 33

3.2　寻址方式 ······ 33

3.3　指令集 ······ 34

3.3.1　一般说明 ······ 34

3.3.2　数据传送指令 ······ 35

3.3.3　算术运算指令 ······ 38

3.3.4 逻辑运算指令 …… 42
3.3.5 控制转移指令 …… 44
3.3.6 位操作指令 …… 49
3.4 常用伪指令 …… 51
3.5 编程举例 …… 52
思考题与习题 …… 54

第4章 MCS-51单片机的定时器/计数器 …… 58

4.1 定时器/计数器T0、T1的结构 …… 58
4.1.1 工作方式控制寄存器TMOD …… 59
4.1.2 控制寄存器TCON …… 60
4.2 T0、T1的工作方式 …… 60
4.2.1 方式0 …… 60
4.2.2 方式1 …… 61
4.2.3 方式2 …… 62
4.2.4 方式3 …… 64
4.2.5 T0工作于方式3下的T1的工作方式 …… 65
4.3 应用中注意的问题 …… 66
4.4 定时器/计数器T2 …… 67
4.4.1 管理T2的特殊功能寄存器 …… 67
4.4.2 T2的工作方式 …… 69
思考题与习题 …… 75

第5章 MCS-51单片机的串行接口 …… 76

5.1 通信的基本知识 …… 76
5.2 串行口的结构 …… 78
5.3 串行口的工作方式 …… 79
5.3.1 方式0 …… 79
5.3.2 方式1 …… 82
5.3.3 方式3 …… 84
5.3.4 方式2 …… 91
思考题与习题 …… 91

第6章 MCS-51单片机的中断系统 …… 93

6.1 中断的概念 …… 93
6.2 中断系统的结构 …… 94
6.3 中断源 …… 95
6.4 中断开放与禁止控制 …… 97
6.5 中断优先级控制 …… 98
6.6 中断响应 …… 99

6.7 中断系统设计 …… 101
思考题与习题…… 110
第7章 ARM微处理器的硬件架构 …… 111
7.1 嵌入式系统的基本概念 …… 111
7.2 ARM微处理器的工作状态与工作模式 …… 112
7.2.1 工作状态 …… 112
7.2.2 工作模式 …… 113
7.3 存储器组织 …… 113
7.4 寄存器组织 …… 114
7.4.1 ARM状态下的寄存器组织 …… 114
7.4.2 THUMB状态下的寄存器组织 …… 116
7.4.3 程序状态寄存器 …… 117
7.5 异常 …… 119
7.5.1 异常类型 …… 119
7.5.2 进入异常与退出异常 …… 121
7.5.3 异常向量与异常优先级 …… 122
7.5.4 复位 …… 122
思考题及习题 …… 122
第8章 ARM微处理器的指令系统 …… 124
8.1 概述 …… 124
8.1.1 指令概述 …… 124
8.1.2 指令的条件域 …… 126
8.2 指令的寻址方式 …… 127
8.2.1 立即寻址 …… 127
8.2.2 寄存器寻址 …… 127
8.2.3 寄存器间接寻址 …… 127
8.2.4 基址变址寻址 …… 127
8.2.5 多寄存器寻址 …… 128
8.2.6 堆栈寻址 …… 128
8.3 ARM指令集 …… 129
8.3.1 转移指令 …… 129
8.3.2 数据处理指令 …… 131
8.3.3 乘法指令与乘加指令 …… 139
8.3.4 加载32位操作数的“伪指令” …… 142
8.3.5 加载与存储指令 …… 143
8.3.6 批量数据加载与存储指令 …… 150
8.3.7 数据交换指令 …… 153
8.3.8 程序状态寄存器访问指令 …… 154

8.3.9 协处理器指令 …… 157
8.3.10 异常产生指令 …… 159
思考题及习题 …… 160

第9章 编程基础 …… 161

9.1 汇编语言的伪指令 …… 161
9.1.1 符号定义伪指令 …… 161
9.1.2 数据定义伪指令 …… 162
9.1.3 汇编控制及其他常用伪指令 …… 165
9.2 ARM 汇编程序设计 …… 169
9.2.1 汇编语言程序中的文件格式 …… 169
9.2.2 汇编语言的语句格式 …… 170
9.2.3 汇编语言程序中常用的符号 …… 170
9.2.4 ARM 汇编程序中的表达式 …… 171
9.2.5 汇编语言的程序结构 …… 173
9.2.6 C/C++与汇编语言的混合编程 …… 174
9.3 汇编程序设计举例 …… 176
9.3.1 汇编程序实例 …… 176
9.3.2 基于 S3C44B0X 汇编程序实例 …… 177
思考题与习题 …… 179

第10章 ARM7 微处理器——S3C44B0X …… 181

10.1 S3C44B0X 微处理器简介 …… 181
10.1.1 微处理器特性 …… 181
10.1.2 微处理器的引脚布置与描述 …… 183
10.2 存储器控制器 …… 187
10.2.1 存储空间分布 …… 187
10.2.2 BANK 0 的配置 …… 188
10.2.3 存储器的硬件接口 …… 189
10.2.4 存储器控制器专用寄存器 …… 192
10.2.5 配置 SDRAM 型存储器实例 …… 201
10.3 时钟与电源管理 …… 206
10.3.1 时钟产生器 …… 207
10.3.2 电源管理 …… 211
10.3.3 应用举例 …… 218
思考题与习题 …… 219

第11章 ARM7 微处理器的并行接口与串行接口 …… 220

11.1 并行接口 …… 220
11.1.1 I/O 口的功能 …… 220

11.1.2 I/O 口控制寄存器 …… 222
11.1.3 外部中断触发方式的配置 …… 227
11.1.4 I/O 口的应用 …… 229
11.2 串行接口 …… 234
11.2.1 概述 …… 234
11.2.2 UART 工作原理 …… 234
11.2.3 UART 专用寄存器 …… 239
11.2.4 应用举例 …… 247
思考题与习题 …… 250
参考文献 …… 252

第1章 概 述

单片机自20世纪70年代问世以来,以其性价比高、体积小、抗干扰能力强、应用方便等优点,受到人们的重视和关注,已被广泛地应用在工业检测、控制、智能仪器仪表、家用电器等各个方面,几乎在所有用到测量控制的场合都有单片机的存在。

1.1 单片机的定义

单片机是计算机技术、集成电路(IC)制造技术发展的产物。所谓单片机,就是在一片IC芯片上集成了中央处理单元(CPU)、数据存储器(RAM)、程序存储器(ROM、EPROM、FLASH)、并行I/O接口、定时器/计数器、串行接口、中断系统等组成一台计算机必须具有的一些部件,由此,这样一片IC芯片具有一台计算机的属性,因而被称为单片微型计算机,简称单片机。

单片机最早由国外一些大的集成电路生产厂家推出,它的原名叫做微型控制器(Microcontroller),主要应用于测控领域,实现各种测量和控制功能。早年的计算机由电子管组成,后来发展到由晶体管组成,体积庞大,当时的人们习惯地认为计算机应当是体积庞大的设备,随着IC技术的发展,在20世纪80年代,开始出现将8位微处理器Z80 CPU加上有限的外围电路,在30cm×30cm左右的一块印制电路板上,制造成一台8位计算机,人们惊羡其体积的小巧,称之为"单板机"或"Z80单板机"。稍后又出现了16位的"8086单板机"。当微型控制器出现后,按照这种思维惯性,大家又称之为"单片机",甚至又为单片机起了英文名称"Single Chip Computer"。这种称谓强调了微型控制器体积的小巧,在国内普遍为大家接受。由于单片机处于核心地位并嵌入到整个系统中,为了强调其"嵌入"的特点,也常常把单片机称为嵌入式微控制器(Embedded Microcontroller Unit,EMCU)。

单片机按照其用途可分为通用型和专用型两大类。通用型单片机具有比较丰富的内部资源,性能全面且适应性强,能覆盖多种应用需求。用户可以根据需要,设计成各种不同用途的测控设备。通用型单片机在具体的应用场合,需要和不同的传感器、变送器、执行单元配合,需要设计不同的接口电路,才能组建成一个以通用单片机为核心的应用系统。本书所介绍的单片机是指通用型单片机。

然而在单片机的测控应用中,有时是专门针对某个特定产品的,例如,打印机控制器、各种通信设备及家用电器中的单片机等。这种"专用"单片机针对性强且用量大,为此,厂家常与芯片制造商合作,设计和生产专用的单片机芯片。由于专用型单片机是针对一种产品或一种控制应用而专门设计的,设计时已经对系统结构的最简化、软硬件资源利用的最优化、可靠性和成本的最佳化等方面都作了通盘的考虑和设计,所以专用型单片机具有十分明显的综合优势。

今后，随着单片机应用的广泛和深入，各种专用型单片机将会越来越多，并且必将成为今后单片机发展的一个重要方向。但是，无论专用型单片机在应用上有多么“专”，其原理和结构都是以通用型单片机为基础的。

1.2 单片机的产生及发展趋势

单片机根据其数据总线的宽度可分为 1 位单片机、4 位单片机、8 位单片机、16 位单片机和 32 位单片机。

最早出现的单片机是 4 位单片机，紧接着是 1 位单片机、8 位单片机、16 位单片机和 32 位单片机。

单片机的发展历史可分为 4 个阶段：

第一阶段(1974—1976)：单片机初级阶段。因工艺限制，单片机采用双片的形式而且功能比较简单。例如仙童公司生产的 F8 单片机，实际上只包括了 8 位 CPU，64B RAM 和 2 个并行口。因此，还需加一块集成电路 3851(由 1KB ROM、定时器/计数器和 2 个并行 I/O 口构成)才能组成一台完整的计算机。

第二阶段(1976—1978)：低性能单片机阶段。以 Intel 公司制造的 MCS－48 系列单片机为代表，这种单片机片内集成有 8 位 CPU、并行 I/O 口、8 位定时器/计数器、RAM 和 ROM 等。运算功能较差，没有串行接口，中断处理比较简单，片内 RAM 和 ROM 容量较小且寻址范围不大于 4KB。

第三阶段(1978—1982)：高性能单片机阶段。这个阶段推出的单片机普遍带有串行接口，多级中断系统，16 位定时器/计数器，片内 ROM、RAM 容量加大，且寻址范围可达 64KB，有的片内还带有 A/D 转换器，这类单片机的典型代表是 Intel 公司的 MCS－51 系列。由于 MCS－51 系列单片机的性能价格比高，所以仍被广泛应用，是目前应用数量较多的单片机。

第四阶段(1982 年至现在)：8 位单片机巩固发展及 16 位单片机、32 位单片机推出阶段。此阶段的主要特征是一方面发展 16 位单片机、32 位单片机及专用型单片机；另一方面不断完善高档 8 位单片机，改善其结构，以满足不同的用户需要。16 位单片机的典型产品如 Intel 公司生产的 MCS－96 系列单片机，其集成度已达 120000 个管子/片。主振频率为 12MHz，片内 RAM 为 232B，ROM 为 8KB，中断处理为 8 级，而且片内带有多通道 10 位 A/D 转换器和高速 I/O 部件(HSI/HSO)，实时处理能力很强。32 位单片机除了具有更高的集成度外，其主振频率已达 20MHz，使得 32 位单片机的数据处理速度比 16 位单片机增快许多，性能比 8 位、16 位单片机更加优越。

单片机的发展趋势是向大内存容量、高性能化，外围电路内装化等方面发展。为满足不同的用户要求，各公司竞相推出能满足不同需要的产品。

1. CPU 的改进

(1) 采用双 CPU 结构，以提高处理能力。

(2) 增加数据总线宽度，单片机内部采用 16 位数据总线，其数据处理能力明显优于一般 8 位单片机。

(3) 采用流水线结构。指令以队列形式出现在 CPU 中，且具有很快的运算速度。尤其适合于作数字信号处理用，例如 TMS320 系列数字信号处理器。

(4) 串行总线结构。飞利浦公司开发了一种新型总线——IIC 总线(Inter - Ic bus,也称 I^2C 总线)。该总线是用 3 条数据线代替现行的 8 位数据总线,从而大大地减少了单片机引线,降低了单片机的成本。目前许多公司都在积极地开发此类产品。

2. 存储器的发展

(1) 加大存储容量。新型单片机片内 ROM 一般可达 20KB ~ 32KB,RAM 为 256B。有的单片机片内 ROM 容量可达 128KB。

(2) 片内 EPROM 采用 E^2PROM 或闪烁(FLASH)存储器。8751 系列的单片机片内 EPROM 由于需要高压编程写入,紫外线擦抹给用户带来不便。而采用 E^2PROM 或闪烁存储器后,能在 +5V 电压下读写,不需紫外线擦抹,既有静态 RAM 读写操作简便,又有掉电时数据不丢失的优点。片内 E^2PROM 或闪烁存储器的使用不仅会对单片机结构产生影响,而且会大大简化应用系统结构。

由于闪烁存储器中数据写入后能永久保持,因此,有的单片机将它们作为片内 RAM 使用,甚至有的单片机将闪烁存储器用作片内通用寄存器。

(3) 程序保密化。一般 EPROM 中的程序很容易被复制。为防止复制,某些公司开始采用 KEPROM(Keyedacess EPROM)编程写入,有的则对片内 EPROM 或 E^2PROM 采用加锁方式。加锁后,无法读取其中的程序。若要去读,必须抹去 E^2PROM 中的信息,这就达到了程序保密的目的。

3. 片内 I/O 的改进

一般单片机都有较多的并行口,以满足外围设备、芯片扩展的需要,并配有串行口,以满足多机通信功能的要求。

(1) 增加并行口的驱动能力,这样可减少外部驱动电路设计。有的单片机能直接输出大电流和高电压,以便能直接驱动现场的大功率设备。

(2) 增加 I/O 口的逻辑控制功能。大部分单片机的 I/O 口都能进行逻辑操作。中、高档单片机的位处理系统能够对 I/O 口进行位寻址及位操作,大大地加强了 I/O 口线控制的灵活性。

(3) 有些单片机设置了一些总线接口控制器,方便并入局域测控网络。

4. 外围电路内装化

随着集成度的不断提高,有可能把较多的外围功能器件集成在片内,这也是单片机发展的重要趋势。除了一般必须具有的 ROM、RAM、定时器/计数器、中断系统外,随着单片机档次的提高,为适应检测、控制功能更高的要求,片内集成的部件还有 A/D 转换器、D/A 转换器、DMA 控制器、中断控制器、锁相环、频率合成器、字符发生器、声音发生器、CRT 控制器、译码驱动器等。系统的单片化是目前单片机发展趋势之一。

5. 低功耗化

8 位单片机中有 1/2 的产品已 CMOS 化,CMOS 芯片的单片机具有功耗小的优点,而且为了充分发挥低功耗的特点,这类单片机普遍配置有 Wait 和 Stop 两种工作方式。例如采用 CHMOS 工艺的 MCS - 51 系列单片机 80C31/80C51/87C51 在正常运行(5V,12MHz)时,工作电流为 16mA,同样条件下 Wait 方式工作时,工作电流则为 3.7mA,而在 Stop(2V)方式工作时,工作电流仅为 50nA。

综观单片机几十年的发展历程,单片机的今后将向多功能、高性能、高速度、低电压、低功耗、低价格、外围电路内装化以及片内存储器容量增加和 FLASH 存储器化方向发展。

但其位数不一定会继续增加,尽管现在已经有了32位单片机,但使用的并不多。可以预言,今后的单片机将会功能更强、集成度和可靠性更高而功耗更低,以及使用更方便。

此外,专用化也是单片机的一个发展方向,针对单一用途的专用单片机将会越来越多。

1.3 单片机的应用

单片机以其卓越的性能,得到了广泛的应用,已深入到各个领域。单片机应用在检测、控制领域中,具有如下特点:

(1) 外围电路设计简单,电路规模小,方便设计以单片机为核心的智能仪器仪表及各种测控设备。

(2) 可靠性好,适应温度范围宽。单片机本身是按工业测控环境要求设计的,能适应各种恶劣的环境。MCS-51系列单片机的温度使用范围比一般的微处理器范围宽,其温度范围如下:

民品	0℃~70℃
工业品	-40℃~85℃
军品	-65℃~125℃

(3) 易扩展,很容易构成各种规模的应用系统,控制功能强。单片机的逻辑控制功能很强,有各种控制功能的指令。

(4) 可以很方便地实现分布式控制系统。

单片机的应用范围很广,在下述的各个领域中得到了广泛的应用。

(1) 工业自动化。在自动化领域,无论是过程控制,还是运动控制、数据采集、控制输出、机电一体化等都离不开单片机,单片机应用技术发挥愈来愈重要的作用。

(2) 智能仪器仪表。目前对仪器仪表的自动化和智能化要求越来越高,单片机的使用大大提高了仪器仪表的精度、稳定性、可靠性,同时简化了结构,减小了体积,易于携带和使用,加速了仪器仪表向智能化、多功能化方向发展。

(3) 消费类电子产品。该应用主要反映在家电领域。目前家电产品的一个重要发展趋势是不断提高其智能化程度。例如,洗衣机、电冰箱、空调机、电视机、微波炉、手机、汽车电子设备等。在这些设备中使用了单片机后,其功能和性能大大提高,并实现了智能化、最优化控制。

(4) 通信方面。在调制解调器、程控交换机、网络终端设备方面,单片机得到了广泛的应用。

(5) 武器装备。在现代化的武器装备中,如飞机、军舰、坦克、导弹、航天飞机导航系统,都有单片机嵌入其中。

(6) 终端及外部设备控制。计算机网络终端设备如银行终端以及计算机外部设备,如打印机、硬盘驱动器、绘图机、传真机、复印机等,都使用了单片机。

(7) 多机分布式系统。利用单片机系统作为下位机,PC机作为上位机,通过某种现场总线组成分布式控制系统。将单片机系统的可靠性和PC机软、硬件资源丰富的特点组合起来,构成一个可靠性高、功能强的测控网络。

综上所述,从工业自动化、智能仪器仪表、家用电器等方面,到武器装备,单片机都发挥着十分重要的作用。

1.4　MCS - 51系列单片机

MCS是Intel公司生产的单片机型号,例如MCS-48、MCS-51、MCS-96系列单片机。MCS-51系列单片机既包括3个基本型8031、8051、8751,也包括对应的低功耗型80C31、80C51、87C51。

20世纪80年代中期以后,Intel公司以专利转让的形式把8051内核技术转让给许多半导体芯片生产厂家,如ATMEL、PHILIPS、ANALOG DEVICES、DALLAS等。这些厂家生产的芯片是MCS-51系列的兼容产品。所谓兼容,是指其指令系统与MCS-51系列单片机的指令系统完全一致,有些甚至在引脚布置上也完全一致,唯一不同的是芯片内部集成的功能电路的数量和性能有所差异。它们对8051单片机一般都做了扩充,更有特点,更具市场竞争力。

MCS-51系列单片机有多种品种。它们的引脚及指令系统相互兼容,主要在内部结构上有些区别。目前使用的MCS-51系列单片机及其兼容产品通常分成以下几类。

1. 基本型(典型产品:8031/8051/8751)

8031内部包括一个8位CPU、128B RAM、21个特殊功能寄存器(SFR)、4个8位并行I/O口、1个全双工串行口、2个16位定时器/计数器,但片内无程序存储器,需要外扩EPROM芯片。

8051在8031的基础上,片内又集成了4KB掩模ROM,作为程序存储器。掩模ROM内的程序只能在制作芯片时,由生产厂家代为烧制,不支持用户自己烧制。适合于应用程序成熟,不需要改动,且批量很大的单片机产品。

8751在8031基础上,增加了4KB的EPROM,用户可以将程序固化在EPROM中(EPROM支持多次擦除和写入,适合研制阶段使用),但其价格相对于8031较贵。8031外扩一片4KB EPROM就相当于一个8751,它的最大优点是价格低。

2. 增强型

Intel公司在MCS-51系列3种基本型产品基础上,又推出增强型系列产品,即52子系列,典型产品:8032/8052/8752。它们的内部RAM增加到256B,8052、8752的内部程序存储器扩展到8KB,16位定时器/计数器增至3个,6个中断源,串行口通信速率提高5倍。

3. 低功耗型

代表性产品为80C31BH/87C51/80C51。均采用CHMOS工艺,功耗很低。例如,8051的功耗为630mW,而80C51的功耗只有120mW,适合低功耗的便携式产品或航天技术中。

此类单片机有两种省电工作方式:一种是CPU停止工作,其他部分仍继续工作;另一种是除片内RAM继续保持数据外,其他部分都停止工作。此类单片机的功耗低,非常适于电池供电或其他要求低功耗的场合。

4. 专用型

如Intel公司的8044/8744,它们在8051的基础上,又增加一个串行接口,主要用于利用串行口进行通信的总线分布式控制系统。

再如美国 Cypress 公司推出的 EZU SR－2100 单片机，它是在 8051 单片机内核的基础上，又增加了 USB 接口电路，可专门用于 USB 串行接口通信。

5. 超 8 位型

在 8052 的基础上，采用 CHMOS 工艺，并将 MCS－96 系列（16 位单片机）中的一些 I/O部件，如高速 I/O（HSI/HSO）、A/D 转换器、脉冲宽度调制器（PWM）、看门狗定时器（WDT）等移植进来，构成新一代 MCS－51 产品，介于 MCS－51 和 MCS－96 之间。PHILIPS 公司生产的 80C552/87C552/83C552 系列即为此类产品。目前此类单片机在我国已得到了较为广泛的使用。

6. 片内闪烁存储器型

随着半导体存储器制造技术和大规模集成电路制造技术的发展，片内带有 FLSAH 存储器的单片机在我国已得到广泛的应用。

上述各种型号的单片机中，最具代表性的产品是美国 Atmel 公司推出的 AT89C55，是一个低功耗、高性能的含有 20KB FLASH 存储器的 8 位 CMOS 单片机，时钟频率高达 33MHz。与 8031 的指令系统和引脚完全兼容。FLASH 存储器允许在线（＋5V）电擦除、电写入或使用通用编程器对其重复编程。此外，AT89C55 还支持由软件选择的两种省电工作方式，非常适于电池供电或其他要求低功耗的场合。由于片内带 EPROM 的 87C51 价格偏高，而 89C55 芯片内的 20KB FLASH 存储器可在线编程或使用编程器重复编程，且价格较低，因此 89C55 芯片受到了普遍的欢迎。

尽管目前单片机的种类繁多，但是掌握好基本型（8031、8051、8751 或 80C31、80C51、87C51）是十分重要的，因为 MCS－51 系列是所有兼容、扩展型单片机的基础。

思考题与习题

1. 单片机的原名是什么？
2. 微处理器、微处理机、单片机之间有何区别？
3. 单片机与微处理器的不同之处是什么？
4. 单片机的发展大致分为哪几个阶段？
5，单片机根据其数据总线宽度可分为哪几种类型？
6. MCS－51 系列单片机的典型产品分别为（　　）、（　　）和（　　）。
7. 8031 与 8051 的区别在于（　　）
   （A）内部数据存储容量不同　　（B）内部数据存储器的类型不同
   （C）内部程序存储器的类型不同　　（D）内部没有程序存储器
8. 8051 与 8751 的区别在于（　　）
   （A）内部数据存储容量不同　　（B）内部数据存储器的类型不同
   （C）内部程序存储器的类型不同　　（D）内部没有程序存储器
9. 举例说明单片机在工业测控领域、家用电器领域的应用。

第2章　MCS－51单片机的硬件结构

本章介绍MCS－51单片机的体系结构与片内硬件结构，通过本章的学习，全面了解其硬件系统。

2.1　MCS－51单片机的硬件结构

MCS－51单片机的片内硬件组成如图2.1所示，按功能划分，它由8个部件组成。

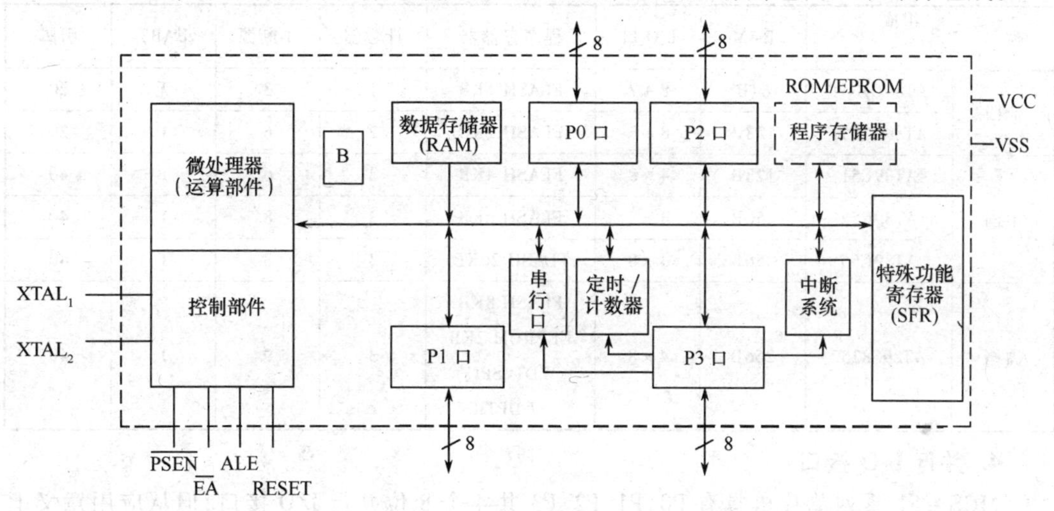

图2.1　MCS－51单片机的片内结构

1. 微处理器(CPU)

8位微处理器，能同时处理字长为8位的二进制数信息，由运算器(ALU)、控制器(定时控制部件等)和专用寄存器组3部分组成。值得一提的是，微处理器中还包含了一个位处理器，专门用于位变量的处理，在逻辑控制方面非常方便。

2. 数据存储器(RAM)

8031、8051、8751等以“1”缀尾的单片机，内含128B RAM；8032、8052、8752等以“2”缀尾的单片机，内含256B RAM。包含在单片机内部的数据存储器通常称为片内数据存储器或片内RAM，是单片机非常宝贵的硬件资源。因为MCS－51系列单片机指令系统中的大部分指令，包括数据传送、算术运算、逻辑运算指令中所处理的数据，仅支持内部RAM中的数据；另外，MCS－51系列单片机的堆栈只能建立在内部RAM中，4组共32个工作寄存器也占用内部RAM 32B，在一般的应用场合，片内RAM资源比较紧张，所以在编程过程中要节省使用。

3. 程序存储器(ROM)

8031内部没有程序存储器，8051内部有4KB的掩模型程序存储器，8751内部有4KB

的 EPROM 型程序存储器。掩模型程序存储器不支持用户编程使用,对于用户而言,等同于没有;EPROM 型程序存储器可以通过专用的编程器固化用户程序,可以通过一定波长的紫外线照射擦除固化在存储器中的内容,可以多次反复固化/擦除,能够满足单片机应用系统在设计过程不断修改和在使用过程中修改完善程序的要求。早年在单片机应用系统设计中,要么选择片内含有 EPROM 型程序存储器的 8751 单片机;要么选择片内不含有 EPROM 型程序存储器的 8031,而在片外扩展 EPROM 型程序存储器。

含有 EPROM 型程序存储器的 8751,需要专用的编程器固化程序,需要专用的紫外线擦抹器擦除程序,并且容量仅有 4KB,使用起来不是很方便。随着半导体存储器的发展,出现了支持在线编程/擦除的 FLASH 型程序存储器,目前在设计单片机应用系统中,基本上选用的是内部含有 FLASH 型程序存储器的单片机,应用较多的是美国 ATMEL 公司生产的 AT89 系列单片机,具体型号和内部 FALSH 型存储器容量如表 2.1 所列。

表 2.1　AT89 系列单片机的分类

组成 / 档次		RAM	I/O 口	程序存储器	计数器	中断源	UART	引脚
低档	AT89C1051	64B	8 +7	FLASH 1KB	1	3	无	20
	AT89C2051	128B	8 +7	FLASH 2KB	2	6	1	20
中档	AT89C51	128B	4 ×8	FLASH 4KB	2	6	1	40
	AT89C52	256B	4 ×8	FLASH 8KB	3	8	1	40
	AT89C55	256B	4 ×8	FLASH 20KB	3	8	1	40
高档	AT89S8252	256B	4 ×8	FLASH 8KB EEPROM 2KB WDT、SPI、 双 DPTR	3	9	1	40

4. 并行 I/O 接口

MCS - 51 系列单片机具有 P0、P1、P2、P3 共 4 个 8 位并行 I/O 接口,但从应用意义上讲,由于 8031、8051 内部没有可供用户使用的程序存储器,在应用过程中,必须占用 P0、P2 口作为地址总线和数据总线使用,因此,8031、8051 只有两个 8 位并行 I/O 接口。片内含有程序存储器的单片机有 4 个并行 8 位 I/O 接口。

5. 定时器/计数器

8031、8051、8751 等以“1”缀尾的单片机,片内具有 2 个 16 位定时器/计数器。8032、8052、8752 等以“2”缀尾的单片机,片内具有 3 个 16 位定时器/计数器。

6. 通用异步串行接口(UART)

有 1 个通用异步串行接口,支持双工通信方式。有 4 种工作方式,可用于 I/O 扩展和串行通信,支持 8 位或 9 位通信,支持多机通信方式。

7. 中断源

8031、8051、8751 等以“1”缀尾的单片机,有 5 个中断源,2 级中断优先级。8032、8052、8752 等以“2”缀尾的单片机,有 6 个中断源,2 级中断优先级。

8. 特殊功能寄存器(SFR)

8031、8051、8751 等以“1”缀尾的单片机,有 21 个特殊功能寄存器;8032、8052、8752 等以“2”缀尾的单片机,有 27 个特殊功能寄存器。特殊功能寄存器用于对片内各功能模块进行管理、控制、监视，实际上是一些控制寄存器和状态寄存器，是一个特殊功能的RAM区。单片机内所有硬件资源的使用都是通过访问SFR实现的。

由上可见，MCS－51单片机的硬件结构具有功能部件种类全、功能强等特点。特别值得一提的是MCS－51单片机的CPU中的位处理器，它实际上是一个完整的1位微计算机，这个1位微计算机有自己的CPU、位存储器、位寄存器和指令集。1位机在开关决策、逻辑电路仿真、过程控制方面非常有效；而8位机在数据采集、运算处理方面有明显的长处。MCS－51单片机集中了8位机和1位机的硬件资源，二者相辅相成，它是单片机技术上的一个突破，这也是MCS－51单片机在设计上的精美之处。

2.2 MCS－51单片机的引脚描述

在单片机的具体应用中，一般是以单片机为核心，加上必要的外围电路，构成完整的单片机硬件系统。尽管单片机内部包含一部分外围电路，如通用I/O接口、串行接口、定时器/计数器、中断系统、数据存储器、程序存储器等，但还必须外接某些硬件电路才能满足应用系统对硬件的需要。比如，在一个单片机测量系统中，必须根据测量系统所配用传感器或变送器的类型与输出信号形式、测量范围等参数，在单片机外、系统的前向通道设计相应的检测电路、滤波电路、放大电路及A/D转换电路；在一个单片机控制系统中，也必须根据执行器的类型，在单片机外、系统的后向通道设计相应的功率放大驱动电路；在有人/机接口需要的应用系统中，也必须在单片机外，根据显示器、按键的类型，设计相应的接口电路；在有通信需要的应用系统中，也必须在单片机外，根据通信协议物理层的要求，设计相应的通信接口电路。单片机是通过引脚与片外电路连接的，了解单片机每一个引脚的功能、电气性能，是单片机系统硬件设计的前提。图2.2是双列直插封装（DIP封装）的MCS－51系列单片机的引脚布置图。

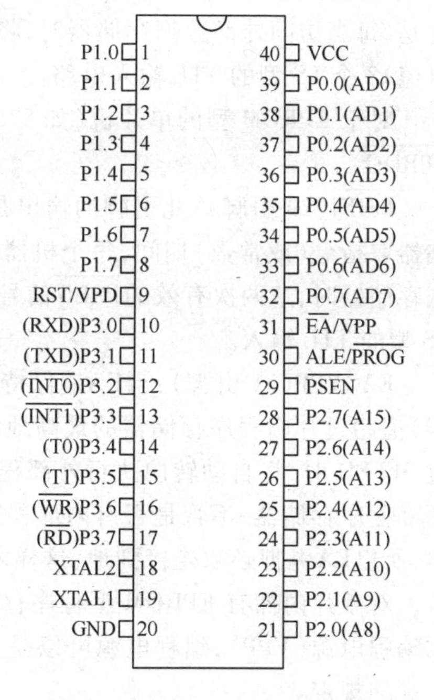

图2.2 单片机的引脚布置图

共有40个引脚，按引脚功能可分为以下4组。

1. 电源引脚

VCC（40引脚）：接＋5V电压。

GND（20引脚）：接地。

2. 时钟引脚

XTAL1（19引脚）：接外部晶体的一端。在单片机内部，它是一个反相放大器的输入端，这个放大器构成了片内振荡器。当采用外部振荡器时，对HMOS单片机，此引脚应接地；对CMOS单片机，此引脚作为驱动端。

XTAL2（18引脚）：接外部晶体的另一端。在单片机内部，接至片内振荡器的反相放大器的输出端。采用外部振荡器时，对HMOS单片机，该引脚接外部振荡器的信号，即把外部振荡器的信号直接接到内部时钟发生器的输入端；对 CHMOS，此引脚应悬浮。

3. 控制引脚

4 个控制引脚：RST/VPD、ALE/$\overline{PROG}$、$\overline{PSEN}$和$\overline{EA}$/VPP。

RST/VPD（9 引脚）：当振荡器运行时，在此引脚上出现大于两个机器周期的高电平将使单片机复位。在单片机正常工作时，此引脚应为低电平。推荐在此引脚与 GND 引脚之间连接一个约 8.2kΩ 的下拉电阻，与 VCC 引脚之间连接一个约 10μF 的电容，可以保证可靠复位。

此引脚的另外一个功能是 VPD，即 VCC 掉电期间，此引脚可接上备用电源，以保持内部 RAM 的数据不丢失。当 VCC 电源下降到低于规定的电平；而 VPD 在其规定的电压范围（5V ±0.5V）内，VPD 就向内部 RAM 提供备用电源。

ALE/$\overline{PROG}$（30 引脚）：当访问外部存储器时，ALE（允许地址锁存）的输出用于锁存 16 位地址的低 8 位。即使不访问外部存储器，ALE 端仍以不变的频率周期性地出现正脉冲信号，此频率为振荡器频率的 1/6。因此，它可用作对外输出的时钟信号。然而要注意的是，每当访问外部数据存储器时，将跳过一个 ALE 脉冲。ALE 端可以驱动（吸收或输出电流）8 个 LS 型的 TTL 输入电路。

对于 EPROM 型的单片机（如 8751），在 EPROM 编程期间，此引脚用于输入编程脉冲（$\overline{PROG}$）。

$\overline{PSEN}$（29 引脚）：此引脚的输出是外部程序存储器的读选通信号。在从外部程序存储器取指令（或常数）期间，每个机器周期两次$\overline{PSEN}$有效。但在此期间，每当访问外部数据存储器时，这两次有效的$\overline{PSEN}$信号将不出现。$\overline{PSEN}$同样可以驱动（吸收或输出）8 个 LS 型的 TTL 输入。

$\overline{EA}$/VPP（31 引脚）：当$\overline{EA}$端保持高电平时，访问内部程序存储器，但在 PC（程序计数器）值超过片内程序存储器的最高地址，比如对于片内拥有 4KB 的 8751 单片机，当 PC 超过 0FFFH 时，将自动转向执行外部程序存储器内的程序。当$\overline{EA}$保持低电平时，则只访问外部程序存储器，不管是否有内部程序存储器。对于常用的 8031 来说，无内部程序存储器，所以$\overline{EA}$引脚必须连接到地，这样才能只选择外部程序存储器。

对于片内拥有 EPROM 型程序存储器的单片机，在 EPROM 编程期间，此引脚用于施加编程电源（VPP），编程电源可以是 +12V 或 +21V，取决于 EPROM 的制造工艺和生产厂家的规定。

4. I/O 引脚

有 P0、P1、P2、P3 4 个 8 位的 I/O 引脚，共 32 个引脚。

P0 口（32 引脚 ~39 引脚）：有两个功能，作 I/O 口使用时，是双向 8 位三态 I/O 口；在外接存储器使用时，是低 8 位地址总线输出与 8 位数据总线复用口。能以吸收电流的方式驱动 8 个 LS 型 TTL 负载。

P1 口（1 引脚 ~8 引脚）：8 位准双向 I/O 口。由于这种接口输出没有高阻状态，输入也不能锁存，故不是真正的双向 I/O 口。P1 口能驱动（吸收或输出电流）4 个 LS 型 TTL 负载。对于以“2”缀尾的单片机，片内含有 3 个 16 位定时器/计数器，P1.0 引脚的第二功能为 T2 定时/计数器的外部脉冲输入引脚，P1.1 引脚的第二功能为 T2EX 捕捉、重装触发控制端，即 T2 的外部控制端。对 EPROM 编程和程序验证时，它接收低 8 位地址。P1 口内部有上拉电阻，在作输入使用时，不必在片外另外上拉电阻。

P2 口(21 引脚 ~28 引脚):有两个功能,作 I/O 口使用时,是 8 位准双向 I/O 口。在访问外部存储器时,输出 16 位地址总线的高 8 位;在对片内 EPROM 编程和程序验证期间,它接收高 8 位地址。P2 口可以驱动(吸收或输出电流)4 个 LS 型 TTL 负载。

P3 口(10 引脚 ~17 引脚):有两个功能,作普通 I/O 口使用时,是 8 位准双向 I/O 口;在 MCS-51 中,这 8 个引脚还用于专门功能,是复用双功能口。P3 口能驱动(吸收或输出电流)4 个 LS 型 TTL 负载。

作为第一功能使用时,当普通 I/O 口用,功能和操作方法与 P1 口相同。作为第二功能使用时,各引脚的定义如表 2.2 所列。在使用中,P3 口的每一条引脚均可独立定义为第一功能的输入/输出或第二功能。

表 2.2 P3 口的第二功能

口线	引脚	第二功能	口线	引脚	第二功能
P3.0	10	RXD(串行输入口)	P3.4	14	T0(计数器 0 的外部脉冲输入)
P3.1	11	TXD(串行输出口)	P3.5	15	T1(计数器 1 的外部脉冲输入)
P3.2	12	$\overline{INT0}$(外部中断 0)	P3.6	16	$\overline{WR}$(外部数据存储器写脉冲)
P3.3	13	$\overline{INT1}$(外部中断 1)	P3.7	17	$\overline{RD}$(外部数据存储器读脉冲)

2.3 MCS-51 单片机的微处理器

MCS-51 单片机内部 CPU 是一个字长为 8 位的中央处理单元,也就是说它对数据的处理是按字节为单位进行的。与一般微型计算机 CPU 类似,MCS-51 单片机内部 CPU 也是由算术逻辑部件(ALU)、控制器(定时控制部件等)和专用寄存器组 3 部分电路构成。

1. 算术逻辑部件(ALU)

MCS-51 单片机内部的 ALU 是一个功能很强的运算器,它既可以进行加、减、乘、除四则运算,也可以进行与、或、非、异或等逻辑运算,还具有数据传送、移位、判断和程序转移等功能。MCS-51 单片机 ALU 为用户提供了丰富的指令系统,包括数据传送指令、算术运算指令、逻辑运算指令、控制转移指令和位处理指令 5 类,共 111 条。其中,单机器周期(一个机器周期等于 12 个振荡周期)指令约占指令总数的 60%,为 64 条,双机器周期指令为 45 条,四机器周期指令仅为 2 条,指令执行速度较快。

除了能够实现 8 位的算数逻辑运算,MCS-51 单片机的 ALU 内部还有一个 1 位的处理器,即布尔处理器,布尔处理器能够进行位变量的逻辑与、或、非、清零、置 1、判断转移等处理,对开关量的处理非常方便。

2. 控制器

控制器即定时控制部件是单片机的神经中枢,以主振频率为基准(每个主振周期称为振荡周期),控制 CPU 的时序,对指令进行译码,然后发出各种控制信号,将各个硬件环节组织在一起。

控制 CPU 的时序包含两方面的意义:控制 CPU 内部微操作的时序和控制单片机通过引脚向外输出的时序。时序是这样一个概念,一条指令的执行包含若干微操作,各个微操作在时间顺序上是严格区分的,实现区分的方法就是让每个微操作对应不同的时钟脉冲。微操作与时钟的对应关系,外部控制信号与时钟的对应关系称为时序。

定时控制部件起着控制器的作用,由定时控制逻辑、指令寄存器和振荡器(OSC)等电路组成。指令寄存器(IR)用于存放从程序存储器中取出的指令码,定时控制逻辑用于对指令寄存器中的指令码进行译码,并在 OSC 的配合下产生执行指令的时序脉冲,以完成相应指令的执行。

3. 专用寄存器组

专用寄存器组主要用来指示当前要执行指令的内存地址、存放操作数和指示指令执行后的状态等。它是任何一台计算机的 CPU 不可缺少的组成部件,其寄存器的数量因机器型号的不同而异。专用寄存器组主要包括程序计数器 PC(Program Counter)、累加器 A(Accumulator)、程序状态寄存器 PSW、堆栈指针 SP(Stack Pointor)、数据指针 DPTR(Data Pointer)和通用寄存器 B 等。

1) 程序计数器 PC

程序计数器 PC 是一个二进制 16 位的程序地址寄存器,专门用来存放将要执行指令的内存地址,在指令的取指阶段,它的内容就是指令所在的内存地址;在相对转移指令的执行阶段,会修改 PC 的内容,相对转移指令执行完后,会转移到目标地址处;当指令执行完后,如果所执行的指令不是转移类指令,会根据所执行指令占内存的大小自动增加,单字节指令自动加 1、双字节指令自动加 2、3 字节指令自动加 3。

MCS-51 单片机的程序计数器 PC 是 16 位的,故它的编码范围为 0000H ~ FFFFH,共 64KB。这就是说,MCS-51 单片机对程序存储器的寻址范围为 64KB。

2) 累加器 A

累加器 A 又记作 ACC,是一个具有特殊用途的二进制 8 位寄存器,专门用来存放操作数或运算结果。在 CPU 执行某种运算前,两个操作数中的一个通常应放在累加器 A 中,运算完成后累加器 A 中便可得到运算结果。例如:在如下的 3+5 加法程序中:

```
MOV   A,#03H      ;A←3
ADD   A,#05H      ;A←A+05H
```

第一条后令是将加数 3 预先送人累加器 A,为第二条加法指令的执行作了准备。因此,第二条指令执行前累加器 A 中为加数 3,在执行后变为两数之和 8。

3) 通用寄存器 B

通用寄存器 B 是专门为乘法和除法设置的寄存器,也是一个二进制 8 位寄存器。该寄存器在乘法或除法前,用来存放乘数或除数,在乘法或除法完成后用于存放乘积的高 8 位或除法的余数。现以乘法运算为例加以说明:

```
MOV   A,#05H      ;A←5
MOV   B,#03H      ;B←3
MUL   AB          ;A←5×3,B←0
```

上述指令,前两条是传送指令,分别将 5 送至 A,将 3 送至 B。因此,乘法指令执行前累加器 A 和通用寄存器 B 中分别存放了两个乘数,乘法指令执行完后,积的高 8 位送 B,积的低 8 位送 A。

在非乘、除指令中,B 可做一般 8 位寄存器使用。

4）程序状态寄存器 PSW

PSW 是一个 8 位标志寄存器，使用了其中的 7 位，定义如下：

	D7	D6	D5	D4	D3	D2	D1	D0
PSW	Cy	AC	F0	RS1	RS0	OV	–	P

其中：PSW7 为最高位；PSW0 为最低位。

有 4 位用来存放指令执行后的有关状态，指令执行过程中自动形成，它们是 Cy、AC、OV 和 P。有 3 位由用户设置，用来传送信息和选择工作寄存器组。各标志位定义如下：

(1) 进位标志位 Cy(Carry)：用于表示加减运算过程中最高位 A7(累加器最高位)有无进位或借位。在加法运算时，若累加器 A 中最高位 A7 有进位，则 Cy = 1；否则 Cy = 0。在减法运算时，若 A7 有了借位，则 Cy = 1；否则 Cy = 0。此外，CPU 在进行移位操作时也会影响这个标志位。

(2) 辅助进位位 AC(Auxiliary Carry)：用于表示加减运算时低 4 位(A3)有无向高 4 位(即 A4)进位或借位。若 AC = 0，则表示加减过程中 A3 没有向 A4 进位或借位；若 AC = 1，则表示加减过程中 A3 向 A4 有了进位或借位。

(3) 用户标志位 F0(Flag zero)：F0 标志位的状态不是机器在执行指令过程中自动形成的，而是由用户根据程序执行的需要设置的。该标志位状态一经设定，便由用户程序直接检测，以决定用户程序的流向。

(4) 寄存器选择位 RS1 和 RS0：MCS－51 单片机共有 4 组工作寄存器，每组有 8 个 8 位工作寄存器，各组寄存器都命名为 R0 ~ R7，在编写程序时，到底使用的是哪一组工作寄存器，依靠通过指令设置这两位确定。工作寄存器 R0 ~ R7 的分组和 RS1、RS0 之间的关系如表 2.3 所列。

表 2.3 4 组工作寄存器

RS1、RS0	R0 ~ R7 的组号	R0 ~ R7 的物理地址
00	0	00H ~ 07H
01	1	08H ~ 0FH
10	2	10H ~ 17H
11	3	18H ~ 1FH

通常在编写程序时，主程序与中断服务程序使用不同组的工作寄存器，这样处理的话，进入中断和退出中断时，不必进行工作寄存器的进栈保护和出栈恢复的操作，减少中断服务程序指令的数量，从而减少中断服务时间，提高任务实时性。

(5) 溢出标志位 OV(OVerflow)：用以指示运算过程中是否发生了溢出，指令执行过程中自动形成。若在执行运算指令过程中，累加器 A 中运算结果超出了 8 位数能表示的范围，则 OV 标志自动置 1；否则 OV = 0。因此，人们根据执行运算指令后的 OV 状态就可判断累加器 A 中的结果是否正确。

(6) 奇偶标志位 P(Parity)：用于指示累加器 A 中 1 的个数的奇偶性。若 P = 1，则累加器 A 中 1 的个数为奇数；若 P = 0，则累加器 A 中 1 的个数为偶数。在串行通信的奇偶校验时需要用到 P 标志。

5）堆栈指针 SP

堆栈指针 SP 是一个 8 位寄存器，能自动加 1 或减 1，专门用来存放堆栈的栈顶地址。

人们在堆放货物时，总是把先入栈的货物堆放在下面，后入栈的货物堆放在上面，一层一层向上堆。取货时的顺序和堆货顺序正好相反，最后入栈的货物最先被取走，最先入栈的货物最后被取走。因此，货栈的堆货和取货符合“先进后出”或“后进先出”的规律。

计算机中的堆栈类似于商业中的货栈，是一种能按“先进后出”或“后进先出”规律存取数据的 RAM 区域。这个区域是可大可小的，常称为堆栈区。MCS－51 单片机片内 RAM 共有 128B，地址范围为 00H～7FH，原则这个区域中的任何子域都可以用作堆栈区，即作为堆栈来用，但在具体应用中，总要使用工作寄存器，总要使用一部分片内 RAM 作为数据区使用，一般安排片内 RAM 的最上端一部分作为堆栈区使用，堆栈区的大小由用户根据程序的复杂程度确定。一般情况下，用户程序的第一条指令就是规定堆栈区，例如如果希望堆栈区位 32B，相应的指令为：MOV SP，#5FH。

堆栈有栈顶和栈底之分，栈底由栈底地址标志，栈顶由栈顶地址指示。栈底地址是固定不变的，它决定了堆栈在 RAM 中的物理位置；栈顶地址始终在 SP 中，即由 SP 指示，是可以改变的，它决定堆栈中是否存放有数据。因此，当堆栈中为空无数据时，栈顶地址必定与栈底地址重合，即 SP 中一定是栈底地址；当堆栈中存放的数据越多，SP 中的栈顶地址比栈底地址就越大。这就是说，SP 就好像是一个地址指针，始终指示着堆栈中最上面的那个数据。MCS－51 单片机是按照满递增堆栈机制设计的，所谓满堆栈，是指 SP 指向的是最后进栈那一字节内容存入的地址，该地址已经存入要保护的内容。所谓递增，是指进栈操作时，堆栈指针增加；出栈操作时，堆栈指针减少。进、出栈操作通过相应的进、出栈指令“PUSH”和““POP”实现，子程序调用与返回指令、中断响应和中断返回指令也有进、出栈操作。

6）数据指针 DPTR

数据指针 DPTR 是一个 16 位的寄存器，由两个 8 位寄存器 DPH 和 DPL 组成，其中，DPH 为 DPTR 的高 8 位，DPL 为 DPTR 的低 8 位。DPTR 可以用来存放片内 ROM 地址，也可以用来存放片外 RAM 和片外 ROM 的地址。在基址变址寻址方式中，它是惟一的基址寄存器。

2.4 存储器的组织

MCS－51 单片机存储器采用哈佛（Harvard）结构，程序存储器空间和数据存储器空间是分开并立的。在访问片外程序存储器或数据存储器时，地址总线和数据总线是相同的，控制总线是不同的。访问外部程序存储器时，以 $\overline{\text{RSEN}}$ 作为控制信号；访问外部数据存储器时，以 $\overline{\text{WR}}$ 和 $\overline{\text{RD}}$ 作为控制信号。片外程序存储器和片外数据存储器的最大寻址空间为 64KB。

数据存储器分片内数据存储器和片外扩展数据存储器。8751 单片机、AT 系列单片机在片内具有一定容量程序存储器，也可以在片外扩展程序存储器。8031、8051 单片机没有可供用户使用的片内程序存储器，只能在片外扩展程序存储器。

2.4.1 程序存储器的组织

1. 选择上电执行片内程序或片外程序

如果在一个单片机的应用系统中，既有片内程序存储器又有片外程序存储器，就存在开机上电时，执行片内程序存储器中的程序还是执行片外程序存储器中的程序的选择问题，MCS－51 单片机是通过硬件手段来选择确定，当单片机的 31 引脚$\overline{EA}$接地时，开机上电执行片外程序存储器中的程序；当单片机的 31 引脚$\overline{EA}$接高电平（VCC）时，开机上电执行片内程序存储器中的程序。

2. 中断向量

在程序存储器中某些单元被固定用作中断向量，即中断服务程序的入口地址，如表 2.4 所列。

3. 从片内程序执行到片外程序

片内程序的首地址总是从 0000H 开始的，不同型号的单片机片内程序存储器的容量不同，如 8751 型、AT89C51 型单片机具有 4KB 存储容量，AT89C52 型单片机具有 8KB 存储容量，AT89C55 型单片机具有 20KB 存储容量，W78E58 型单片机具有 32KB 存储容量。在单片机的 31 引脚$\overline{EA}$接高电平（VCC）选择上电执行片内程序情况下，当程序运行到片内程序存储器的最后一个字节时，如果继续向下运行，将自动转向片外程序存储器执行，转向片外程序存储器的位置是片内程序存储器末地址 +1。对于具有 4KB 片内程序存储器的单片机，如 AT89C51，从片内程序存储器转向片外程序存储器的情形如图 2.3 所示。

表 2.4　中断向量

中断源	入口地址
外部中断 0（$\overline{INT0}$）	0003H
定时器 0（T0）	000BH
外部中断 1（$\overline{INT1}$）	0013H
定时器 1（T1）	001BH
串行口	0023H

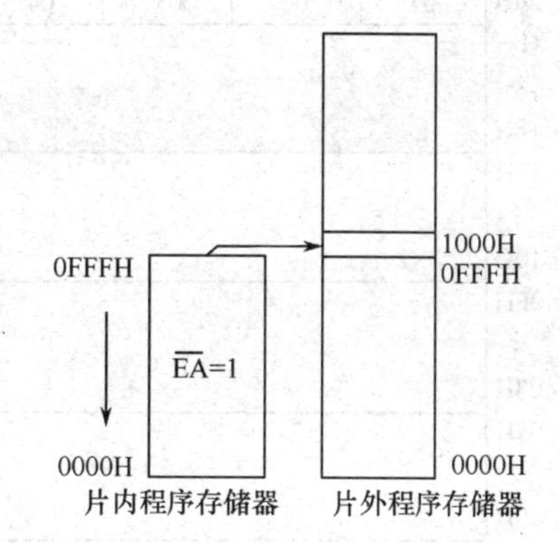

图 2.3　从片内程序运行到片外程序

2.4.2　数据存储器的组织

1. 外部数据存储器

外部数据存储器最大空间为 64KB，与内部数据存储器在物理上是分开的，有各自的寻址方式。MCS－51 单片机没有专门的输入输出指令，也没有访问 I/O 设备的专用控制信号，如果需要访问外部 I/O 设备时，I/O 设备的地址必须映射到外部数据存储器的 64KB 空间内。需要在片外扩展数据存储器时，数据存储器的地址范围根据需要通过相应的译码电路实现。

2. 内部数据存储器

8031、8051、8751 以“1”字缀尾的单片机，片内数据存储器 RAM 单元共有 128B，字节地址范围为 00H～7FH。MCS－51 单片机对片内 RAM 有很丰富的操作指令，用户在设计程序时非常方便。图 2.4 为 MCS－51 系列单片机，具有 128B 内部 RAM 的结构。

地址为 00H～1FH 的 32 单元是 4 组通用工作寄存器区，每个区含 8 个 8 位寄存器，编号为 R0～R7。用户可以通过指令设置 PSW 中的 RS1、RS0 这二位来切换当前的工作

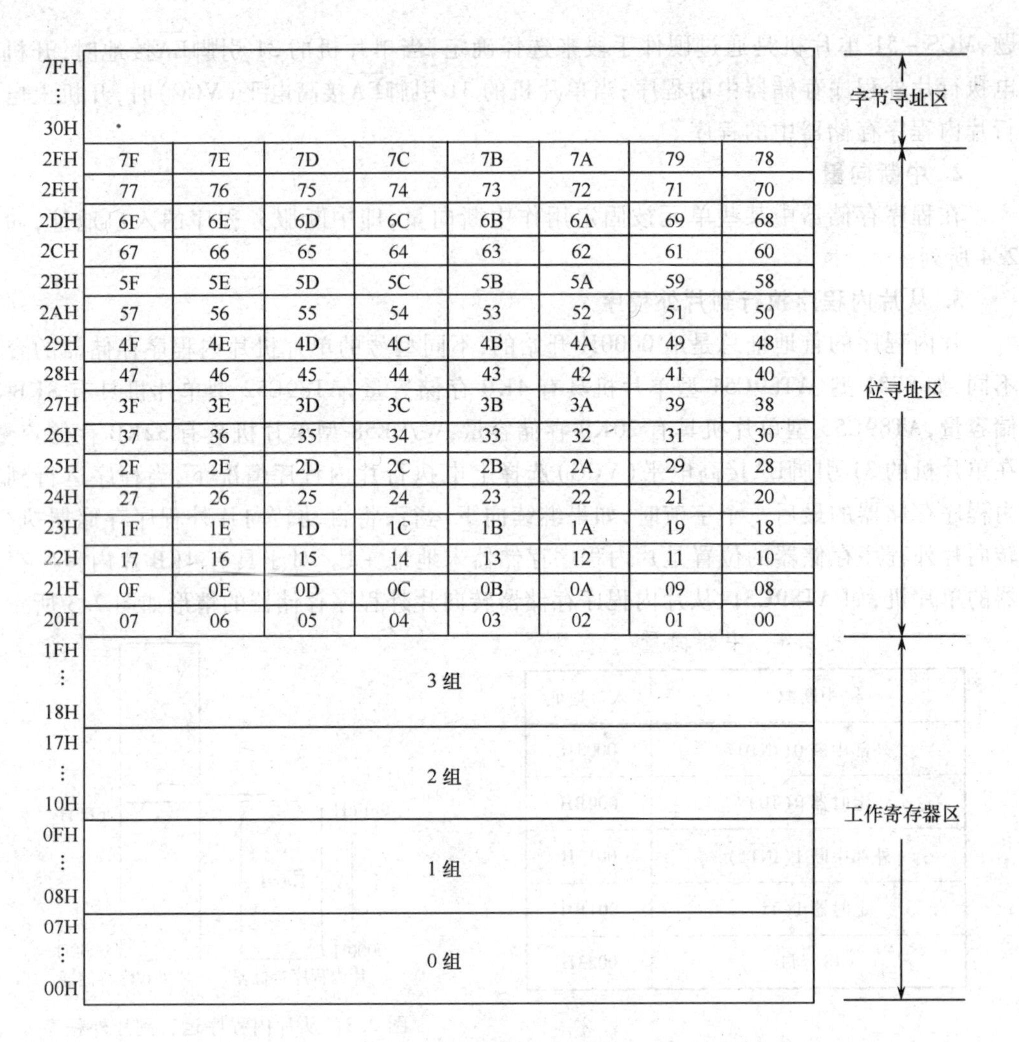

图 2.4　MSC－51 系列单片机的 RAM 结构

寄存器,这种功能给软件设计带来极大的方便,在进入和退出中断服务程序时省去了工作寄存器的保护与恢复操作。

地址为 20H～2FH 的 16 个字节单元是位寻址区,支持按比特位访问,16 个字节共 128 个比特位,每一位都有自己的位地址,这些单元构成了 1 位处理机的存储器空间。这 16 个单元也可以进行字节寻址。

地址为 30H～7FH 的单元为普通的字节寻址区,只能进行字节访问,既支持直接寻址也支持寄存器间接寻址。

8032、8052、8752 以"2"字缀尾的单片机,片内数据存储器(RAM)单元共有 256B,字节地址范围为 00H～FFH。高端 128B 的地址范围为 80H～FFH,作为普通的 RAM 使用。由于管理单片机内部硬件资源的特殊功能寄存器(SFR)的物理地址范围也是 80H～FFH,为了实现区别访问,高端 128B RAM 仅支持寄存器间接寻址,SFR 仅支持直接寻址。

3. 特殊功能寄存器(SFR)

MCS－51 单片机通过特殊功能寄存器对片内硬件资源进行管理和使用。单片机片内硬件通常是多功能的,在具体应用中,需要通过配置相关的 SFR 参数来选择硬件的功能。SFR 还反映硬件的工作状态,通过查询 SFR,了解硬件的工作状态。51 系列单片机具有21个SFR,52系列单片机,由于片内多了一个T2定时器/计数器,相应第多了5个SFR,共有26个SFR。每个SFR具有一个字节地址,21个(或26个)SFR的字节地址离散地分布在80H~FFH空间,刚好和52系列单片机高端128B的RAM地址重叠,尽管地址重叠,但在物理上SFR和高端RAM完全是不同的部件。为了能通过指令区别访问这两种不同的物理设备,规定SFR只能通过直接寻址方式访问;高端RAM只能通过寄存器间接寻址方式访问。在21个(或26个)SFR中,凡是字节地址末位为“0”或“8”的,支持按比特位访问,SFR的符号、名称、字节地址及支持按比特位访问的SFR的位地址如表2.5所列。

表2.5 SFR的名称与分布

特殊功能寄存器符号	名　称	字节地址	位地址
B	B寄存器	F0H	F7H~F0H
A(或ACC)	累加器	E0H	E7H~E0H
PSW	程序状态字	D0H	D7H~D0H
IP	中断优先级控制	B8H	BFH~B8H
P3	P3口	B0H	B7H~B0H
IE	中断允许控制	A8H	AFH~A8H
P2	P2口	A0H	A7H~A0H
SBUF	串行数据缓冲器	99H	
SCON	串行控制	98H	9FH~98H
P1	P1口	90H	97H~90H
TH1	定时器/计数器1(高字节)	8DH	
TH0	定时器/计数器0(高字节)	8CH	
TL1	定时器/计数器1(低字节)	8BH	
TL0	定时器/计数器0(低字节)	8AH	
TMOD	定时器/计数器方式控制	89H	
TCON	定时器/计数器控制	88H	8FH~88H
PCON	电源控制	87H	
DPH	数据指针高字节	83H	
DPL	数据指针低字节	82H	
SP	堆栈指针	81H	
P0	P0口	80H	87H~80H

2.5 时钟电路与时序

时钟电路是单片机时钟信号产生的电路,时序是单片机各种信号与时钟的对应关系。

2.5.1 时钟电路

时钟是单片机工作的时间基准,单片机每一个内部或外部的控制动作都对应着确切的时钟周期,时钟频率高、时钟周期短,单片机执行指令所要的时间就短。因此,时钟频率直接影响单片机执行指令的速度，时钟电路的质量也直接影响单片机系统的稳定性。常用的时钟电路有两种方式：一种是内部时钟方式，通过外接晶体振荡器在内部时钟电路产生时钟信号；另一种为外部时钟方式，设计片外时钟电路产生时钟信号，输入到单片机。

1. 内部时钟方式

MCS-51 单片机内部有一个用于构成振荡器的高增益反相放大器，该高增益反相放大器的输入端为芯片引脚 XTAL1，输出端为引脚 XTAL2。这两个引脚跨接石英晶体振荡器和和起振电容构成一个稳定的自激振荡器，图 2.5 是 MCS-51 单片机内部时钟方式的振荡器电路。图中，晶体振荡器的谐振频率就是时钟频率，起振电容一般选择陶瓷电容，大小为 30PF ±10PF。时钟信号频率越高，CPU 执行指令的速度越快。选择了晶体振荡器的谐振频率就相当于选择了 CPU 执行指令的速度。选择的晶体振荡器的谐振频率不得高于单片机的工作频率上限。AT89 系列单片机的上限工作频率为 24MHz，最高时钟频率不得超过 24MHz。当选择较高的时钟频率时，单片机外接电路的工作速度必须与之匹配。

2. 外部时钟方式

外部时钟方式是在单片机片外设计时钟电路，产生符合 TTL 电平要求的方波信号，通过单片机的 XTAL2 引脚输入到单片机内部。如图 2.6 所示。由于 XTAL2 的逻辑电平不是 TTL 的，故建议外接一个 4.7kΩ ~ 10kΩ 的上拉电阻。

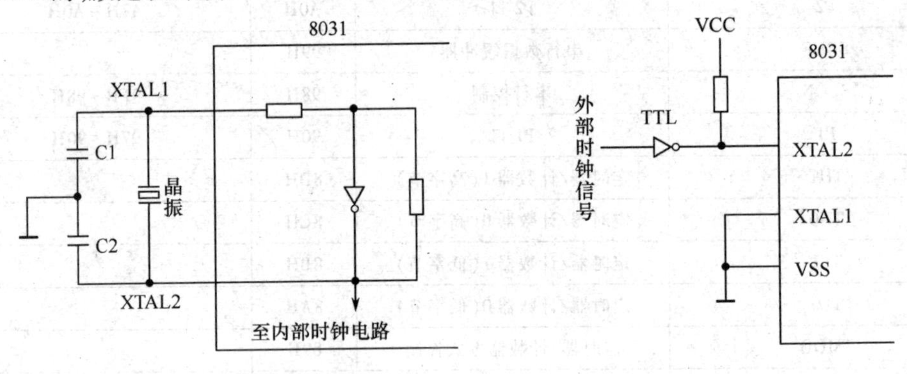

图 2.5　内部时钟电路　　　　图 2.6　外部时钟方式

2.5.2　时序

MCS-51 单片机在执行指令的过程中，需要产生一系列的内部或外部控制信号，这些控制信号需要严格地与时钟周期保持对应关系，这种对应关系称之为时序。MCS-51 单片机在惟一的时钟信号控制下，严格地按时序进行工作。通常通过图解的方式描述单片机的时序，即单片机的各种控制信号与时钟的对应关系。

在执行指令时，CPU 首先要到程序存储器中取出需要执行的指令操作码，然后译码，并由时序电路产生一系列控制信号去完成指令所规定的操作。CPU 发出的时序信号有两类，一类用于片内对各个功能部件的控制，这类信号很多，但通常是单片机设计者关心的问题，应用单片机的用户无需了解。另一类用于对片外存储器或 I/O 端口的控制，这部分时序是硬件设计的根据，必须完全搞清楚单片机的外部时序才能进行硬件设计。在单片机中，由于 CPU、存储器、定时器/计数器、中断系统和 I/O 端口电路等都集成在同一块芯片上，因此单片机的时序比一般的微处理器简单一些。

1. 机器周期和指令周期

为了方便对时序进行分析，首先要定义一种能够度量各种控制信号出现时刻、持续时间、指令执行时间的时间尺度，这个时间尺度一般用时钟周期、状态周期、机器周期和指令周期来表述，如图 2.7 所示。

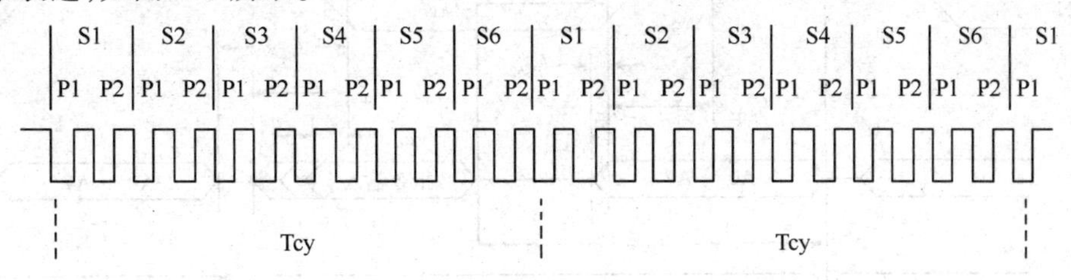

图 2.7 时钟周期、状态周期与机器周期

1）时钟周期

时钟周期又称为振荡周期，由单片机片内振荡电路 OSC 产生，定义为时钟脉冲频率的倒数，是时序中最小的时间单位，如图 2.7 中的 P1、P2。例如，若某单片机时钟频率为 1MHz，则它的时钟周期应为 1μs。因此，时钟周期的时间尺度不是绝对的，它取决于单片机的时钟振荡频率。时钟脉冲是计算机的基本工作脉冲，它控制着计算机的工作节奏，使计算机的每一步工作都统一到它的步调上来。

2）状态周期

两个时钟周期组成一个状态周期。如图 2.7 中的 S1、S2、S3、S4、S5、S6。

3）机器周期

如图 2.7 中的 Tcy，6 个状态周期 S1 ~ S6 组成一个机器周期，每个状态周期中又包含两个时钟周期 P1、P2，因此，一个机器周期中的 12 个时钟周期可以表示为 S1P1，S1P2，S2P1，S2P2，…，S6P2。

4）指令周期

指令周期是时序中的最大时间单位，定义为执行一条指令所需的时间，这个时间是以机器周期为单位，MCS-51 系列单片机执行一条指令花费 1 个 ~4 个机器周期。

指令的运算速度和指令所包含的机器周期数有关，机器周期数越少的指令执行速度越快。MCS-51 单片机通常可以分为单周期指令、双周期指令和四周期指令 3 种。四周期指令只有乘法和除法指令两条，其余均为单周期和双周期指令。

2. 访问外部程序存储器的时序

当在单片机的外部扩展了程序存储器时，必须通过单片机的引脚形成地址总线、数据总线和控制总线来访问外部程序存储器。单片机通过 P0、P2 口输出地址总线，以 P0 口作为数据总线，以 $\overline{PSEN}$ 输出存储器的读选通信号。3 类信号的时序如图 2.8 所示。

3. 访问外部数据存储器的时序

当在单片机的外部扩展了数据存储器时，也必须通过单片机的引脚形成外部地址总线、数据总线和控制总线来访问外部程序存储器。单片机通过 P0、P2 口输出地址总线，以 P0 口作为数据总线，通过引脚 $\overline{RD}$ 输出数据存储器的读选通信号，通过引脚 $\overline{WR}$ 输出数据存储器的写选通信号，读外部数据存储器的时序如图 2.9 所示，写外部数据存储器的时序如图 2.10 所示。

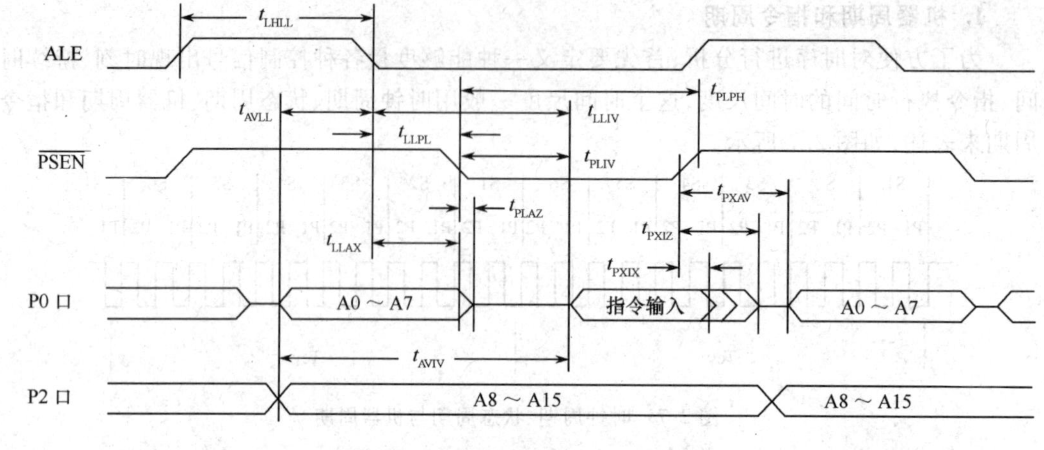

图 2.8　访问外部程序存储器时序

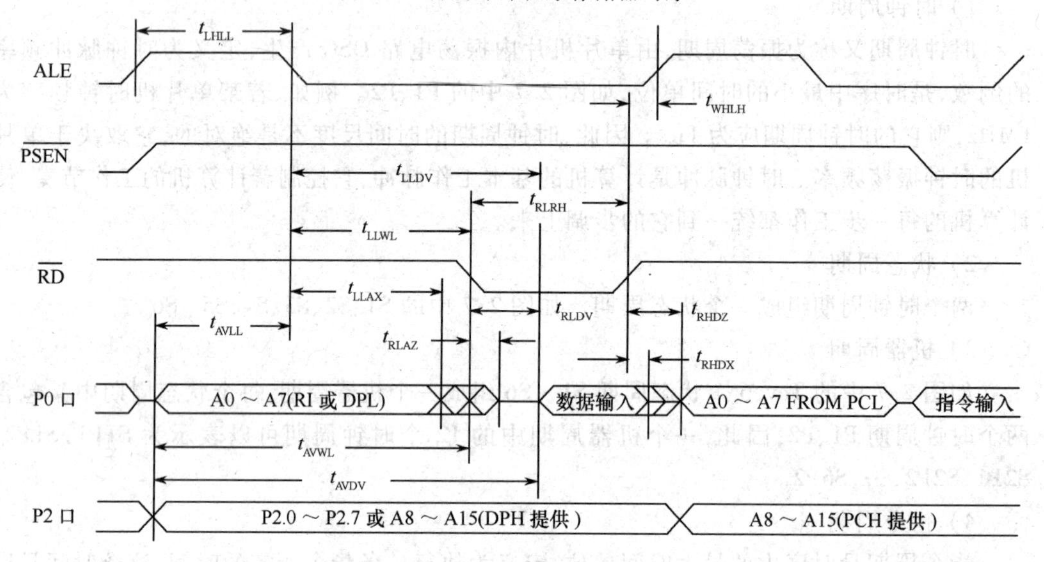

图 2.9　读外部数据存储器时序

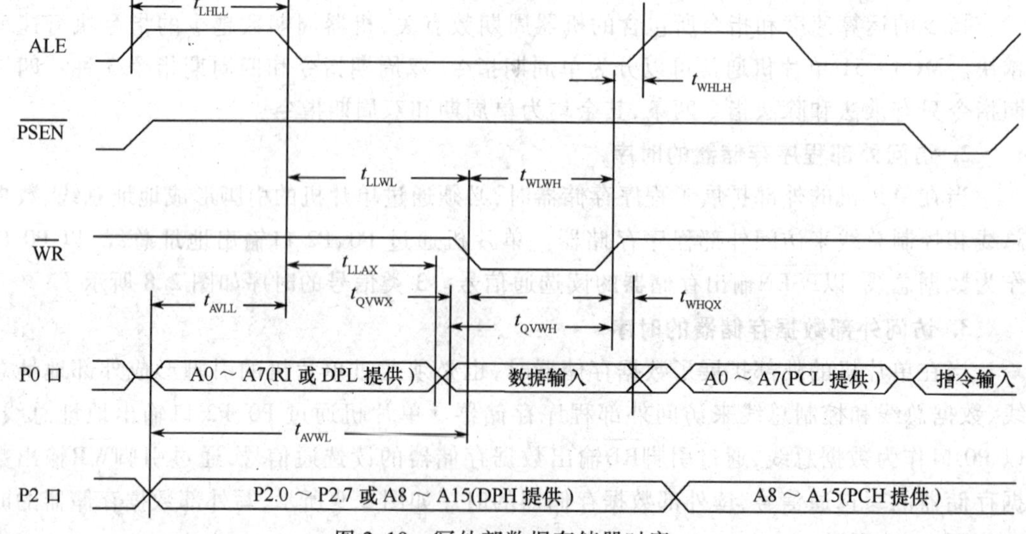

图 2.10　写外部数据存储器时序

2.6 复位电路与 WDT 技术

2.6.1 复位

1. 复位操作

复位是单片机的一个重要操作,通过复位操作使单片机内部的 SFR 和一些重要寄存器处于一个确定的初始状态,只要给 RESET 引脚加上两个机器周期以上的高电平信号,就可使 MCS-51 单片机复位。经过复位操作,PC 初始化为 0000H,使 MCS-51 单片机从 0000H 单元开始执行程序,而用户程序就是从 0000H 地址开始编写,这就意味着,经过复位操作可以使单片机处于用户程序的控制。复位操作对其他的 SFR 的初始化设置如表 2.6 所列。了解了复位后 SFR 的状态,便于在系统初始化操作中,正确配置各 SFR 的参数。比如,如果希望 P1.1 引脚上电后处于高电平状态,那么在初始化操作中,就不需要重新配置 P1.1,因为复位后 P1.1 已经处于高电平。如果希望 P1.1 引脚上电后处于低电平状态,那么在初始化操作中,就必须重新配置 P1.1,使之处于低电平状态。

表 2.6 复位后 SFR 的状态

寄存器	复位状态	寄存器	复位状态
PC	0000H	TMOD	00H
ACC	00H	TCON	00H
PSW	00H	TH0	00H
B	00H	TL0	00H
SP	07H	TH1	00H
DPTR	0000H	TL1	00H
P0 ~ P3	FFH	SCON	00H
IP	×××00000B	SBUF	××××××××B
IE	0××00000B	PCON	0×××0000B

2. 复位电路

典型的复位电路如图 2.11 所示,根据生产厂家 Intel 公司的推荐,图中电阻选择 8.2kΩ,电容选择 10μF 便可以可靠复位。

除了上电复位外,有时还需要按键手动复位。按键手动电平复位电路如图 2.12 所示。

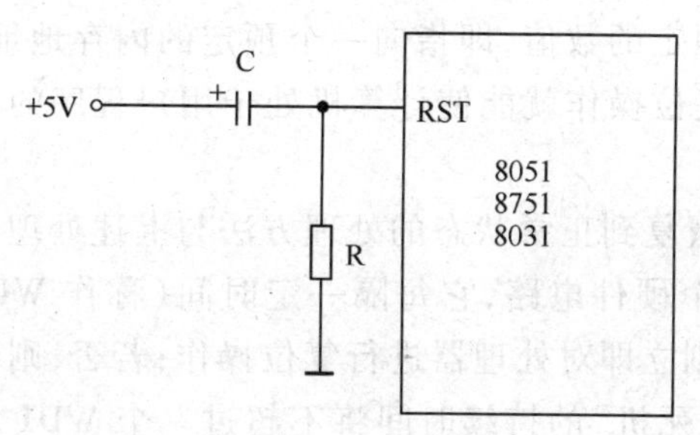

图 2.11 上电复位电路

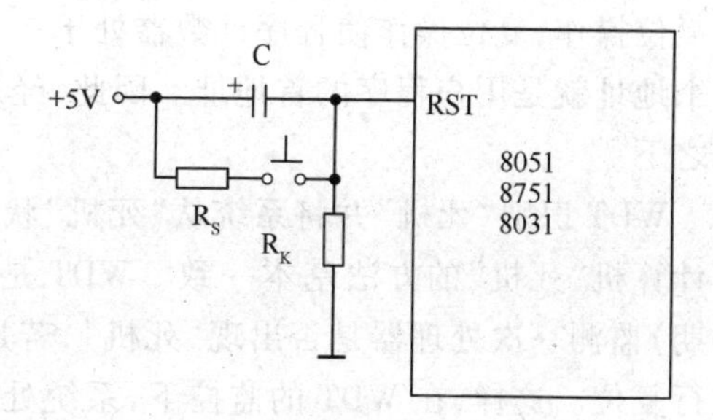

图 2.12 按键手动复位电路

2.6.2 WDT 技术

在一个单片机应用系统中,由于有了单片机,任何复杂的功能都可以通过软件编程实现,这是基于单片机的应用系统的最大优点,也是人们乐于基于单片机设计电子整机的理由。但是,在抗干扰方面,基于单片机的系统远不如基于运算放大器和电子元器件的纯硬件系统。纯硬件系统的工作状态是由电路的静态工作点决定,电路的静态工作点由电子元器件的硬件参数决定,一旦系统遭受干扰的影响,只要干扰消失,电路将恢复到原有工作点,整个设备不会出现"死机"现象。基于单片机的系统,它的工状态、功能是靠微处理器按照预定顺序逐条执行指令实现,一旦系统在干扰作用下,微处理器的工作时序遭到破坏,就可能会出现"死机"现象,出现"死机"后,即便干扰消失,系统也无法恢复到正常工作状态,这是单片机系统的一大弱点。在计算机系统应用初期,由于人们没有掌握有效的克服"死机"的技术,不能将计算机应用到干扰频繁出现、电磁环境恶劣的工业场合。迄今为止,最有效的克服计算机、单片机系统"死机"的技术,就是 WDT(Watch Dog Timer)技术。

1. WDT 工作原理

WDT 是英文"Watch Dog Timer"的缩写,原文的语义是看门狗定时器。作为看门狗有这样一个天性,只要见到生人一定会嚎叫,作为看门狗定时器有这样一种功能,它会监测处理器的工作状态,一旦出现"死机",立即将处理器从"死机"状态恢复到正常工作状态。这就是看门狗定时器的作用。

"死机"是指处理器执行一段"死循环"程序,无法从循环中退出,无法执行其他预定的任务。"死机"一般是由系统外界的干扰造成的,干扰破坏了正常的控制时序,使 PC 误入数据区,在数据区取指译码执行,如果刚好某几个数据与死循环的机器码一致,则系统就进入了死循环。另外一种可能是,当系统时序遭到破坏后,PC 没有指向指令的第一个字节进行取指操作,其后执行的整个程序是混乱、不可预知的,有可能遇到死循环指令的机器码,从而进入死循环。

如何识别系统是否处于"死机"状态,如何将系统从"死机"状态恢复到正常状态,实际上,在使用个人计算机的过程中或多或少已经有了这方面的经验。比如,在个人计算机执行某个应用程序时,出现按动鼠标、键盘不响应,不断刷新的屏幕静止不再刷新等计算机应该响应、执行的任务不再响应执行,通常就是出现了"死机"。从"死机"状态恢复到正常状态的处理方法,要么是按动个人计算机的复位按键,要么是重新启动计算机。重新启动计算机和按动复位按键的效果是一样的,计算机在重新启动上电运行之前,都要先经过复位操作,复位操作使程序计数器处于一个预定的数值,即指向一个预定的内存地址,这个地址就是用户程序的首地址。因此,经过复位操作就能使计算机处于用户程序的控制之下。

WDT 识别"死机"并将系统从"死机"状态恢复到正常状态的处理方法与上述处理个人计算机"死机"的方法基本一致。WDT 是一个硬件电路,它每隔一定时间(称作 WDT 周期)监测一次处理器是否出现"死机",若是,则立即对处理器进行复位操作;若否,则不进行复位。这样,在 WDT 的监控下,系统处于"死机"的持续时间将不超过一个 WDT 周期。WDT 周期选择的足够小,配合一定的软件处理,从一个计算机系统的外在应用特性上来看,就具有了"永不死机"的能力。

图 2.13 是单片机 AT89C52 与 X5045 的接口电路，X5045 内部具有 WDT 电路。X5045 的$\overline{CS}$引脚是一个输入引脚，与单片机 P1.0 连接，当 P1.0 为高电平时，X5045 的 RST 引脚将每隔一个 WDT 周期(T_{WDT})向外输出一个高电平脉冲，RST 引脚与单片机的复位引脚相联接，于是造成每隔 T 周期单片机复位一次，如图 2.14 所示。可以编程选定 X5045 的 T_{WDT}有 200ms、600ms 或 1.4s。

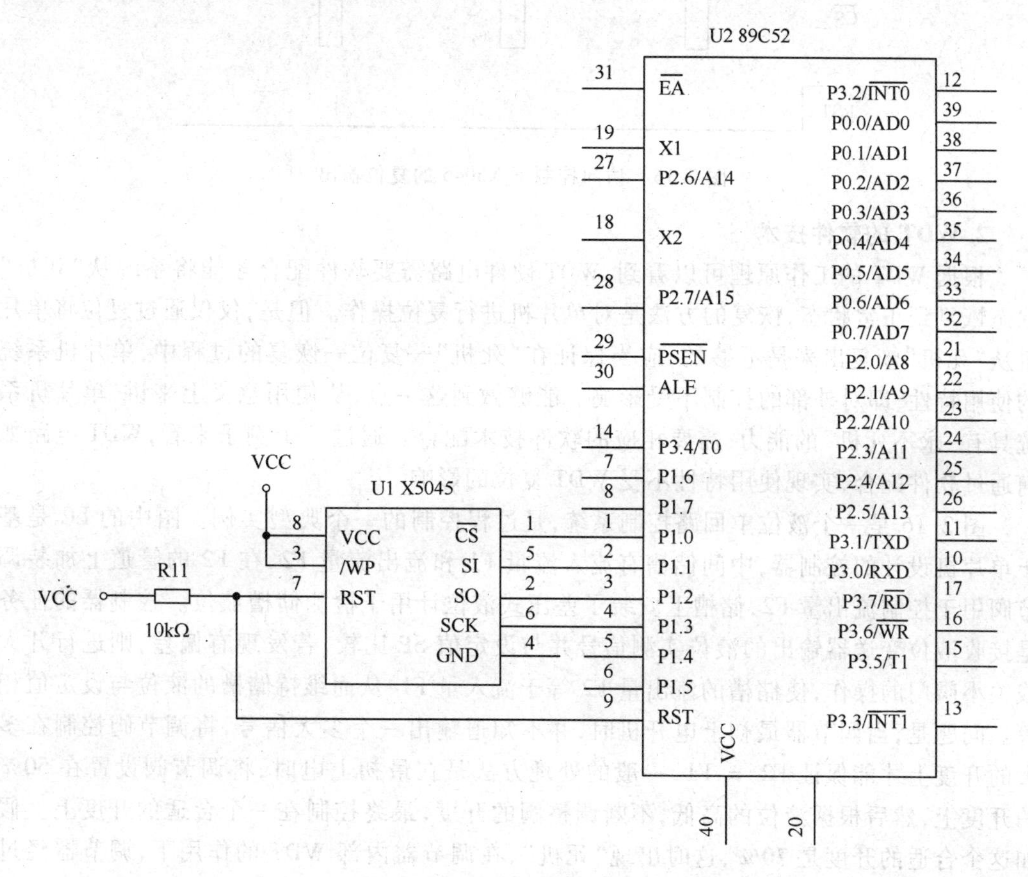

图 2.13 WDT 电路

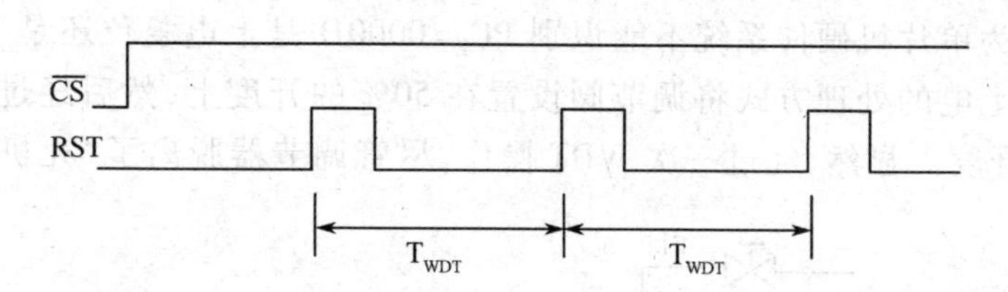

图 2.14 X5045 的复位输出

如果在 X5045 的 RST 引脚出现下一个高电平复位脉冲之前，单片机的 P1.0 引脚出现一个低电平脉冲，则在低电平脉冲消失之后，再经过一个 T_{WDT}，X5045 的 RST 引脚才会出现下一个高电平复位脉冲。根据 X5045 的这一特性，如果通过 P1.0(连在 X5045 $\overline{CS}$引脚)每隔 T1 周期向外输出一个低电平脉冲，只要 T1 小于 T_{WDT}，那么 X5045 的 RST 引脚就不会出现高电平复位脉冲，如图 2.15 所示。将 P1.0 引脚向外输出一个低电平当作单片机的一个任务，在单片机正常工作时，每隔 T1 周期执行一次这个任务，X5045 就不会向单片机发出复位信号，单片机就能够正常工作。当单片机因干扰造成“死机”

时，通过 P1.0 向外输出低电平脉冲的任务不能得到执行，则在出现“死机”后的 T_{WDT} 时间，单片机被复位，重新进入用户程序控制。这就是图 2.13 所示的 WDT 电路的工作原理。

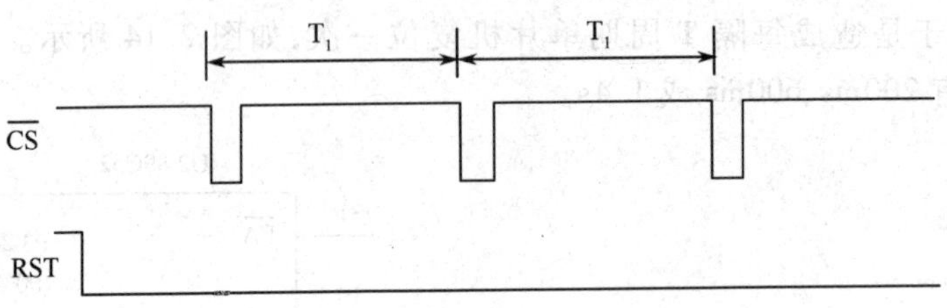

图 2.15 访问控制下 X5045 的复位输出

2. WDT 的软件技术

根据 WDT 的工作原理可以看到，WDT 硬件电路需要软件配合才能将系统从“死机”状态恢复到正常状态，恢复的方法是对单片机进行复位操作。但是，仅仅通过复位将单片机从“死机”恢复出来是不够的，应当保证在“死机”—复位—恢复的过程中，单片机系统的使用特性，即对外部的控制不受影响。能够做到这一点，从使用意义上来讲，单片机系统具有“永不死机”的能力，需要相应的软件技术配合。通过一个例子来看，WDT 电路如何通过软件配合，实现使用特性不受 WDT 复位的影响。

图 2.16 是一个液位单回路控制系统，是过程控制的一个典型实例。图中的 LC 是基于单片机设计的控制器，中间储槽有流入流量 F1 和流出流量 F2，在 F2 的管道上加装调节阀用于控制流出量 F2，储槽上安装了差压式液位计用于检测储槽液位。控制器的任务是接收液位变送器输出的液位实测信号并与设定值 SP 比较，若发现有偏差，则进行开大或关小阀门的操作，使储槽的流出量 F2 等于流入量 F1，从而维持储槽的液位与设定值相等。问题是，当调节器最初上电开机时，并不知道输出一个多大信号，将调节阀控制在多大的开度上才能保证 F2 = F1，一般的处理方法是在最初上电时，将调节阀设置在 50% 的开度上，然后根据液位的高低，不断调整阀的开度，最终控制在一个合适的开度上。假如这个合适的开度是 70%，这时出现“死机”，在调节器内部 WDT 的作用下，调节器经过复位操作，使程序计数器 PC = 0000H，从头开始运行程序。这个过程和最初上电运行是完全一样的，因为单片机硬件系统不能识别 PC = 0000H 是上电复位还是 WDT 复位造成的，会按照最初上电的处理方式将调节阀设置在 50% 的开度上，然后经过一段时间重新调整到 70% 的开度。显然，经过一次 WDT 操作，尽管调节器脱离了“死机”，但有一个将

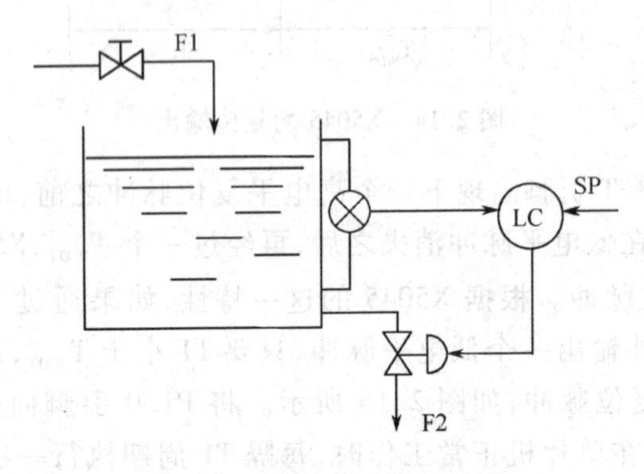

图 2.16 液位单回路控制系统

阀位从 70% 拉回到 50%，然后再调整到 70% 的过程，显然对储槽液位造成了波动，控制器的使用特性受到影响，这是不能允许的。必须配合相应的软件技术，克服 WDT 操作对控制输出的影响。

1）软件识别上电开机或 WDT 复位开机

对储槽液位控制的例子，当 PC = 0000H，程序从头开始运行时，如果能判断出是上电初始运行还是 WDT 复位初始运行，就可以这样处理：对于前者将阀位设置在 50% 开度，对于后者将阀位保持 WDT 复位之前的开度 70% 上，那么，即便经过 WDT 复位操作，调节器的使用特性，即对外部设备的控制将不受影响。可以利用单片机内部 RAM 的特性来识别单片机的上电运行还是 WDT 复位运行，单片机内部 RAM 掉电后，其中的内容不能保存，重新上电时存储的内容是随机的，初始上电后，将固定位置的几字节 RAM 利用软件设置为一串特殊字符。以后当 PC = 0000H 时，首先检查固定位置的几字节 RAM，看其存储的内容是否为一串特殊字符，若是，则说明先前已经上电开机过，本次复位是由 WDT 造成的；若否，说明是上电开机。

由此，来识别是上电开机或 WDT 复位开机，进行不同的处理即可。

2）复杂任务的 WDT 软件配合

复杂任务往往由多个相对独立的程序段组成，当 WDT 作用使单片机复位后，不仅需要识别 WDT 复位，而且需要检查系统在执行哪个程序段时出现“死机”。在执行哪个程序段出现“死机”，就直接进入该程序段接着运行，这样就避免了在一个控制周期里，有些程序段执行两次造成某些意外后果。实现的方法是，利用 1 字节的内部 RAM 记录当前执行的程序段号，当 WDT 复位后，检查出现“死机”的程序段，直接进入该程序段执行。利用软件配合，尽量减小 WDT 复位给系统使用特性造成的影响。

设计一个基于单片机的应用系统，实现充分多的功能是简单的，重要和复杂的是系统是否有很强的抗干扰能力，是否有“永不死机”能力。利用 WDT 硬件电路，配合严密周到的软件技术是目前惟一有效的方法。

2.7 I/O 接口与片外总线建立

MCS－51 单片机有 4 个 8 位 I/O 接口 P0、P1、P2、P3，4 个 8 位接口中除了 P1 口大部分口线只作普通 I/O 接口使用外，其他接口都是多功能的。其中，片外地址总线和数据总线通过 P0、P2 口实现，外部中断、计数器的外部脉冲输入、串行通信、外部数据存储器的读/写选通脉冲通过 P3 口实现。

2.7.1 I/O 接口

1. I/O 口的功能与负载能力

1）P0 口

有两项功能，双向 8 位三态 I/O 口，每一个口线可以单独作为输入或输出使用，也可以同时作为输入或输出使用。在外接存储器时，作为地址总线的低 8 位 A[7:0]及 8 位数据总线 D[7:0]使用，在外部存储器的一个访问周期内，低 8 位地址与 8 位数据分时出现在 P0 口上。

P0 口能以吸收电流的方式驱动 8 个 LS 型 TTL 负载。

2) P1 口

由于 P1 口输出没有高阻状态,输入也不能锁存,故不是真正的双向 I/O 口,称为 8 位准双向 I/O 口。对于 MCS-51 系列的单片机,P1 口的 8 个口线均作为普通 I/O 使用。对于 MCS-52 系列的单片机,P1.0 可以作为普通 I/O 使用,也可以作为 T2 计数器外部脉冲输入引脚和可编程脉冲输出引脚;P1.1 可以作为普通 I/O 使用,也可以作为捕陷脉冲输入引脚。每一个口线可以单独作为输入或输出使用,也可以同时作为输入或输出使用。

P1 口能以吸收或输出电流的方式驱动 4 个 LS 型 TTL 负载。

3) P2 口

由于 P2 口输出没有高阻状态,输入也不能锁存,故不是真正的双向 I/O 口,称为 8 位准双向 I/O 口。每一个口线可以单独作为输入或输出使用,也可以同时作为输入或输出使用。在访问外部存储器时,它可以输出高 8 位地址总线 A[15:8],在对片内 EPROM 编程和校验期间,它接收高 8 位地址。

P2 口能以吸收或输出电流的方式驱动 4 个 LS 型 TTL 负载。

4) P3 口

是 8 位准双向 I/O 口,可以作为普通 I/O 口用,功能和操作方法与 P1 口相同,每一个口线可以单独作为输入或输出使用,也可以同时作为输入或输出使用。这 8 个引脚还用于专门功能即第二功能,是复用双功能口。作为第二功能使用时,各引脚的定义如表 2.7 所列。

表 2.7 P3 口的第二功能

口线	引脚	第二功能
P3.0	10	RxD(串行输入口)
P3.1	11	TxD(串行输出口)
P3.2	12	$\overline{\text{INT0}}$(外部中断 0)
P3.3	13	$\overline{\text{INT1}}$(外部中断 1)
P3.4	14	T0(定时器 0 外部输入)
P3.5	15	T1(定时器 1 外部输入)
P3.6	16	$\overline{\text{WR}}$(外部数据存储器写脉冲)
P3.7	17	$\overline{\text{RD}}$(外部数据存储器读脉冲)

值得强调的是,P3 口的每一个引脚均可作为输入输出使用或第二功能使用。P3 口能以吸收或输出电流的方式驱动 4 个 LS 型 TTL 负载。

2. I/O 口的结构与使用规则

1) P0 口

P0 口作 I/O 使用时必须遵守以下两条规则:

① 作输出口使用时,必须上拉电阻(在引脚与电源 VCC 之间连接 10kΩ 左右电阻);

② 作输入口使用时,输出锁存器必须预先锁存“1”。

P0 口每一个口线的内部电路结构如图 2.17 所示,由一个 D 锁存器、两个选通门、一个多路开关 MUX、一个非门、一个双输入与门、两个 NMOS 工艺的场效应管 T1 和 T2 组成。D 锁存器用于锁存输出的数据,执行 P0 口输出指令时,要输出的数据首先出现在内部总线,在写入信号控制下,锁存到由 D 触发器构成的输出锁存器的 Q 端。两个选通门用于将锁存器锁存的数据或引脚上的数据经选通控制输入到单片机的内部总线。单片机有两类输入指令:一类是将引脚上的数据读入到内部总线,执行该类指令时,将选通锁存器下边的选通门;另一类是将锁存器锁存的数据读入到内部总线,执行该类指令时,将选通锁存器上边的选通门。多路开关 MUX 是一个单刀双掷开关,可以将非门输出接通到 T2 的控制极,也可以将锁存器的反向输出$\overline{Q}$接通到 T2 的控制极,究竟将 T2 的控制极接通到哪个信号,由 P0 口的用途决定。当 P0 口用作 8 位数据总线 D[7:0]和低 8 位地址总线 A[7:0] 时,与门标有"控制"的一个输入端为"1",多路开关 MUX 切向上,T2 受控于非门的输出,接收的是地址总线/数据总线上的信号;当 P0 口用作输入/输出既 I/O 时,与门标有"控制"的一个输入端为"0",多路开关 MUX 切向下,T2 受控于锁存器的反向输出端$\overline{Q}$,接收的是 P0 口的输出信号。

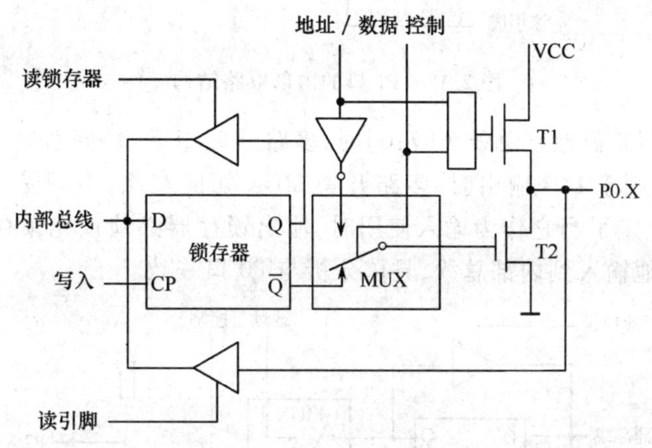

图 2.17　P0 口的内部电路结构

当 P0 口作 I/O 使用时,与门标有"控制"的一个输入端为"0",因此与门的输出为"0",场效应管 T1 在"0"的控制下截止,其源极与漏极之间处于开路状态,引脚与 VCC 之间断开。此时若 P0 口输出为"1",锁存器的反向输出端$\overline{Q}$为"0",场效应管 T2 在"0"的控制下截止,由于 T1、T2 均截止,引脚处于高阻状态,无法实现"1"的输出。若引脚上拉电阻,就可以实现"1"的输出,所以在使用 P0 口作输出时,必须上拉电阻。

当 P0 口作输入使用时,若其锁存器在 Q 端不能预先锁存一个"1",而是锁存一个"0",则此时$\overline{Q}$端为"1",T2 饱和导通,将引脚短接到地电平,此时引脚上的高电平将无法建立起来,会误将引脚的"1"作为"0"读入到单片机内。因此,P0 口作输入使用时,必须预先锁存一个"1"。单片机在上电复位后,4 个 I/O 接口 P0、P1、P2、P3 的锁存器均锁存"1",如果在程序中没有将 P0 口置"0"的操作,就不必另外通过指令将 P0 口预先锁存"1"。

2) P1 口

P1 口每一个口线的内部电路结构如图 2.18 所示,因为 P1 口一般只能作普通的 I/O 口,相对于 P0 口,电路结构简单了很多。由于在每一个引脚内部都上拉了电阻,因此无论输出"1"或"0"都没有问题。P1 口的电路结构决定了当它作为输入使用时,输出锁存器必须预先锁存"1",否则,引脚上的"1"不能正确地输入到内部总线,具体分析与 P0 口一致。

3) P2 口

P2 口每一个口线的内部电路结构如图 2.19 所示,输出场效应管可以接通两路信号,

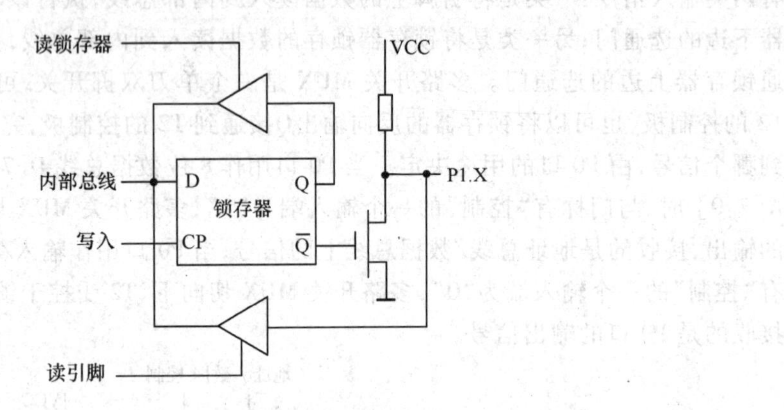

图 2.18　P1 口的内部电路结构

当 P2 口用于输出高 8 位地址总线 A[7:0]时，多路开关 MUX 切向右侧，引脚受地址总线信号控制；当 P2 口用于 I/O 输出时，多路开关 MUX 切向左侧，引脚受 I/O 输出的控制。P2 口的电路结构决定了当它作为输入使用时，输出锁存器必须预先锁存“1”，否则，引脚上的“1”不能正确地输入到内部总线，具体分析与 P0 口一致。

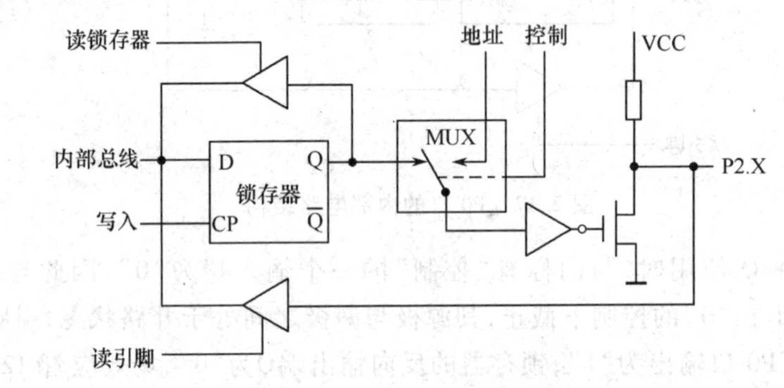

图 2.19　P2 口的内部电路结构

4）P3 口

P3 口每一个口线的内部电路结构如图 2.20 所示，P3 口可以作为通用 I/O 口使用，此时，与非门标有“第二功能输出”的一个输入端为“1”，通过输出锁存器可以向引脚输出“1”或“0”。

P3 口的电路结构决定了当它作为输入使用时，输出锁存器必须预先锁存“1”，否则，引脚上的“1”不能正确地输入到内部总线，具体分析与 P0 口一致。

P3 口除了作普通 I/O 使用，还可以实现第二功能。其电路结构决定了当它用于第二功能输出时，锁存器必须预先锁存“1”，否则，第二功能输出“1”不能实现。

当用于第二功能输入信号时，在口线的输入通路上增加了一个缓冲器，输入的信号就从这个缓冲器的输出端取得。而此时输出锁存器必须预先锁存“1”，使输出场效应管的控制极为“0”，从而截止，这样引脚上的“1”才能正确读入到内部总线。

总结以上分析，当 4 个 8 位 I/O 口用作输入使用时、P3 口用作第二功能时，输出锁存器必须预先锁存“1”，否则引脚上的“1”不能正确读入到内部总线；P0 口用作 I/O 使用

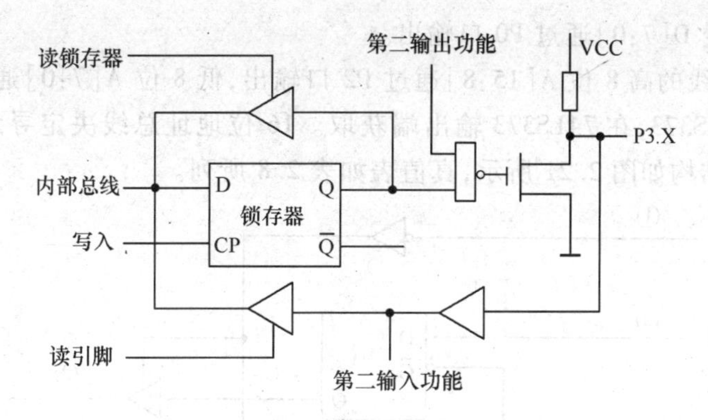

图 2.20　P3 口的内部电路结构

时,必须上拉电阻。

3. I/O 口的读操作

从对 I/O 口的结构分析中可知,P0、P1、P2、P3 口的输出锁存器上、下各有一个选通门,可以将锁存器锁存的数据或引脚上的数据接通到内部总线,有两类 I/O 口读指令:读引脚或读锁存器指令,实现将引脚数据或锁存数据读入到内部总线。

1）读引脚指令

当某一 I/O 口或 I/O 口的某一位为源操作数时,所执行的指令为读引脚指令。

例如:

```
MOV     A,P1        ;将 P1 口引脚数据读入到 A 累加器
MOV     C,P0.2      ;将 P0.2 引脚数据读入到 C
```

2）读锁存器指令

当某一 I/O 口或 I/O 口的某一位为目的操作数时,所执行的指令为读锁存器指令。读锁存器指令一般用于将 I/O 内容读出来进行修改,然后再送回该 I/O 口。所以,有时将读锁存器指令称为读—修改—写指令。

例如:

```
ANL     P1,A          ;将 P1 口锁存数据与 A 中数据逻辑与后,送回 P1
ORL     P2,#55H       ;将 P2 口锁存数据与 55H 逻辑或后,送回 P2
```

2.7.2　片外总线建立

在一个单片机应用系统中,如果在单片机片外扩展了程序存储器或数据存储器,就必须通过片外的地址总线、数据总线和控制总线访问程序或数据存储器。另外,单片机不同于 8086 处理器,它没有专门的 I/O 访问指令,也没有专门的 I/O 地址空间,如果需要在单片机外配置外围电路或 I/O 设备,那么这些外围电路或 I/O 设备的地址必须映射到单片机的外部数据存储空间,必须通过片外的地址、数据、控制总线访问。因此,必须清楚地了解片外总线建立的方式。

图 2.21 是片外总线的结构,控制总线由 $\overline{WR}$、$\overline{RD}$、$\overline{PSEN}$ 3 个信号组成。访问外部程序存储器时,使用 $\overline{PSEN}$ 作为程序存储器的输出选通信号。访问外部数据存储器时,使用 $\overline{WR}$ 作为数据存储器的写选通信号,使用 $\overline{RD}$ 作为数据存储器的读选通信号。由于访问程序存储器和数据存储器使用不同的控制信号,使得片外程序存储空间和数据存储空间可以并立,各占 64KB 空间,形成哈佛(Harvard)存储结构,拓展了整个存储空间。

8 位数据总线 D[7:0]通过 P0 口输出。

16 位地址总线的高 8 位 A[15:8]通过 P2 口输出，低 8 位 A[7:0]通过 P0 口外接八 D 锁存器——74LS373，在 74LS373 输出端获取。16 位地址总线决定寻址空间为 64KB。74LS373 的内部结构如图 2.21 所示，真值表如表 2.8 所列。

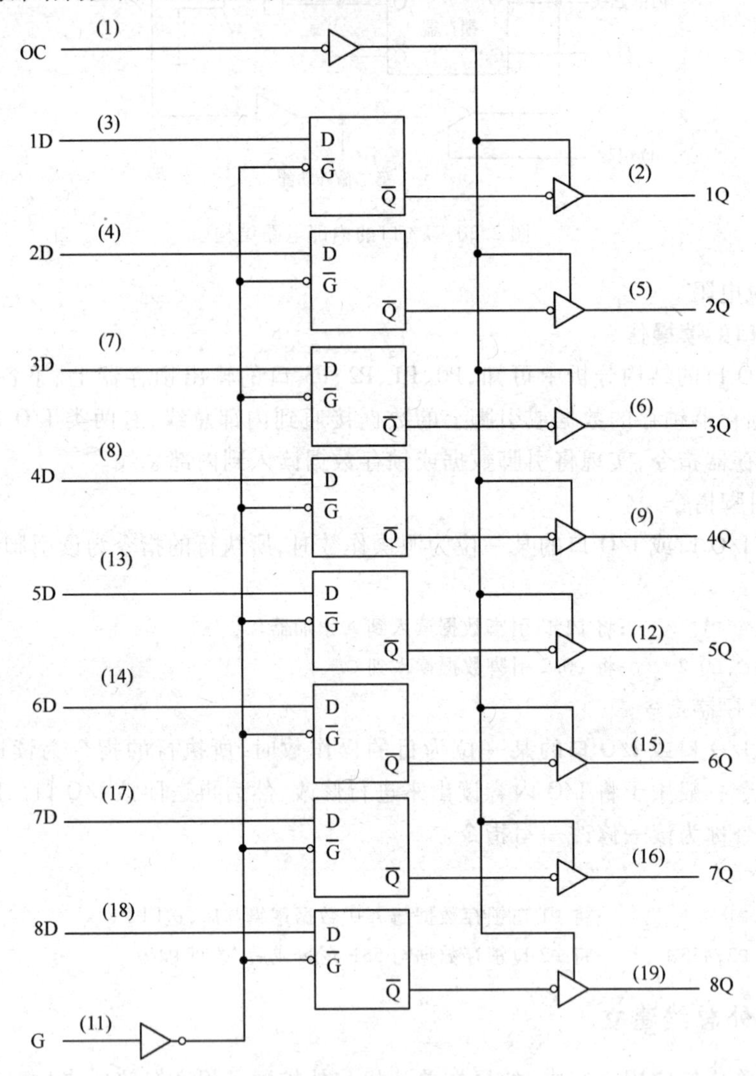

图 2.21　74LS73 的内部结构

表 2.8　74LS373 的真值表

OC	G	D	Q
L	H	H	H
L	H	L	L
L	L	×	Q_0
H	×	×	Z

根据图 2.8 所示的单片机访问外部程序存储器时序，根据图 2.9、图 2.10 所示的访问外部数据存储器的读/写时序，当低 8 位地址总线 A[7:0]出现在 P0 口时，ALE 为高电平，如图 2.22 所示，ALE 连接在 74LS373 的 G 端，会把低 8 位地址总线 A[7:0]传送到 74LS373 的输出端，当 ALE 恢复为低电平时，根据其真值表，74LS373 将锁存 8 位地址总线。

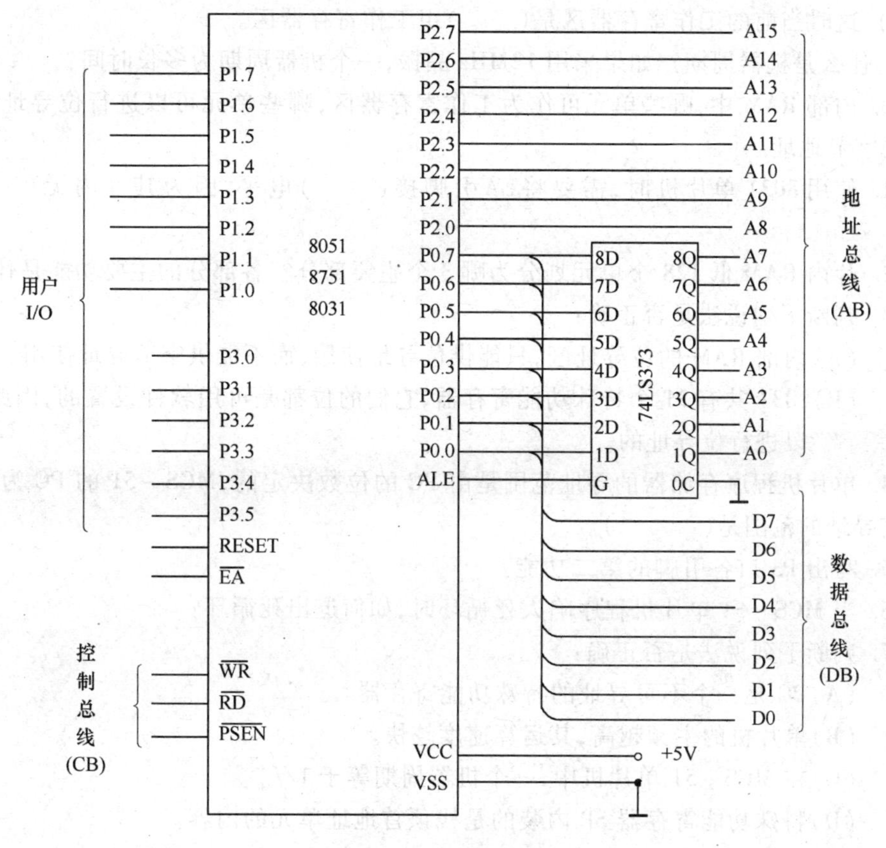

图 2.22　片外总线结构

思考题与习题

1. MCS－51 单片机的片内都集成了哪些功能部件？各个功能部件的主要功能是什么？

2. 说明 MCS－51 单片机上电后，运行片内程序还是片外程序是怎样控制的。

3. 在 MCS－51 单片机中，如果采用 12MHz 晶振，一个机器周期为(　　)时钟周期？

4. 写出各中断向量地址。

5. 内部 RAM 中，位地址为 30H 的位所在字节的字节地址为(　　)。

6. 若 A 中的内容为 63H，那么，P 标志位的值为(　　)。

7. 判断下列说法是否正确：

(A)8031 的 CPU 是由 RAM 和 EPROM 所组成。

(B)区分片外程序存储器和片外数据存储器的最可靠的方法是看其位于地址范

围的低端还是高端。

(C)在 MCS－51 单片机中，为使准双向的 I/O 口工作在输入方式，必须保证它的输出锁存器被事先预置“1”。

(D)PC 可以看成是程序存储器的地址指针。

8. 8031 单片机复位后，R4 所对应的存储单元的地址为(　　)，因上电时 PSW =(　　)。这时当前的工作寄存器区是(　　)组工作寄存器区。

9. 什么是机器周期？如果采用 12MHz 晶振，一个机器周期为多长时间？

10. 内部 RAM 中，哪些单元可作为工作寄存器区，哪些单元可以进行位寻址？写出它们的字节地址。

11. 使用 8031 单片机时，需要将 $\overline{EA}$ 引脚接(　　)电平，因为其片内无(　　)存储器。

12. 片内 RAM 低 128 个单元划分为哪 3 个主要部分？各部分的主要功能是什么？

13. 判断下列说法是否正确：

(A)内部 RAM 的位寻址区，只能供位寻址使用，而不能供字节寻址使用。

(B)8031 共有 21 个特殊功能寄存器，它们的位都是可用软件设置的，因此，是可以进行位寻址的。

14. 单片机程序存储器的寻址范围是由 PC 的位数决定的，MCS－51 的 PC 为 16 位，因此其寻址的范围是(　　)。

15. 写出 P3 口各引脚的第二功能。

16. 当 MCS－51 单片机程序陷入死循环时，如何退出死循环？

17. 判断下列说法是否正确：

(A)PC 是一个不可寻址的特殊功能寄存器。

(B)单片机的主频越高，其运算速度越快。

(C)在 MCS－51 单片机中，一个机器周期等于 $1/f_{osc}$。

(D)特殊功能寄存器 SP 内装的是栈顶首地址单元的内容。

第3章 MCS－51单片机的指令系统

3.1 概 述

MCS－51系列单片机共有111条指令，这些指令按功能可分为5类：数据传送类、算术运算类、逻辑运算类、控制转移类和位操作类。按占存储单元多少分为单字节指令49条、双字节指令45条、三字节指令17条。按运行速度分为单机器周期64条、双机器周期45条、四机器周期2条。本章以功能分类为脉络，逐条介绍单片机的指令。在学习过程中，应当透彻了解每条指令所实现的功能与对标志位的影响。

3.2 寻址方式

单片机的每一条指令都实现对信息，具体来说对操作数的处理，指令处理的操作数可以存放在单片机内部的寄存器、特殊功能寄存器中，也可以存放在内部数据存储器或外部数据存储器或程序存储器中，还可以直接以常数的形式出现在指令中。描述或规定指令中数据存放的方式称为寻址方式，MCS－51系列单片机支持5种寻址方式：寄存器寻址、直接寻址、寄存器间接寻址、立即寻址、基址寄存器加变址寄存器寻址。

1. 寄存器寻址

操作数存放在寄存器中，寄存器的内容即为操作数。寄存器包括：工作寄存器R0～R7，累加器A，寄存器B，进/借位标志C（比特数据），数据指针DPTR。

【例3.1】

```
ADD  A,B     ;两操作数存放在A、B中
MOV  A,R0    ;两操作数存放在A、R0中
```

2. 直接寻址

操作数存放在内部数据存储器地址为00H～7FH单元中、特殊功能寄存器SFR中，反映在指令中的是操作数的地址。

【例3.2】

```
MOV  A,30H        ;30H为内部数据存储器地址,将地址为30H单元内容加载到A
MOV  A,P0(80H)    ;P0(80H)为SFR的地址,将SFR P0中的数据加载到A
```

3. 寄存器间接寻址

操作数存放在内部数据存储器或外部数据存储器中，出现在指令中的寄存器（R0、R1）、数据指针（DPTR）的内容作为操作数的地址。

【例3.3】

```
MOV  R0,#30H      ;常数30H加载到R0中
MOV  A,@R0        ;将地址为30H的内部数据存储器中的内容送A
```

【例 3.4】

```
MOV   DPTR,#2000H          ;常数 2000H 加载到 DPTR 中
MOVX  A,@DPTR              ;将地址为 2000H 的外部数据存储器中的内容送 A
```

【例 3.5】

```
MOV   R1,#80H              ;常数 80H 加载到 R1 中
MOVX  A,@R1                ;将地址为 80H 的外部数据存储器中的内容送 A
```

4. 立即寻址

操作数为一个常数,存储在程序存储器中,直接出现在指令中。

【例 3.6】

```
MOV   R0,#30H              ;存储于程序存储器中的常数 30H 送 R0 中
MOV   DPTR,#2000H          ;存储于程序存储器中的常数 2000H 送 DPTR 中
```

5. 基址寄存器加变址寄存器寻址

操作数存储在程序存储器中,操作数的地址存储在 DPTR 与 A 中或 PC 与 A 中,以 DPTR、PC 为基址寄存器,以 A 为变址寄存器,基址寄存器内容加上变址寄存器内容,其和作为操作数地址。

【例 3.7】

```
MOVC  A,@A+DPTR            ;将程序存储器中地址为(A+DPTR)内容送 A
MOVC  A,@A+PC              ;将程序存储器中地址为(A+PC)内容送 A,PC 为下一条指令地址,本
                           ;指令为为单字节指令
```

3.3 指令集

3.3.1 一般说明

为了方便介绍指令,常使用如下符号,其含义为:

Rn——当前使用的一组工作寄存器:R0~R7,n=0,1,…,7;

@Ri——通过当前一组工作寄存器中的 R0、R1 实现间接寻址,i=0、1,寻址范围:0~255;

direct——直接地址,低 128 字节 IRAM 地址或 SFR 地址;

#data——立即数,包含在指令中的 8 位常数;

#data 16——立即数,包含在指令中的 16 位常数;

addr 16——16 位地址,在 LCALL、LJMP 中使用,在 64KB 程序空间转移;

addr 11——11 位地址,在 ACALL、AJMP 中使用,在程序存储器当页内 2KB 空间转移。

rel——8 位带符号的偏移量,在 -128~127 内取值,在 SJMP 及条件转移中使用;

bit——直接位地址,内部数据存储器中的 00H~7FH,SFR 中的 80H~FFH;

(x)——X 中的内容。

((x))——由 X 寻址,X 中的内容为地址的某一存储单元中的内容。

学习每一条指令,应注意以下几个方面:

(1) 指令的格式,格式正确才能通过汇编系统的汇编;

(2) 指令实现的操作(功能),只有透彻了解每条指令实现的操作,才能保证编程的严格性;

(3) 指令执行对标志位的影响,很多控制转移指令是通过判断标志位实现的,只有准确地了解指令对标志位的影响,才能控制程序正确转移;

(4) 执行速度(机器周期数),了解每条指令执行所消耗的时间,便于精确计算整段程序的执行时间,对于某些实时性要求严格的任务是有意义的。

3.3.2 数据传送指令

数据传送指令一般形式:MOV <dest - byt>, <src - byt>

<dest - byt>为单字节目的操作数;<src - byt>为单字节源操作数。它实现将一个字节的源操作数复制到目的操作数。

对标志位影响:程序状态寄存器 PSW 中的 P 标志根据 A 内容变化,C、AC、OV 标志不受影响。

1. 以 A 为目的操作数的指令

格式	实 现 操 作	字节数	机器周期
MOV A,Rn	(A)←(Rn)	1	1
MOV A,direct	(A)←(direct)	2	1
MOV A,@Ri	(A)←((Ri))	1	1
MOV A,#data	(A)←#data	2	1

【例 3.8】

```
MOV  A,R0      ;R0 中的内容复制到 A
MOV  A,30H     ;内部 RAM 地址为 30H 单元内容复制到 A
MOV  A,@R0H    ;R0 间址单元内容复制到 A
MOV  A,#30H    ;常数 30H 传送到 A
```

2. 以 Rn 为目的操作数的指令

格式	实 现 操 作	字节数	机器周期
MOV Rn,A	(Rn)←(A)	1	1
MOV Rn,direct	(Rn)←(direct)	2	2
MOV Rn,#data	(Rn)←#data	2	1

【例 3.9】

```
MOV  R2,A      ;A 中内容复制到 R2
MOV  R2,30H    ;内部 RAM 地址为 30H 单元中内容复制到 R2
MOV  R2,#30H   ;常数 30H 传送到 R2
```

3. 以直接地址为目的操作数的指令

格式	实 现 操 作	字节数	机器周期
MOV direct,A	(direct)←(A)	2	1
MOV direct,Rn	(direct)←(Rn)	2	2
MOV direct,direct	(direct)←(direct)	3	2
MOV direct,@Ri	(direct)←((Ri))	2	2
MOV direct,#data	(direct)←#data	3	2

【例 3.10】

```
MOV   30H,A       ;A 中内容复制到内部 RAM 地址为 30H 单元
MOV   30H,R2      ;R2 中内容复制到内部 RAM 地址为 30H 单元
MOV   30H,20H     ;内部 RAM 地址为 20H 单元中内容复制到内部 RAM 地址为 30H 单元
MOV   30H,@R1     ;R1 间址单元中内容复制到内部 RAM 地址为 30H 单元
MOV   30H,#30H    ;常数 30H 传送到内部 RAM 地址为 30H 单元
```

4. 以寄存器间接地址为目的操作数的指令

格式	实 现 操 作	字节数	机器周期
MOV @Ri,A	((Ri))←(A)	1	1
MOV @Ri,direct	((Ri))←(direct)	2	2
MOV @Ri,#data	((Ri))←#data	2	1

【例 3.11】

```
MOV   @R1,A       ;A 中内容复制到 R1 间址单元
MOV   @R1,30H     ;内部 RAM 地址为 30H 单元中内容复制到 R1 间址单元
MOV   @R1,#30H    ;常数 30H 传送到 R1 间址单元
```

5. 16 位数据传送指令

格式	实 现 操 作	字节数	机器周期
MOV DPTR,#data16	(DPTR)←#$data_{15-0}$ (DPH)←#$data_{15-8}$ (DPL)←#$data_{T-0}$	3	2

【例 3.12】

```
MOV   DPTR,#1234H     ;常数 1234H 传送到 DPTR,其中,12H 传送到
                      ;DPH 中,34H 传送到 DPL 中
```

6. 堆栈操作指令

格式	实 现 操 作	字节数	机器周期
PUSH direct	(SP)←(SP)+1 ((SP))←(direct)	2	2
POP direct	((SP))←(direct) (SP)←(SP)-1	2	2

【例 3.13】

```
PUSH  A     ;进栈操作,A 中内容存储在((SP+1))单元中,同时 SP←SP+1
PUSH  PSW   ;进栈操作,PSW 中内容存储在((SP+1))单元中,同时 SP←SP+1
POP   PSW   ;出栈操作,((SP))单元中内容复制到 PSW 中 ,同时 SP←SP-1
POP   A     ;出栈操作,((SP))单元中内容复制到 A 中 ,同时 SP←SP-1
```

7. 访问外部数据存储器指令

格式	实 现 操 作	字节数	机器周期
MOVX A,@Ri	(A)←((Ri))	1	2
MOVX A,@DPTR	(A)←((DPTR))	1	2
MOVX @Ri,A	((Ri))←(A)	1	2
MOVX @DPTR,A	((DPTR))←(A)	1	2

注意：@ Ri 需要 8 位地址，通过 P0 口提供；((DPTR)) 需要 16 位地址，通过 P0、P2 口提供。

【例 3.14】

```
MOV     R0,#20H
MOV     R1,#30H
MOVX    A,@R1           ;外部数据存储器(30H)→(A)
MOVX    @R0,A           ;(A)→外部数据存储器(20H)单元
MOV     DPTR,#6000H     ;常数 6000H→(DPTR)
MOVX    @DPTR,A         ;(A)→外部数据存储器(6000H)单元
```

8. 查表指令

格式	实现操作	字节数	机器周期
MOVC A,@A+DPTR	(A)←((A)+(DPTR))	1	2
MOVC A,@A+PC	(PC)←(PC)+1 (A)←((A)+(PC))	1	2

【例 3.15】

BCD 码与 ASCII 码的对应关系如表 3.1 所列，若 A 中存有 BCD 码，利用查表指令实现 BCD 码转换为 ASCII 码。

表 3.1 BCD 码与 ASCII 码的对应关系

BCD 码	0	1	2	3	4	5	6	7	8	9
ASCII 码	30H	31H	32H	33H	34H	35H	36H	37H	38H	39H

利用“MOVC A,@A+DPTR”查表指令编程：

```
      MOV   DPTR,#TAB
      MOVC  A,@A+DPTR
TAB:  DB    30H,31H,32H,33H,34H
      DB    35H,36H,37H,38H,39H
```

利用“MOVC A,@A+PC”查表指令编程：

```
      INC     A
      MOVC    A,@A+PC
      RET
TAB:  DB      30H,31H,32H,33H,34H
      DB      35H,36H,37H,38H,39H
```

9. 字节交换指令

格式	实现操作	字节数	机器周期
XCH A,Rn	(A)←→(Rn)	1	1
XCH A,direct	(A)←→(direct)	2	1
XCH A,@Ri	(A)←→((Ri))	1	1

【例 3.16】

```
XCH     A,R2        ;(A) ←→ (R2)
XCH     A,30H       ;(A) ←→ (30H)
```

```
XCH    A,@R1    ;(A)←→((R1))
```

10. 半字节交换指令

格式	实现操作	字节数	机器周期
XCHD A,@Ri	$(A_{3-0})\leftarrow((Ri_{3-0}))$	1	1

【例 3.17】

```
MOV   A,#12H
MOV   @R1,#34H
XCHD A,@R1    ;(A)=14H,((R1))=32H
```

该指令经常在 BCD 码运算中使用。

3.3.3 算术运算指令

1. 加法指令

一般形式:ADD　　A,<src - byte>

实现二进制位对位的加法,A 中内容与 1 字节源操作数相加,其和存在 A 中。源操作数支持 4 种寻址方式:寄存器寻址、直接寻址、寄存器间接寻址和立即寻址。

对标志位的影响:对 C、AC、OV 有影响,P 标志根据相加后存于 A 中和的内容确定。

对 C 的影响: bit7 有进位置“1”,否则置“0”;

对 AC 的影响:bit3 有进位置“1”,否则置“0”;

对 OV 的影响:bit6 有进位 bit7 无进位或者 bit 7 有进位 bit6 无进位置“1”,否则置“0”。

格式	实现操作	字节数	机器周期
ADD A,Rn	(A)←(A)+(Rn)	1	1
ADD A,direct	(A)←(A)+(direct)	2	1
ADD A,@Ri	(A)←(A)+((Ri))	1	1
ADD A,#data	(A)←(A)+#data	2	1

【例 3.18】

```
MOV     A,#0C3H
MOV     R0,#0AAH
ADD     A,R0      ;结果:A=6DH,AC=0,C=1,OV=1
```

2. 带进位加法指令

一般形式:ADDC　A,<src - byte>

实现二进制位对位的加法,A 中内容与 1 字节源操作数相加,同时加上进位标志 C,其和存于 A 中。源操作数支持 4 种寻址方式:寄存器寻址、直接寻址、寄存器间接寻址和立即寻址。

对标志位的影响:对 C、AC、OV 有影响,P 标志根据相加后存于 A 中和的内容确定。

对 C 的影响: bit7 有进位置“1”,否则置“0”;

对 AC 的影响:bit3 有进位置“1”,否则置“0”;

对 OV 的影响:bit6 有进位、bit7 无进位,或者 bit 7、有进位 bit6 无进位置“1”,否则置“0”。

格式	实 现 操 作	字节数	机器周期
ADDC A,Rn	(A)←(A)+(Rn)+(C)	1	1
ADDC A,direct	(A)←(A)+(direct)+(C)	2	1
ADDC A,@Ri	(A)←(A)+((Ri))+(C)	1	1
ADDC A,#data	(A)←(A)+#data+(C)	2	1

【例 3.19】

```
MOV     A,#0C3H
MOV     R0,#0AAH
SETB    C               ;C 置“1”
ADD     A,R0            ;结果:A=6EH,AC=0,C=1,OV=1
```

3. 带进位减法指令

一般形式:SUBB A,<src-byte>

实现二进制位对位的减法,A 中内容与 1 字节源操作数相减,同时减去进位标志 C,其差存在 A 中。源操作数支持 4 种寻址方式:寄存器寻址、直接寻址、寄存器间接寻址和立即寻址。

对标志位的影响:对 C、AC、OV 有影响,P 标志根据相减后存于 A 中差的内容确定。

对 C 的影响: bit7 有借位置“1”,否则置“0”;

对 AC 的影响:bit3 有借位置“1”,否则置“0”;

对 OV 的影响:bit6 有借位、bit7 无借位,或者 bit 7 有借位、bit6 无借位置“1”,否则置“0”。

格式	实 现 操 作	字节数	机器周期
SUBB A,Rn	(A)←(A)-(Rn)-(C)	1	1
SUBB A,direct	(A)←(A)-(direct)-(C)	2	1
SUBB A,@Ri	(A)←(A)-((Ri))-(C)	1	1
SUBB A,#data	(A)←(A)-#data-(C)	2	1

【例 3.20】

```
MOV     A,#0C9H
MOV     R2,#54H
SETB    C               ;C 置“1”
SUBB    A,R2            ;结果:A=74H,AC=0,C=0,OV=1
```

4. 加 1 指令

一般形式:INC byte

支持对 A、DPTR、工作寄存器、直接地址单元、寄存器间接寻址单元内容进行加 1 操作。注意:原始值为“0FFH”时,加 1 操作后将导致“00”。

不影响标志位。

格式	实 现 操 作	字节数	机器周期
INC A	(A)←(A)+1	1	1
INC Rn	(Rn)←(Rn)+1	1	1
INC direct	(direct)←(direct)+1	2	1
INC @Ri	((Ri))←((Ri))+1	1	1
INC DPTR	(DPTR)←(DPTR)+1	1	2

【例 3.21】

```
MOV    7EH,#0FFH
MOV    7FH,#41H
MOV    R0,#7EH
INC    @R0
INC    R0
INC    @R0          ;结果:(R0)-7FH,(7EH)=00H,(7FH)=42H
```

5. 减 1 指令

一般形式:DEC byte

支持对 A、工作寄存器、直接地址单元、寄存器间接寻址单元内容进行减 1 操作。注意:原始值为“00H”时,减 1 操作后将导致“FFH”。

不影响标志位。

格式	实 现 操 作	字节数	机器周期
DEC A	(A)←(A)-1	1	1
DEC Rn	(Rn)←(Rn)-1	1	1
DEC direct	(direct)←(direct)-1	2	1
DEC @Ri	((Ri))←((Ri))-1	1	1

【例 3.22】

```
MOV    7EH,#00H
MOV    7FH,#40H
MOV    R0,#7FH
DEC    @R0
DEC    R0
DEC    @R0          ;结果:(R0)=7EH,(7EH)=0FFH,(7FH)=3FH
```

6. 乘法指令

指令形式:MUL AB

实现 2 字节二进制乘法运算,相乘前,被乘数与乘数分别放在 A、B 中,相乘后,乘积的高 8 位放在 B 中,低 8 位放在 A 中。

对标志位的影响:C=0;当乘积大于 255,OV=1;当乘积小于 255,OV=0。

格式	实 现 操 作	字节数	机器周期
MUL AB	$(A)_{7-0}$←(A)×(B) $(B)_{15-8}$	1	4

【例 3.23】

```
MOV    A,#50H
MOV    B,#0A0H
MUL    AB          ;结果:(A)=00H,(B)=32H,C=0,OV=1
```

7. 除法指令

指令形式:DIV AB

实现 2 字节二进制除法运算,相除前,被除数与除数分别放在 A、B 中,相除后,商放在 A 中,余数放在 B 中。

对标志位的影响是,运算前:

若(B)≠0,则 C=0、OV=0;

若(B)=0,则 C=0、OV=1,(A)、(B)内容不定。

格式	实 现 操 作	字节数	机器周期
DIV AB	(A)←(商) (B)←(余数)	1	4

【例 3.24】

```
MOV    A,#251
MOV    B,#18      ;251/18=13 余 17
DIV    AB         ;结果:(A)=13、(B)=17、C=0、OV=0
```

8. 十进制调整指令

指令形式:DA A

MCS-51 单片机没有十进制即 BCD 码加法指令,若将本条指令跟在“ADD”或”“ADDC”指令后,两条指令合起来能够实现 BCD 码加法功能。注意:只能跟在“ADD、ADDC”两种指令后,进行 BCD 码的加法运算。

对标志位影响:只影响 C,若 A≥100,C=1;若 A<100,C=0。

格式	实 现 操 作	字节数	机器周期
DA A	对低四位的操作: 若[[(A_{3-0})>9]或[AC=1]] 则(A_{3-0})←(A_{3-0})+6 对高四位的操作: 若[[(A_{7-4})>9]或[C=1]] 则(A_{7-4})←(A_{7-4})+6	1	4

【例 3.25】

```
MOV    A,#77H
ADD    A,#89H          ;(A)=00H,(C)=1,(AC)=1
DA     A               ;结果:(A)=66H,C=1
```

【例 3.26】

```
MOV    A,#86H
MOV    R1,#96H
ADD    A,R1            ;(A)=1CH,(C)=96H,(AC)=0
DA     A               ;结果:(A)=82H,C=1
```

3.3.4 逻辑运算指令

1. 逻辑与指令

一般形式:ANL　<dest - byte>,<src - byte>

目的操作数<dest - byte>可以是A或直接地址单元中数据,源操作数<src - byte>可以是工作寄存器中数据、直接地址单元数据、寄存器间址单元数据和常数,实现两操作数位对位逻辑与。

对标志位的影响:无。

格　式	实 现 操 作	字节数	机器周期
ANL　A,Rn	(A)←(A)∧(Rn)	1	1
ANL　A,direct	(A)←(A)∧(direct)	2	1
ANL　A,@Ri	(A)←(A)∧((Ri))	1	1
ANL　A,#data	(A)←(A)∧#data	2	1
ANL　direct,A	(direct)←(A)∧(direct)	2	1
ANL　direct,#data	(direct)←(A)∧#data	3	2

【例3.27】

```
MOV     A,#0C3H
MOV     R0,#0AAH
ANL     A,R0      ;结果:(A)=82H
```

2. 逻辑或指令

一般形式:ORL　<dest - byte>,<src - byte>

目的操作数<dest - byte>可以是A或直接地址单元中数据,源操作数<src - byte>可以是工作寄存器中数据、直接地址单元数据、寄存器间址单元数据和常数,实现两操作数位对位逻辑或。

对标志位的影响:无。

格　式	实 现 操 作	字节数	机器周期
ORL　A,Rn	(A)←(A)∨(Rn)	1	1
ORL　A,direct	(A)←(A)∨(direct)	2	1
ORL　A,@Ri	(A)←(A)∨((Ri))	1	1
ORL　A,#data	(A)←(A)∨#data	2	1
ORL　direct,A	(direct)←(A)∨(direct)	2	1
ORL　direct,#data	(direct)←(A)∨#data	3	2

【例3.28】

```
MOV     A,#0C3H
MOV     R0,#55H
ORL     A,R0      ;结果:(A)=0D7H
```

3. 逻辑异或指令

一般形式:XRL　<dest - byte>,<src - byte>

目的操作数 <dest - byte> 可以是 A 或直接地址单元中数据,源操作数 <src - byte> 可以是工作寄存器中数据、直接地址单元数据、寄存器间址单元数据或常数,实现两操作数位对位逻辑异或。

对标志位的影响:无。

格式	实现操作	字节数	机器周期
XRL A,Rn	(A)←(A)⊕(Rn)	1	1
XRL A,direct	(A)←(A)⊕(direct)	2	1
XRL A,@Ri	(A)←(A)⊕((Ri))	1	1
XRL A,#data	(A)←(A)⊕#data	2	1
XRL direct,A	(direct)←(A)⊕(direct)	2	1
XRL direct,#data	(direct)←(A)⊕#data	3	2

【例 3.29】

```
MOV    A,#0C3H
MOV    R0,#0AAH
XRL    A,R0     ;结果:(A)=69H
```

4. 左循环指令

“RL A”指令实现将 A 中数据循环左移一位;“RLC A”指令实现将 A 中数据连同进位标志 C 一起循环左移一位,C 放在 A 的左端。移位的方式如图 3.1 所示。

对标志位的影响:“RL A”指令对标志位无影响;“RLC A”指令执行后,C 是 A 中最高位 bit7 移入的内容。

格式	实现操作	字节数	机器周期
RL A	$(A_{n+1})\leftarrow(A_n)$,n=0~6,(A0)←(A7)	1	1
RLC A	$(A_{n+1})\leftarrow(A_n)$,n=0~6,(A0)←(C) (C)←(A7)	1	1

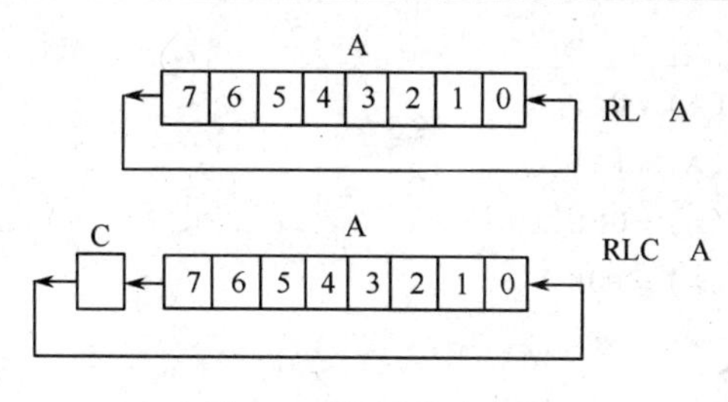

图 3.1 左循环示意图

【例 3.30】

```
MOV    A,#12H
RL     A        ;(A)=24H
```

当 A 中最高位 bit7 不等于 0 时,左移一位相当于乘 2 运算。

5. 右循环指令

“RR A”指令实现将 A 中数据循环右移一位;“RRC A”指令实现将 A 中数据连同进位标志 C 一起循环右移一位,C 放在 A 的右端。移位的方式如图 3.2 所示。

对标志位的影响:“RR　A”指令对标志位无影响;“RRC　A”指令执行后,C 是 A 中最低位 bit0 移入的内容。

格式	实现操作	字节数	机器周期
RR　A	$(A_n)\leftarrow(A_{n+1})$,n = 0 ~ 6,(A7)←(A0)	1	1
RLC　A	$(A_n)\leftarrow(A_{n+1})$,n = 0 ~ 6,(C)←(A0) (A7)←(C)	1	1

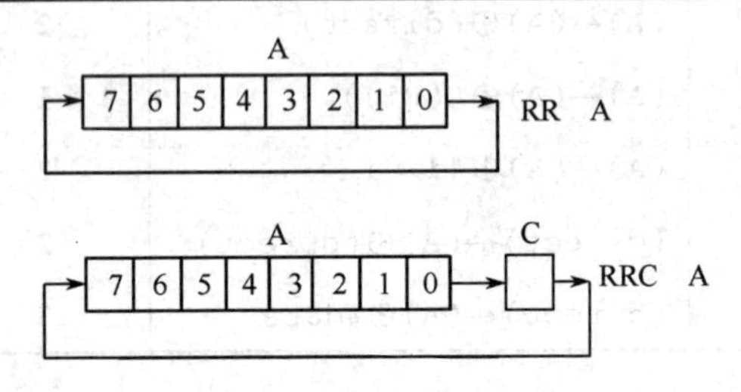

图 3.2　右循环示意图

【例 3.31】

```
MOV     A,#24H
RR      A          ;(A) = 12H
```

当 A 中最低位 bit0 不等于 0 时,右移一位相当于除 2 运算。

6. 对 A 的其他逻辑操作

这类指令可实现对 A 清“0”、取非、高 4 位与低 4 位互换。

对标志位的影响:无。

格式	实现操作	字节数	机器周期
CLR　A	(A)←0	1	1
CPL　A	$(A)\leftarrow(\overline{A})$	1	1
SWAP　A	$(A_{3-0})\longleftrightarrow(A_{7-4})$	1	1

【例 3.32】

```
CLR     A          ;(A) = 0
CPL     A          ;(A) = FFH
ANL     A,#0FH     ;(A) = 0FH
SWAP    A          ;(A) = F0H
```

3.3.5　控制转移指令

本类指令用于测试某些条件,若满足,则跳转到指定地址的程序处。

1. 减 1 不为 0 转移指令

这类指令首先对工作寄存器或直接地址单元中数据减 1,然后测试是否为 0,若是,则转移到指令规定的地址标号处;若不是,则不转移,接着执行下一条指令。转移的范围是这样限定的:以“减 1 不为 0 转移指令”的下一条指令所在地址为基准,向前不超过 128 个字节,向后不超过 127 个字节。

对标志位的影响:无。

格式	实 现 操 作	字节数	机器周期
DJNZ Rn,rel	(PC)←(PC)+2 (Rn)←(Rn)-1 若(Rn)≠0,则 (PC)=(PC)+rel	2	2
DJNZ direct,rel	(PC)←(PC)+3 (direct)←(direct)-1 若(Rn)≠0,则 (PC)=(PC)+rel	3	2

【例 3.33】

在 P1.7 引脚产生 4 个脉冲,宽度为 3 个机器周期,占空比为 50%。

```
      MOV    R2,#8
LOOP: CPL    P1.7      ;执行时间:1 个机器周期
      DJNZ   R2,LOOP   ;执行时间:2 个机器周期
```

【例 3.34】

将内部 RAM 中地址为 30H ~ 36H 7 字节二进制数与 40H ~ 46H 7 字节二进制数相加,其和存放在 40H ~ 46H 中。数的存放规则:高位在前,低位在后。

```
    ORG    0000H          ;ORG 伪指令,规定程序的起始地址
    MOV    R2,#7
    MOV    R0,#36H
    MOV    R1,#46H
    CLR    C
LOOP:
    MOV    A,@R0
    ADDC   A,@R1
    MOV    @R1,A
    DEC    R1
    DEC    R0
    DJNZ   R2,LOOP
    END                   ;END 伪指令,汇编时起作用,程序结束
```

2. 无条件转移指令

这类指令不需要测试任何条件,直接转移到程序标号处。转移范围受不同指令的控制,“AJMP”在本页内,2KB 范围内转移;“LJMP”可在整个存储空间 64KB 范围内转移;“SJMP”的转移范围规定在“rel”的范围,即转移到以下一条指令为基准的 -128 ~ +127 的范围;“JMP”的转移范围由 DPTR 与 A 数据相加决定。

对标志位的影响:无。

格式	实 现 操 作	字节数	机器周期
AJMP addr11	(PC)←(PC)+2 (PC_{10-0})←page address	2	2
LJMP addr16	(PC)←$addr_{16-0}$	3	2

（续）

格式	实现操作	字节数	机器周期
SJMP rel	(PC)←(PC)+2 (PC)←(PC)+rel	2	2
JMP @A+DPTR	(PC)←(DPTR)+A	1	2

【例 3.35】

根据 A 中的内容选择跳转到 L0 或 L1 或 L2 或 L3 处，从而实现选择执行多项任务中的一项。

```
        RL      A
        MOV     DPTR,#TAB
        JMP     @A+DPTR
TAB:
        AJMP    L0
        AJMP    L1
        AJMP    L2
        AJMP    L3
        …
L0:
        …
L1:
        …
L2:
        …
L3:
        …
```

3. 条件转移指令

这类指令首先测试 A 中数据，然后进行转移。"JZ"指令，测试到 A 中数据为 0，则进行转移；"JNZ"指令，测试到 A 中数据不等于 0，则进行转移。转移的范围是"rel"规定的范围。

对标志位的影响：无。

格式	实现操作	字节数	机器周期
JZ rel	(PC)←(PC)+2 若(A)=0，则(PC)=(PC)+rel	2	2
JZ rel	(PC)←(PC)+2 若(A)≠0，则(PC)=(PC)+rel	2	2

【例 3.36】

根据 A 中的内容选择跳转到 L0 或 L1 或 L2 或 L3 处，从而实现选择执行多项任务中的一项。

```
        JZ      L0
        DEC     A
```

```
        JZ      L1
        DEC     A
        JZ      L2
        DEC     A
        JZ      L3
        …
L0:
        …
L1:
        …
L2:
        …
L3:
        …
```

4. 比较不相等转移指令

一般形式:CJNE < dest - byte >, < src - byte >,rel

当目的操作数 < dest - byte >为 A 时,源操作数 < src - byte >可以是直接地址单元中的数据或常数;

当目的操作数 < dest - byte >为工作寄存器 Rn 时,源操作数 < src - byte >可以是常数;

当目的操作数 < dest - byte >为寄存器间址单元中数据时,源操作数 < src - byte >可以是常数。转移范围为"rel"所限定范围。

对标志位 C 的影响:

若(dest - byte) > = (src - byte),则 C =0;

若(dest - byte) < (src - byte),则 C =1。

格式	实现操作	字节数	机器周期
CJNE A,direct,rel	(PC)←(PC) +3 若(A)≠(direct),则 (PC) = (PC) + rel	3	2
CJNE A,#data,rel	(PC)←(PC) +3 若(A)≠#data,则 (PC) = (PC) + rel	3	2
CJNE Rn,#data,rel	(PC)←(PC) +3 若(Rn)≠#data,则 (PC) = (PC) + rel	3	2
CJNE @Ri,#data,rel	(PC)←(PC) +3 若((Ri))≠#data, 则(PC) = (PC) + rel	3	2

【例 3.37】

如果 A 中内容大于 120,则启动报警;否则,关闭报警。

```
      CJNE     A,#120,L1      ;A 中数据与 120 比较
```

```
        LJMP    L2              ;A 中数据等于 120,转移到 L2 处执行
L1:
        JC      L2              ;A 中数据小于 120,转移到 L2 处执行
        LCALL   SET_ALRM        ;A 中数据大于 120,启动报警
        …
L2:
        LCALL   CLR_ALARM       ;关闭报警
        …
```

【例 3.38】

用减法指令实现例 3.36 功能。

```
      CLR     C
      SUBB    A,#120
      JC      L1                ;A 中数据小于 120,转移到 L1 处执行
      JZ      L1                ;A 中数据等于 120,转移到 L1 处执行
      LCALL   SET_ALARM         ;A 中数据大于 120,启动报警
      …
L1:
      LCALL   CLR_ALARM         ;关闭报警
      …
```

比较例 3.37 与例 3.38 中的程序,用“CJNE”指令进行比较时,进行比较的数据不改变,用“SUBB”指令进行比较时,进行比较的数据发生改变,可根据具体的编程需要选择使用。

5. 调用子程序指令

子程序调用指令实现页内 2KB 范围(ACALL)和整个存储空间(LCALL)64KB 范围调用子程序。指令实现两个操作:保存断点指令(调用子程序指令的下一条指令)地址;转去子程序首地址处执行。

对标志位 C 的影响:无。

格式	实现操作	字节数	机器周期
ACALL addr11	(PC)←(PC)+2,(SP)←(SP)+1 ((SP))←(PC_{7-0}),(SP)←(SP)+1 ((SP))←(PC_{15-8}) (PC_{10-0})→page address	2	2
LACALL addr11	(PC)←(PC)+3,(SP)←(SP)+1 ((SP))←(PC_{7-0}),(SP)←(SP)+1 ((SP))←(PC_{15-8}) (PC_{15-0})→$addr_{15-0}$	3	2

6. 子程序返回指令

这条指令用于控制处理器从子程序返回到断点指令处,实现的方式是从栈顶弹出两字节送给 PC。

对标志位 C 的影响:无。

格式	实 现 操 作	字节数	机器周期
RET	$(PC_{15-8}) \leftarrow ((SP)),(SP) \leftarrow (SP)-1$ $(PC_{7-0}) \leftarrow ((SP)),(SP) \leftarrow (SP)-1$	1	2

【例 3.39】

```
              ORG   2000H
2000H         MOV    SP,#0CFH
2003H         LCALL  SUB        ;转去“SUB”处执行,(PC)=3000H,
                                ;保存断点地址,(D0H)=06H,(D1H)=20H,
                                ;(SP)=D1H
2006H         MOV    A,#30H
              …
              ORG    3000H
3000H   SUB:  MOV    A,R0
3001H         …
              RET               ;返回到断点指令执行,恢复断点,
                                ;(PC)=2006H,(SP)=CFH
```

7. 中断返回指令

这条指令用于控制处理器从中断服务子程序返回到断点指令处,实现的方式是从栈顶弹出两字节送给 PC,同时清除中断优先级触发器,使后续的同级中断能够响应。

对标志位 C 的影响:无。

格式	实 现 操 作	字节数	机器周期
RETI	$(PC_{15-8}) \leftarrow ((SP)),(SP) \leftarrow (SP)-1$ $(PC_{7-0}) \leftarrow ((SP)),(SP) \leftarrow (SP)-1$ 复位中断优先级触发器	1	2

8. 空操作指令

这条指令执行后,除了 PC 加 1 外,对单片机其他硬件无任何影响。但在某些应用场合,这条指令是有用的。

对标志位 C 的影响:无。

格式	实 现 操 作	字节数	机器周期
NOP	$(PC) \leftarrow (PC)+1$	1	1

【例 3.40】

在 P1.1 引脚产生一个宽度大致为两个机器周期的高电平脉冲。

```
SETB  P1.1
NOP             ;消耗 1 个机器周期
NOP             ;消耗 1 个机器周期
CLR    P1.1
```

3.3.6 位操作指令

1. 位变量传送指令

这类指令实现 C 与位变量之间复制,在位操作指令中,进位标志 C 起着一位微处理

器的作用。

格式	实 现 操 作	字节数	机器周期
MOV　C,bit	(C)←(bit)	2	1
MOV　bit,C	(bit)←(C)	2	2

【例 3.41】

```
MOV    C,P1.0    ;(C) ←(P1.0)
MOV    10H,C     ;(10H) ←(C)
```

2. 位变量修改指令

这类指令可实现对 C 与位变量进行清“0”、置“1”、取非操作。

格式	实 现 操 作	字节数	机器周期
CLR　C	(C)←(0)	1	1
SETB　C	(C)←(1)	1	1
CPL　C	(C)←($\overline{C}$)	1	1
CPL　bit	(bit)←(0)	2	1
SETB　bit	(bit)←(1)	2	1
CPL　bit	(bit)←($\overline{bit}$)	2	1

3. 位变量逻辑与指令

这类指令可实现 C 与位变量的逻辑与操作和 C 与位变量的非逻辑与操作，位变量本身并不变化。

格式	实 现 操 作	字节数	机器周期
ANL　C,bit	(C)←(C)∧(bit)	2	2
ANL　C,/bit	(C)←(C)∧($\overline{bit}$)	2	2

【例 3.42】

```
SETB    C
CLR     10H
ANL     C,10H     ;(C) =0
ANL     C,/10H    ;(C) =1
```

4. 位变量逻辑或指令

这类指令可实现 C 与位变量的逻辑或操作和 C 与位变量的非逻辑或操作，位变量本身并不变化。

格式	实 现 操 作	字节数	机器周期
ORL　C,bit	(C)←(C)∨(bit)	2	2
ORL　C,/bit	(C)←(C)∨($\overline{bit}$)	2	2

5. 条件转移指令

这类指令可测试 C 的内容为 0 或 1、位变量内容为 0 或 1 而进行转移。“JBC”指令测试位变量为 1 时转移，同时将位变量清 0，转移范围为“rel”规定范围。

格式	实现操作	字节数	机器周期
JC rel	(PC)←(PC)+2 若(C)=1,则(PC)←(PC)+rel	2	2
JNC rel	(PC)←(PC)+2 若(C)=0,则(PC)←(PC)+rel	2	2
JB bit,rel	(PC)←(PC)+3 若(bit)=1,则(PC)←(PC)+rel	3	2
JNB bit,rel	(PC)←(PC)+3 若(bit)=0,则(PC)←(PC)+rel	3	2
JBC bit,rel	(PC)←(PC)+3 若(bit)=1,则(PC)←(PC)+rel (bit)←0	3	2

3.4 常用伪指令

ASM51 汇编程序允许程序设计者使用伪指令控制汇编程序的汇编,伪指令不属于 MCS-51 单片机指令系统中的指令,它是程序员发给汇编程序的命令,也称为汇编程序控制命令。只有在汇编前的源程序中才有伪指令。汇编得到目标程序(机器码)后,伪指令已无存在的必要,所以伪指令没有相应的机器代码。

伪指令具有控制汇编程序的输入输出、定义数据和符号、条件汇编、分配存储空间等功能。不同汇编语言的伪指令有所不同,但一些基本的内容却是相同的。

下面介绍在 MCS-51 单片机汇编语言程序中常用的伪指令。

1. 规定汇编起始地址命令——ORG

在汇编语言源程序的开始,通常都用一条 ORG 伪指令来规定程序的起始地址。如果不用 ORG 规定,则汇编得到的目标程序将从 0000H 开始。例如:

```
        ORG   2000H
START:  MOV   A,#00H
```

此处 ORG 伪指令规定以下程序代码从地址为 2000H 开始排放。

在一个源程序中,可以多次使用 ORG 指令,以规定不同的程序段地址。但是,地址必须由小到大排列,不允许高地址在前,低地址在后。例如:

```
ORG    1000H
…
ORG    1200H
…
ORG    2000H
…
```

这种顺序是正确的。若按下面顺序的排列则是错误的,因为高地址出现在低地址之前。

```
ORG    2000H
```

```
…
ORG    1800H
…
ORG    3000H
…
```

2. 汇编结束伪命令——END

本命令是汇编语言源程序的结束标志，用于终止源程序的汇编工作，它的作用是告诉汇编程序，将某一段源程序翻译成指令代码的工作到此为止。因此，在整个源程序中只能有一条END命令，且位于程序的最后。如果END命令出现在程序中间，则其后面的源程序、汇编程序将不会得到处理。

3. 定义字节伪命令——DB

本命令用于从指定的地址开始，在程序存储器的连续单元中定义字节数据。例如：

```
ORG    2000H
DB     30H,40H,24,"C"," B"
```

汇编后：

(2000H) = 30H

(2001H) = 40H

(2002H) = 18H　(24 = 18H)

(2003H) = 43H(C的ASCII码)

(2004H) = 42H(B的ASCII码)

显然，DB功能是从指定单元开始定义（存储）若干个字节，10进制数自然转换成16进制数数，字母按ASCII码存储。

4. 定义字伪命令——DW

本命令用于从指定的地址开始，在程序存储器的连续单元中定义16位的数据字。例如：

```
ORG    2000H
DW     1246H,7BH,10
```

汇编后：

(2000H) = 12H　　;第1个字

(2001H) = 46H

(2002H) = 00H　　;第2个字

(2003H) = 7BH

(2004H) = 00H　　;第3个字

(2005H) = 0AH

5. 赋值伪命令——EQU

本命令用于给标号赋值。赋值以后，其标号值在整个程序有效。常用于对某些数值或内部RAM单元赋予助记性标号，以提高程序的可读性，并方便调试。例如：

```
TEST EQU 2000H
```

表示标号TEST = 2000H，在汇编时，凡是遇到标号TEST时，均以2000H来代替。

3.5 编程举例

【例3.43】100MS软件延时子程序，系统晶体振荡频率f_{osc} = 12MHz。

```
DELY_100MS:  MOV     R0,#100
DELY1:       MOV     R1,#250
DELY2:       NOP                     ;运行时间 = 1μs
             NOP                     ;运行时间 = 1μs
             DJNZ    R1,DELY2        ;运行时间 = 2μs
             DJNZ    R0,DELY1
             RET
```

【例 3.44】1S 软件延时子程序,系统晶体振荡频率 f_{osc} = 12MHz。

```
DELY_1S:     MOV     R2,#10
DELY_1S1:    LCALL   DELY_100MS
             DJNZ    R2,DELY_1S1
             RET
```

【例 3.45】码制转换子程序——将 A 中单字节 BCD 码转换为二进制码。

编程思路:A 中存有两位 BCD 码既十位与个位,将十位乘以 10 加个位,实现 BCD 码到 B 码的转换。

```
BCDTB:       MOV     R0,A            ;A 中数据存于 R0
             SWAP    A               ;十位乘以 10 运算
             ANL     A,#0FH
             MOV     B,#10
             MUL     AB
             MOV     B,A             ;十位乘以 10 运算之积存于 B
             MOV     A,R0            ;恢复 A 中数据
             ANL     A,#0FH          ;加上个位
             ADD     A,B
             RET
```

【例 3.46】码制转换子程序——将 A 中二进制码转换为 BCD 码存于 R0 指向的内部 RAM 中。

编程思路:A 中二进制数除以 100 所得到的商为 BCD 码的百位数;得到的余数再除以 10 所得到的商为 BCD 码的十位数;剩下的余数为 BCD 码的个位数。

```
BTBCD:  MOV     B,#100      ;除百运算
        DIV     AB
        MOV     @R0,A       ;百位数存于 R0 间址单元
        MOV     A,B         ;除 10 运算
        MOV     B,#10
        DIV     AB
        SWAP    A           ;十位数与个位数存于 R0 间址单元
        ORL     A,B
        INC     R0
        MOV     @R0,A
        RET
```

【例 3.47】从首地址为 60H 开始的 16 个内部 RAM 单元中找出最大数,存于 A 中。

编程思路:拿第出一个数据存于 B,初步认定为最大数,然后与其他数据逐个比较,若其他数据小于 B 中数据,则不交换;若其他数据大于或等于 B 中数据,则交换。

```
S_MAX:    MOV    R0,#60H      ;取出第一个数据存于 B 中
          MOV    B,@ R0
          INC    R0
          MOV    R2,#16 - 1   ;其他需要比较的数据为 15
S_MAX2:   MOV    A,@ R0       ;比较
          CLR    C
          SUBB   A,B
          JC     S_MAX1       ;若小于 B 中数据,则不交换,继续向下比较
          MOV    B,@ R0       ;若大于等于 B 中数据,则交换
S_MAX1:   INC    R0           ;继续比较
          DJNZ   R2,S_MAX2
          MOV    A,B
          RET
```

思考题与习题

1. 判断以下指令的正误:

(1) MOV 28H,@ R1 (2) DEC DPTR (3) INC DPTR (4) CLR R0

(5) CPL R2 (6) MOV R0,R1 (7) PUSH DPTR (8) MOV F0,C

(9) MOV F0,Acc.3 (10) M0VX A,@ R1 (11) MOV C,30H (12) RLC R0

2. 判断下列说法是否正确。

(A)立即寻址方式是操作数本身在指令中,而不是它的地址在指令中。

(B)指令周期是执行一条指令的时间。

(C)操作数直接出现在指令中称为直接寻址。

3. 在基址加变址寻址方式中,以( )作变址寄存器,以( )或( )作基址寄存器。

4. MCS - 51 系列单片机共有哪几种寻址方式?

5. MCS - 51 系列单片机指令按功能可以分为哪几类?

6. 访问特殊功能寄存器 SFR,使用哪种寻址方式? 访问 MCS - 52 系列单片机内部 RAM 的高端 128B 使用哪种寻址方式?

7,指令 MOVC 与 MOVX 有什么不同之处?

8. 假定累加器 A 中的内容为 30H,执行指令:

```
1000H     M0VC A,@ A + PC
```

后,把程序存储器( )单元的内容送入累加器 A 中。

9. 寄存器间接寻址方式中,其“间接”体现在指令中寄存器的内容不是操作数,而是操作数的( )。

10. 下列程序段的功能是什么?

```
PUSH   A
PUSH   B
POP    A
POP    B
```

11. 已知程序执行前有 A = 02H,SP = 52H,(51H) = FFH,(52H) = FFH。下述程序执

行后：

```
POP   DPH
POP   DPL
MOV   DPTR,#4000H
RL    A
MOV   B,A
M0VC  A,@A+DPTR
PUSH  A
MOV   A,B
INC   A
M0VC  A,@A+DPTR
PUSH  A
RET
ORG   4000H
DB    10H,80H,30H,50H,30H,50H
```

请问：A =（　　）H；SP =（　　）H；（51H）=（　　）H；（52H）=（　　）H；PC =（　　）H。

12. 写出完成如下要求的指令，但是不能改变未涉及位的内容。

（1）把 Acc.3，Acc.4，Acc.5 和 Acc.6 清“0”。

（2）把累加器 A 的中间 4 位清“0”。

（3）使 Acc.2 和 Acc.3 置“1”。

13. 试编写一段程序，将内部 RAM 中 38H 单元的高 4 位置“1”，低 4 位清“0”。

14. 假定 A = 83H，（R0）= 17H，（17H）= 34H，执行以下指令：

```
ANL   A,#17H
ORL   17H,A
XRL   A,@R0
CPL   A
```

后，A 的内容为（　　）。

15. 假设 A = 55H，R3 = 0AAH，在执行指令“ANL　A，R3”后，A =（　　），R3 =（　　）。

16. 如果 DPTR = 507BH，SP = 32H，（30H）= 50H，（31H）= 5FH，（32H）= 3CH，则执行下列指令后，DPH =（　　），DPL =（　　），B =（　　）。

```
POP   DPH
POP   DPL
POP   B
```

17. 指令格式是由（　　）和（　　）所组成，也可能仅由（　　）组成。

18. MCS－51 单片机对片外数据存储器采用的是（　　）寻址方式。

19. 试编写程序，查找在内部 RAM 的 20H～40H 单元中是否有 55H 这一数据。若有，则将 A 置为“01H”；若未找到，则将 A 置为“00H”。

20. 试编写程序，查找在内部 RAM 的 20H～40H 单元中出现“00H”这一数据的次数。并将查找到的结果存入 A。

21. 若 SP = 60H，标号 LABEL 所在的地址为 3456H。执行“LCALL LABEL”指令后，

堆栈指针 SP = (　　), PC = (　　)。

22. 假设外部数据存储器 2000H 单元的内容为 80H,执行下列指令后,累加器 A 中的内容为(　　)。

```
MOV     P2,#20H
MOV     R0,#00H
MOVX    A,@ R0
```

23. 下列程序段经汇编后,从 1000H 开始的各有关存储单元的内容将是什么?

```
ORG     1000H
TAB1    EQU 1234H
TAB2    EQU 3000H
DB      "ABCD"
DW      TAB1,TAB2,70H
```

24. 写出 5 条指令,分别为寄存器寻址、直接寻址、寄存器间接寻址、立即寻址、基址寄存器加变址寄存器间接寻址方式。

25. 编制一段子程序将内部 RAM 中 20H ~ 3FH 32 字节数传送至与 40H ~ 5FH 中。

26. 编制一查表子程序实现:子程序执行前 A 中存下表中第一行某数,子程序执行后 A 中存第二行中对应的数。

0	1	2	3	4	5	6	7	8	9
3FH	06H	5BH	4FH	66H	6DH	7DH	07H	7FH	6FH

27. 请说明:

(1) 当执行完以下前 4 条指令后,A = (　　)、B = (　　)。

(2) 当执行完前 6 条指令后,SP = (　　)、内部 RAM 中(60H) = (　　)、(61H) = (　　)。

(3) 当执行完 8 条指令后,SP = (　　)、(A) = (　　)、(B) = (　　)。

```
①  MOV     SP,#5FH
②  MOV     A,#33H
③  MOV     B,#44H
④  XCH     A,B
⑤  PUSH    A
⑥  PUSH    B
⑦  POP     A
⑧  POP     B
```

28. 编制一段子程序将 IRAM 中 30H ~ 33H　4 字节二进制数减去 40H ~ 43H 4 字节二进制数,其差值存放在 30H ~ 33H 中。数的存放规则:高位在前,低位在后。

29. 请说明:当执行完以下几条指令后,A = (　　)。

```
CLR     A
ORL     A,#55H
ANL     A,#0FH
RL      A
SETB    C
```

```
RRC    A
SWAP   A
```

30. 编写一段子程序，将 A 与 B 中的内容比较，若 A > B，则令 A = 1；若 A = B，则令 A = 2；若 A < B，则令 A = 3。

31. 在一个两位式温度控制系统中，按下述控制规则进行控制：当温度大于 200℃时，断开加热器（写一条指令：CLR　P1.2 即可）；当温度小于 198℃时，接通加热器（写一条指令：SETB　P1.2 即可）；除此，不进行断开、接通加热器的处理。若系统的实测温度已存放在 A 中，编写一段程序实现上述控制规则。（提示：请调用习题 30 编写的子程序）

32. 编写一段程序实现：将系统堆栈设置在 0D0H ~ 0FFH；使用第一组通用工作寄存器。（共分 0、1、2、3 组）

33. 问：当下述前 8 条指令执行完后，转去执行第(9)条指令还是第(30)条指令？

```
(1)        MOV    P1,#55H
(2)        MOV    P2,#0AAH
(3)        MOV    20H,P1
(4)        MOV    21H,P2
(5)        MOV    C,00H
(6)        ANL    C,02H
(7)        ORL    C,08H
(8)        JC     L1
(9)        JB     09H,L2
           ...
(30)L1:    MOV    A,B
```

第4章　MCS-51单片机的定时器/计数器

根据Intel公司的规定，MCS-51系列单片机包括8031、8051、8751、8032、8052这5款单片机，片内都集成了可编程的16位二进制计数器，其中以“1”字缀尾的8031、8051、8751这3款单片机，片内集成2个16位二进制计数器T0和T1，以“2”字缀尾的8032、8052这2款单片机，片内集成了3个16位二进制计数器T0、T1和T2。通过软件设置有关特殊功能寄存器SFR，可使这些计数器实现对片内或片外方波脉冲进行计数，片内方波脉冲来自于时钟脉冲的分频，脉冲周期恒定，计数器计了多少个脉冲，就相当于经历了多长时间，因此，当计数脉冲选择来自片内，计数过程相当于定时过程，所以单片机片内的计数器在多数场合称为“定时器/计数器”。选择计数脉冲来自于片外，这些计数器对来自于引脚的方波脉冲进行计数。在很多工业测量场合，转速传感器、流量传感器发出信号都是脉冲信号，如果将这些信号经过适当处理，连接到单片机的计数引脚，在固定的测量周期内，通过计数器计下的脉冲数，就可以换算出相应的转速、流量。在很多实时测控场合，测量控制周期有严格的实时性要求，网络调度命令响应也有严格的实时性要求。为了满足这些实时性要求，系统必须有定时器硬件资源支持。因此，定时器/计数器是单片机的重要资源。T0、T1和T2有多种工作方式可以选择，8032、8052单片机的T2计数器功能强大，不仅有定时/计数的功能，而且可以向片外输出方波脉冲，脉冲频率可以编程选择。

本章介绍T0、T1和T2的工作原理，其中，T0、T1的工作方式相近，使用相同的SFR控制，所以，T0、T1放在一起介绍。T2的工作方式比较T0、T1有较大的差异，使用专门的SFR控制，故T2专门作为一节介绍。本章将举例说明它们的具体应用。

4.1　定时器/计数器T0、T1的结构

MCS-51系列单片机的定时器/计数器结构如图4.1所示。16位计数器T0拆成两个8位的部分，由TL0与TH0构成；16位计数器T1拆成两个8位的部分，由TL1与TH1构成，将T0和T1拆成8位便于8位的微处理器访问。微处理器可以通过8位内部总线访问TL0、TH0、TL1和TH1，所谓访问，是指可以读取定时器/计数器的计数值，也可以设置它们的计数初值。TCON是T0和T1的控制寄存器，可以控制两个计数器是否可以计数，当两个计数器溢出时，溢出标志通过硬件自动设置在TCON中。TMOD是T0和T1的工作方式设置寄存器，T0有4种工作方式，T1有3种工作方式。

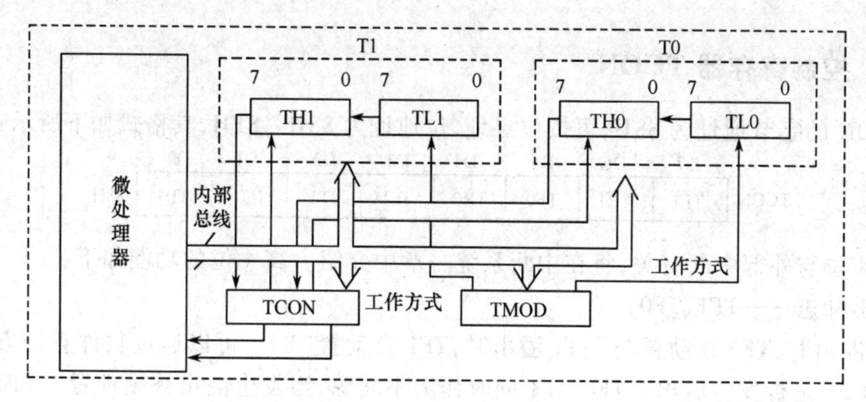

图 4.1 MCS-51 系列单片机的定时器/计算器结构图(T0、T1 结构图)

4.1.1 工作方式控制寄存器 TMOD

工作方式寄存器 TMOD 是用于选择 T0 和 T1 工作方式的特殊功能寄存器，它的字节地址为 89H，不支持按位寻址，其格式如下所示：

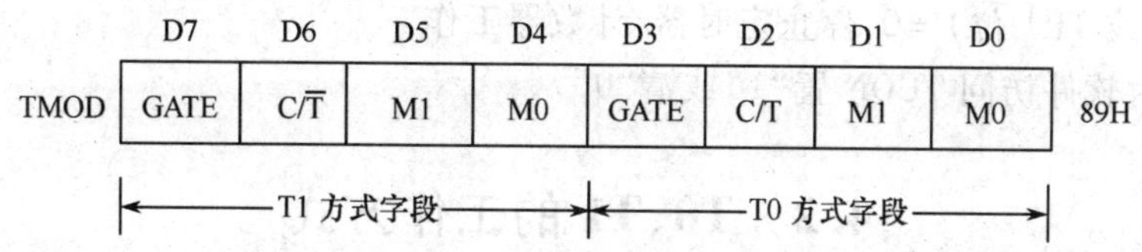

8 位 TMOD 分为两组，高 4 位用于控制 T1，低 4 位用于控制 T0。以高 4 位、控制 T1 的工作方式为例介绍各位的功能如下(低 4 位、控制 T0 的工作方式与高 4 位相同)。

GATE 位——门控位：

GATE = 1 时，计数受外部引脚$\overline{INT1}$的控制，$\overline{INT1}$引脚为高电平可以计数，为低电平不能计数。

GATE = 0 时，计数不受外部引脚$\overline{INT1}$的控制，无论$\overline{INT1}$引脚为高电平或低电平都可以计数。

C/$\overline{T}$位——计数器模式或定时器模式的选择位：

C/$\overline{T}$ = 0，为定时器模式。T1 对内部时钟脉冲 12 分频后的脉冲计数，若选择 12MHz 晶体振荡器，则计数频率为 1MHz，每计一个数，相当于经历 1μs，根据计数值便可求得经历的时间，所以称为定时器模式。

C/$\overline{T}$ = 1，设置为计数器模式，计数器对来自外部引脚 T1 的脉冲进行计数。外部脉冲每出现一个下降沿，计数值加 1，按加计数方式工作。允许最高计数频率为晶振频率的 1/24。

M1、M0 位——4 种工作方式选择位：

共有 4 种编码，对应于 4 种工作方式。对应关系如表 4.1 所列。

表 4.1 工作方式选择

M1	M0	工作方式
0	0	方式 0，为 13 位定时器/计数器
0	1	方式 1，为 16 位定时器/计数器
1	0	方式 2，8 位初值自动重新装入的 8 位定时器/计数器
1	1	方式 3，仅适用于 T0，分成两个 8 位计数器，T1 不作计数使用

4.1.2 控制寄存器 TCON

TCON 的字节地址为 88H,可按位寻址,位地址为 88H ~ 8FH,其格式如下所示:

	D7	D6	D5	D4	D3	D2	D1	D0	
TCON	TF1	TR1	TF0	TR0	IE1	IT1	IE0	IT0	88H

低 4 位与外部中断有关,将在中断系统一章中介绍。高 4 位的功能如下:

溢出标志——TF1、TF0:

T0 溢出时,TF0 自动置“1”;T1 溢出时,TF1 自动置“1”。可以通过软件查询方式,查询 T0 和 T1 是否发生溢出。TF0、TF1 同时作为中断源,当发生溢出被硬件置“1”时,向处理器申请中断,若中断开放,则进入中断服务程序。TF0 与 TF1 有两种清“0”方式:软件访问 TCON 清“0”和中断响应后由硬件自动清“0”。

计数运行控制位——TR0、TR1:

TR0 位(或 TR1 位)=1,启动定时器/计数器工作的必要条件,还与 GATE 位的状态有关。

TR0 位(或 TR1 位)=0,停止定时器/计数器工作

该位可由软件访问 TCON 置“1”或清“0”。

4.2 T0、T1 的工作方式

4.2.1 方式 0

当 M1、M0 设置为 00 时,定时器/计数器选定为方式 0,这时 T0、T1 的等效结构图如图 4.2 所示(以 T1 为例)。

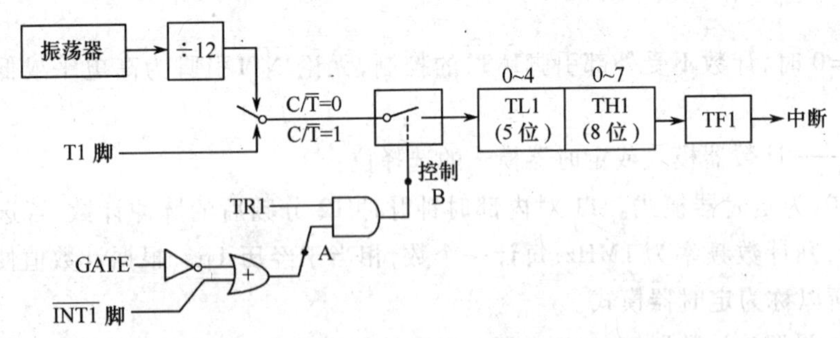

图 4.2 T1 工作于方式 0 的逻辑结构

定时器/计数器工作在方式 0 时,为 13 位的计数器,由 TL1 的低 5 位和 TH1 的 8 位所构成。TL1 低 5 位溢出向 TH1 进位,TH1 计数溢出置位 TCON 中的溢出标志位 TF1。

只有 TL1 输入端的开关合上时,T1 才能计数,控制开关合上与否,取决于 B 点电平,B 点电平为“1”时,开关合上;B 点电平为“0”时,开关断开。由图 4.2 可知,B 点电平是双输入与门的输出,B 点为“1”的条件是 TR1 和 A 点电平均为“1”。当 GATE = 0 时,A 点电平恒等于“1”,与引脚 $\overline{INT1}$ 状态无关;当 GATE = 1 时,只有引脚 $\overline{INT1}$ 为高电平时,A 点电平才等于“1”,才有可能开始计数。TR1 = 1 是能够开始计数的一个必要条件。通过图 4.2 可以清楚地看到 GATE 与 TR1 对计数的控制作用。

$C/\overline{T}=0$,计数脉冲选择开关切向上,计数脉冲来自于单片机内部晶体振荡器脉冲的12分频,T1工作于定时器方式。$C/\overline{T}=1$,计数脉冲选择开关切向下,计数脉冲来自于单片机外部引脚T1,T1工作于计数器方式。T1按加计数方式工作,在每个脉冲的下降沿,计数值加1。

T0工作于方式0时的情形与T1相同。

【例4.1】编程设定T0工作于方式0,定时器方式,计数不受$\overline{INT0}$引脚的控制;T1工作于方式0,计数器方式,计数受$\overline{INT1}$引脚的控制。

根据要求,TMOD应设置为:11000000B,编程如下:

```
MOV TMOD,#11000000B
SET TR1              ;T1 能够计数的必要条件
SET TR0              ;T0 能够计数的必要条件
```

4.2.2 方式1

当M1、M0为01时,T0、T1工作于方式1,这时T1的等效电路如图4.3所示(以T1为例)。

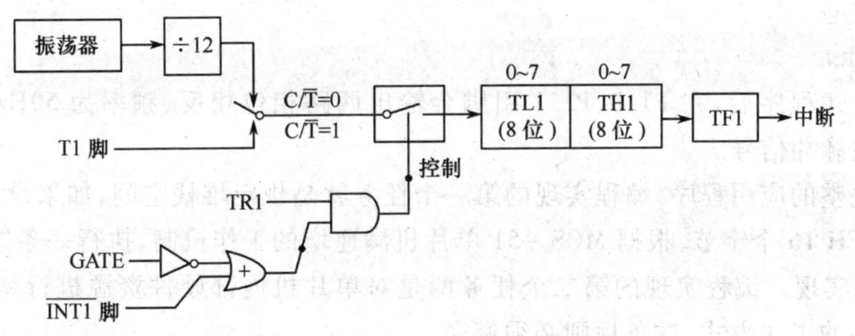

图4.3 T1工作于方式1的逻辑结构

方式1和方式0的差别仅仅在于计数器的位数不同,方式1为16位的计数器,由TH1作为高8位和TL1作为低8位构成。方式0则为13位计数器,有关控制状态位GATE、$C/\overline{T}$、TF1、TR1的含义和方式0相同。

【例4.2】利用T0工作于方式1,在P1.0、P1.1引脚输出两路相位相反、频率为50Hz、占空比为50%的方波脉冲信号($f_{osc}=12MHz$)。

编程思路:50Hz方波脉冲的脉冲周期为20ms,占空比为50%说明方波脉冲的高、低电平相等,均为10ms。如果让T0工作于定时器方式,从某一初值开始计数,每过10ms溢出一次,通过软件查询到TF0=1,则执行指令"CPL　P1.0",则将在P1.0引脚输出频率为50Hz、占空比为50%的方波脉冲信号。将P1.0引脚状态取非后输出到P1.1,则在P1.0、P1.1引脚输出两路相位相反的方波信号。

求T1的计数初值X。

根据$(65536-X)\times\frac{12}{12}\times10^{-6}=10^{-2}$,求得$X=55536=0D8F0H$。

```
      ORG     0000H
      LJMP    MAIN
      ORG     0030H          ;让开中断向量,主程序从 0030H 开始
MAIN: MOV     SP,#6FH        ;设置堆栈空间为 70H ~ 7FH
```

```
        LCALL    INI_T0          ;对 T0 进行初始化设置
WAIT:   JNB      TF0,WAIT        ;等待 T0 溢出
        CLR      TF0             ;在非中断响应情况下,TF0 需要通过软件清“0”
        MOV      TH0,#0D8H       ;T0 设置计数初值
        MOV      TL0,#0F0H
        CPL      P1.0            ;P1.0 取非输出方波脉冲
        MOV      C,P1.0          ;P1.1 输出相位相反的方波脉冲
        CPL      C
        MOV      P1.1,C
        LJMP     WAIT            ;重复执行程序,连续输出方波脉冲
INIT_T0:
        MOV      TMOD,#01H       ;T0 工作于方式 1,定时器方式,计数不受引脚
                                 ;INT0控制,可以计数
        MOV      TH0,#0D8H       ;T0 设置计数初值
        MOV      TL0,#0F0H
        SETB     TR0
        RET
        END
```

执行上述程序后,在 P1.0、P1.1 引脚会输出两路相位相反、频率为 50Hz、占空比为 50% 的方波脉冲信号。

一个完整的应用程序,编程实现的第一个任务就是规定堆栈空间,如果设计堆栈空间为 70H ~ 7FH 16 个字节,根据 MCS - 51 单片机满递增的工作机制,执行一条“MOV　SP, #6FH”即可实现。编程实现的第二个任务两是对单片机内部硬件资源进行初始化设置,设置为需要的工作方式,这条规则必须遵守。

4.2.3　方式 2

当 M1、M0 为 10 时,T0、T1 工作于方式 2,这时 T1 的等效电路如图 4.4 所示(以 T1 为例)。

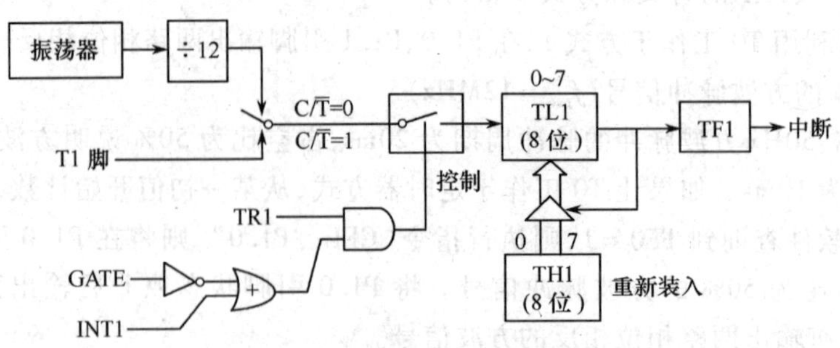

图 4.4　T1 工作于方式 2 的逻辑结构

从图 4.4 可知,在方式 2 中,有关控制状态位 GATE、$C/\overline{T}$、TF1、TR1 的含义和方式 0、方式 1 相同,不同的是定时器/计数器的方式 2 为自动恢复初值的(常数自动装入)8 位定时器/计数器,TL1 作为 8 位计数器,当 TL1 计数溢出时,在置“1”溢出标志 TF1 的同时,还自动的将 TH1 中的常数送至 TL1,使 TL1 从设置在 TH1 中的数值,即初值开始重新计数。

这种工作方式不仅可以省去通过软件重装计数初值的操作，还可以获取精确的时间间隔。

【例 4.3】利用 T0 工作于方式 2，设计一个精确秒表，测量精度为 1ms(f_{osc} = 12MHz)。

秒表一般有两个操作按钮：一个用于按下后开始计时；另一个用于清除所计下的时间。设计的硬件电路如图 4.5 所示，按下 SW1，$\overline{INT0}$接高电平，如果在 TMOD 中设置控制 T0 的 GATE = 1，则只有此时才能开始计数。按下 SW2，在单片机的复位引脚产生一个复位脉冲，将使单片机复位，在上电复位初始化程序中，清除计数单元的计数值，则实现按下 SW2 后清除所计下的时间。

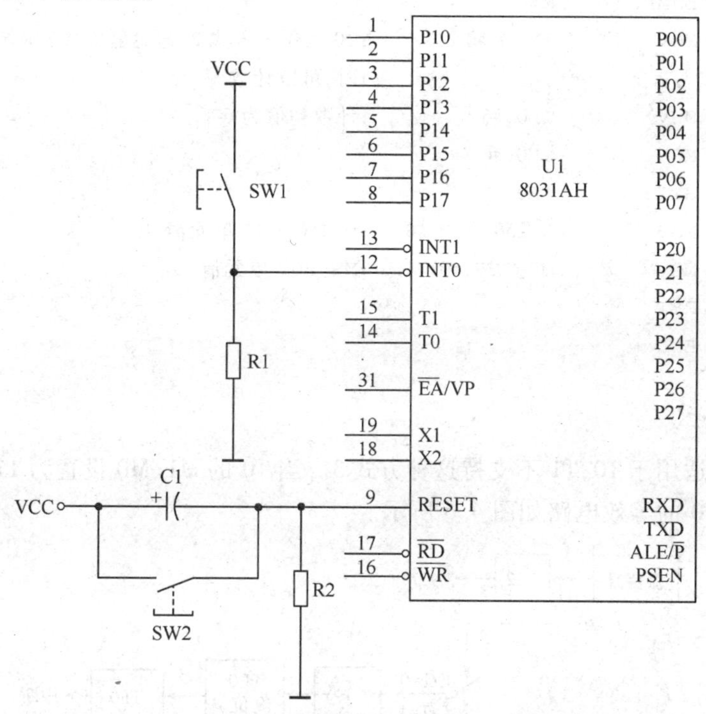

图 4.5 秒表的硬件设计

编程思路：为了获取精确的时间，应当使 T0 工作于方式 2，定时器方式，自动重装值设置为 6。从 6 开始计数，每计 250 个数，溢出一次，f_{osc} = 12MHz 时，每计一个数对应的时间是 1μs，由此，T0 溢出周期为 250μs。利用内部 RAM 地址为 30H 单元的 1 字节记录溢出次数，每当 30H 单元记录的数值达到 4 时，内部 RAM 的 31H 单元加 1，则 31H 单元所记录的就是以毫秒为单位的时间。

实现上述编程思路的代码如下：

```
US250_BUF    EQU      30H        ;定义 30H 单元记录 T0 溢出次数
MS_BUF       EQU      31H        ;定义 31H 单元记录毫秒数
        ORG      0000H
        LJMP     MAIN
        ORG      0030H
MAIN:   MOV      SP,#6FH          ;规定堆栈空间
        LCALL    INIT_T0          ;初始化
M1:     JNB      TF0,M1           ;查询 T0 是否溢出
```

```
        CLR     TF0             ;软件清"0"TF0
        INC     US250_BUF       ;溢出次数加 1
        MOV     A,US250_BUF     ;判断溢出次数是否大于等于 4
        CLR     C
        SUBB    A,#4
        JC      M1              ;溢出次数小于 4,继续等待下一次溢出
        MOV     US250_BUF,#0    ;溢出大于等于 4,毫秒,加 1
        INC     MS_BUF
        LJMP    M1
INT_T0: MOV     TMOD,#0AH       ;T0 工作于方式 2,定时器方式,INT0 = 1
                                ;时,可以计数
        MOV     TL0,#6          ;计数初值为 6
        MOV     TH0,#6
        SETB    TR0
        MOV     US250_BUF,#0    ;US250_BUF 单元清"0"
        MOV     MS_BUF,#0       ;MS_BUF 单元清"0"
        RET
        END
```

4.2.4 方式 3

方式 3 只适用于 T0,T1 不支持这种方式 3。当 T0 的 M1、M0 设置为 11 时,T0 工作于方式 3,这时 T0 的等效电路如图 4.6 所示。

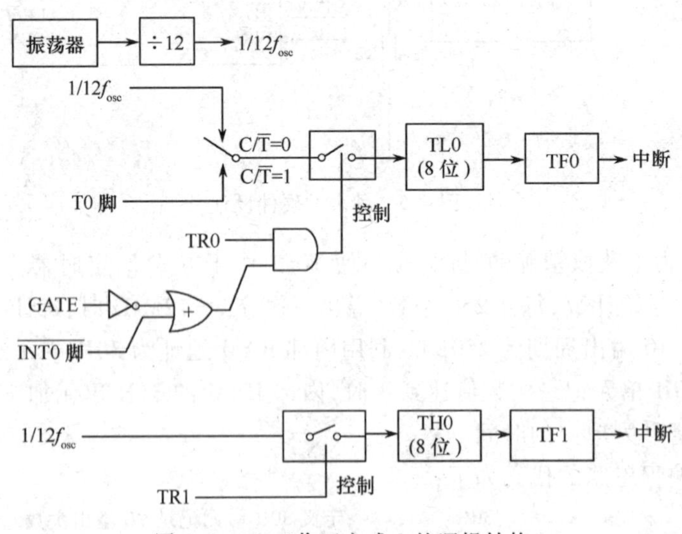

图 4.6　T0 工作于方式 3 的逻辑结构

如图 4.6 所示,在方式 3 中将 16 位的 T0 拆成两个 8 位计数器 TL0 和 TH0,从而使 MCS－51 单片机具有 3 个定时器/计数器。在 TL0 构成的 8 位计数器中,使用了 T0 的状态控制位 C/$\overline{T}$,GATE、TR0 和$\overline{INT0}$,除了计数器是 8 位计数器外,其工作方式与方式 0、方式 1 没有差别。而 TH0 被固定为一个 8 位定时器(不能作外部计数方式),并使用定时器 T1 的状态控制位 TR1 和 TF1,占用定时器 T1 的中断源。此时 T1 只能工作于方式 0、方式 1、方式 2,但其功能较前述的功能差,通常用来作串行通信的波特率产生器。

4.2.5　T0 工作于方式 3 下的 T1 的工作方式

一般情况下，当定时器 T1 用作串行口的波特率发生器时，T0 才工作在方式 3。当定时器 T0 处于工作方式 3 时，定时器/计数器 T1 可设置为方式 0、方式 1 和方式 2，作为串行口的波特率发生器，或者用于不需要中断的场合。此时，T1 可选定的工作模式如下。

1）方式 0

T1 的控制字中 M1、M0 = 00 时，T1 工作在方式 0，逻辑结构如图 4.7 所示。

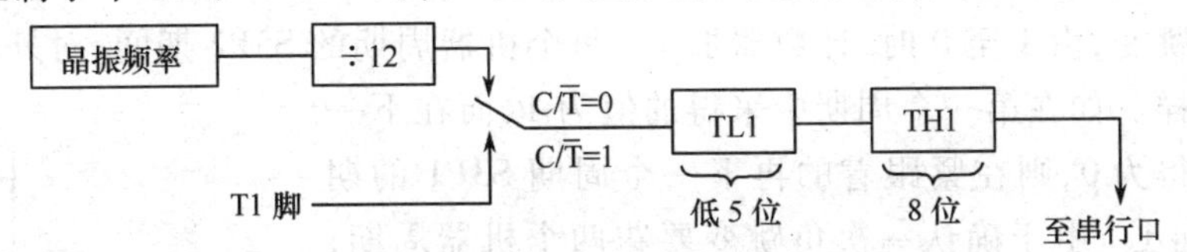

图 4.7　T0 工作于方式 3 下 T1 工作于方式 0 的逻辑结构

只可以作为 13 位定时器/计数器使用，没有是否可以开始计数的控制，溢出脉冲直接送到串行通信的波特率产生器。

2）方式 1

当定时器 T1 的控制字中 M1、M0 = 01 时，定时器 T1 的工作方式为方式 1，逻辑结构如图 4.8 所示。

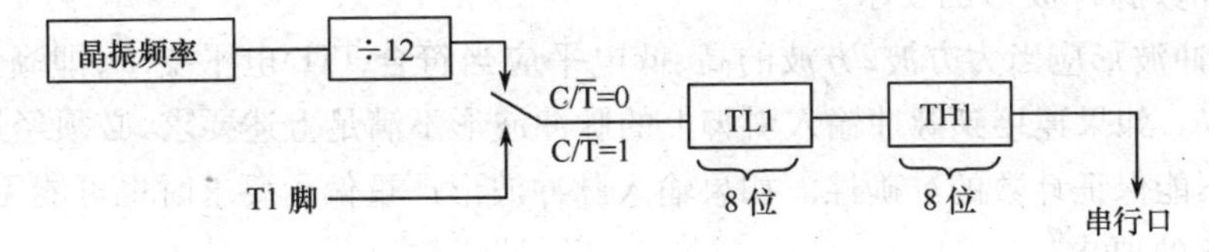

图 4.8　T0 工作于方式 3 下 T1 工作于方式 1 的逻辑结构

只可以作为 16 位定时器/计数器使用，没有是否可以开始计数的控制，溢出脉冲直接送到串行通信的波特率产生器。

3）方式 2

当定时器 T1 的控制字中 M1、M0 = 10 时，定时器 T1 的工作方式为方式 2，逻辑结构如图 4.9 所示。

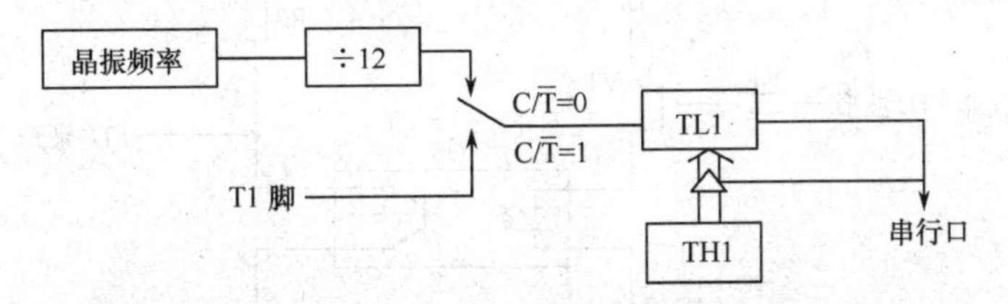

图 4.9　T0 工作于方式 3 下 T1 工作于方式 2 的逻辑结构

为 8 位重装方式，没有是否可以开始计数的控制，溢出脉冲直接送到串行通信的波特率产生器。

在 T0 工作于方式 3 时，T1 的控制条件只有两个，即 $C/\overline{T}$ 和 M1、M0。$C/\overline{T}$ 选择的是定时器模式或计数器模式，M1、M0 选择 T1 的工作方式。

4.3 应用中注意的问题

1. 外部脉冲信号要求

1）做计数器使用时对计数脉冲频率的要求

脉冲周期大于两个机器周期，脉冲频率 $F \leqslant f_{osc}/24$；脉冲高、低电平宽度大于一个机器周期。

当 T0、T1 用作计数器时，计数脉冲来自相应的外部脉冲输入引脚 T0 或 T1。当输入脉冲出现负跳变，由 1 至 0 时，计数器加 1。每个机器周期的 S5P2 期间，对外部脉冲输入引脚进行采样。如在第一个周期中采得的值为 1，而在下一个周期中采得为 0，则在紧跟着的再下一个周期 S3P1 的期间，计数器加 1。由于确认一次负跳变要花两个机器周期，即 24 个振荡周期，因此外部输入的计数脉冲的最高频率为振荡器频率的 1/24。例如选用 12MHz 频率的晶体，允许输入的脉冲频率为 500kHz。对于外部输入信号的占空比并没有什么限制，但为了确保某一给定的电平在变化之前能被采样一次，则这一电平至少要保持一个机器周期。故对输入信号的基本要求如图 4.10 所示，图中 T_{cy}为机器周期。

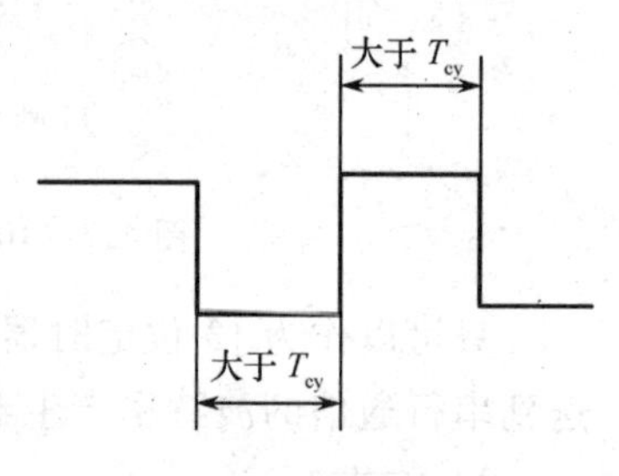

图 4.10 对外部输入脉冲频率的要求

2）对计数脉冲波形的要求

外部脉冲波形应当为方波，方波的高、低电平应当符合 TTL 电平要求，即高电平为 5V，低电平为 0V。如果连接到脉冲输入引脚上的脉冲波形不满足上述要求，必须经过波形整形处理，否则不能保证计数的准确性。如果输入脉冲波形严重偏离要求时也可能无法计数。

3）隔离的要求

为了保证系统工作的可靠性，有时希望对外部脉冲实行电气隔离，使来自系统外部的信号与本系统没有电气连接，通过如图 4.11 的光电隔离电路可以做到这一点，该电路同时有波形整形的作用。根据具体的非 TTL 波形的形状，适当选择电路中的 R1、R2、R3、VD 的参数，可以将非 TTL 波形整形为 TTL 波形。

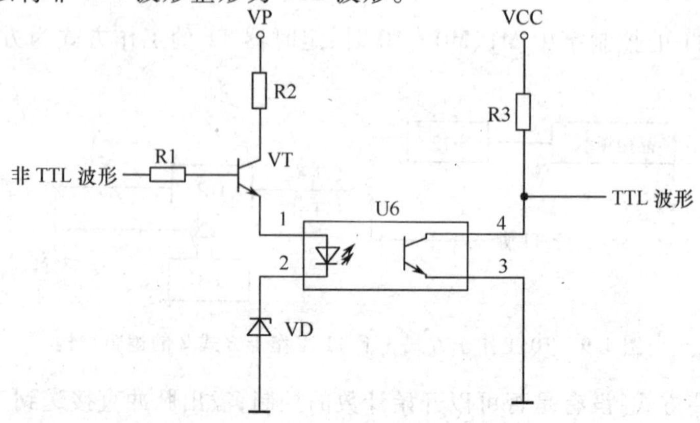

图 4.11 光电隔离整形电路

2. 计数过程中读计数值

在读取计数过程中的定时器/计数器时，需要特别加以注意，否则读取的计数值有可能出错。原因是 CPU 无法利用一条指令在同一时刻同时读取 T0 和 T1 中的全部计数值，需要通过两条指令分别读取高 8 位和低 8 位。比如，先读 TL1，后读 TH1，由于定时器在不断计数，读完 TL1，还未读 TH1 的时刻，恰好产生 TL1 溢出向 TH1 进位的情形，则读得的 TL1 值就会产生“FFH”这么多的误差。同样，先读 TH1，再读 TL1 也可能出现类似错误。通过如下程序读取计数过程中的计数值，可以有效回避这种错误。

```
RE_READ:   MOV        A,TH1
           MOV        B,TL1
           CJNE
           RET        A,TH1,RE_READ
```

程序中采用的排错算法是，全部读出计数值后，比较一下 TH1 现在的计数值和已读出的计数值是否一致，不一致说明出错，重读；一致则没有出错，不需要重读。

4.4 定时器/计数器 T2

4.4.1 管理 T2 的特殊功能寄存器

T2 的功能远比 T1、T0 强大，因此使用的特殊功能寄存器也较多，一共使用 6 个 SFR：T2CON、T2MOD、RCAP2H、RCAP2L、TH2、TL2。6 个 SFR 的字节地址及在 80H ~ FFH 空间的分布情况如表 4.2 所列，占据了 C8H ~ CDH 6 个单元，复位后，各个 6 个 SFR 的初值均为 0。

表 4.2 T2 SFR 的分布

0F8H									0FFH
0F0H	B 00000000								0F7H
0E8H									0EFH
0E0H	ACC 00000000								0E7H
0D8H									0DFH
0D0H	PSW 00000000								0D7H
0C8H	T2CON 00000000	T2MOD ××××××00	RCAP2L 00000000	RCAP2H 00000000	TL2 00000000	TH2 00000000			0CFH
0C0H									0C7H
0B8H	IP ××000000								0BFH
0B0H	P3 11111111								0B7H
0A8H	IE 0×000000								0AFH
0A0H	P2 11111111								0A7H
98H	SCON 00000000	SBUF ××××××××							9FH
90H	P1 11111111								97H
88H	TCON 00000000	TMOD 00000000	TL0 00000000	TL1 00000000	TH0 00000000	TH1 00000000			8FH
80H	P0 11111111	SP 00000111	DPL 00000000	DPH 00000000				PCON 0×××0000	87H

TH2、TL2 分别是 16 位 T2 的高 8 位部分和低 8 位部分。T2 支持 16 位自动重装的工作方式,RCAP2H 和 RCAP2L 分别是 TH2 和 TL2 的重装寄存器,在 T2 的捕陷工作方式中,也称作捕陷寄存器。T2CON 是 T2 的控制寄存器,T2MOD 是 T2 的工作方式控制寄存器,两个寄存器都用于管理 T2 的工作方式。

1. T2CON

T2CON 是定时器/计数器 T2 的控制寄存器,它的字节地址是 C8H,支持按比特位寻址,T2CON 的格式、每一位的定义如下:

TF2	EXF2	RCLK	TCLK	EXEN2	TR2	$C/\overline{T2}$	$CP/\overline{RL2}$

TF2——T2 的溢出标志。

T2 溢出时由硬件置“1”,但必须通过软件清“0”。如果设置了 RCLK = 1 或 TCLK = 1,T2 溢出时不会由硬件置“1”。

EXF2——T2 的外部信号标志。

当设置 EXEN2 = 1 并且 T2EX 引脚出现负跳变造成一次捕陷操作或重装操作时,由硬件置“1”。当 T2 中断开放、并且加/减计数控制位 DCEN = 0 时,CPU 将响应一次中断。EXF2 必须通过软件清“0”。在加/减计数控制位 DCEN = 1 时,不会响应中断。

RCLK——接收时钟选择位。

若设置 RCLK = 1,则串行接口在它的方式 1、方式 3 通信模式中,用 T2 的溢出脉冲作为它的接收时钟;若设置 RCLK = 0,则串行接口在它的方式 1、方式 3 通信模式中,用 T1 的溢出脉冲作为它的接收时钟。

TCLK——发送时钟选择位。

若设置 TCLK = 1,则串行接口在它的方式 1、方式 3 通信模式中,用 T2 的溢出脉冲作为它的发送时钟;若设置 TCLK = 0,则串行接口在它的方式 1、方式 3 通信模式中,用 T1 的溢出脉冲作为它的发送时钟。

EXEN2——外部控制信号允许位。

在 T2 不用作为串行通信波特率产生器使用的情况下,若设置 EXEN2 = 1,则当外部引脚 T2EX 出现负跳变时,将造成一次捕陷或重装操作;若设置 EXEN2 = 0,则当外部引脚 T2EX 出现的负跳变不起作用。

TR2——T2 启动/停止控制位。

TR2 = 1,启动;TR2 = 0,停止。

$C/\overline{T2}$——定时器、计数器选择位。

$C/\overline{T2}$ = 0,定时器功能;$C/\overline{T2}$ = 1,计数器功能(下降沿触发)。

$CP/\overline{RL2}$——捕陷/重装选择位。

在 EXEN2 = 1 的情况下,若 $CP/\overline{RL2}$ = 1,则 T2EX 引脚上的负跳变信号将引起捕陷操作;若 $CP/\overline{RL2}$ = 0,则 T2EX 引脚上的负跳变信号将引起自动重装操作。若 RCLK = 1 或 TCLK = 1,则 $CP/\overline{RL2}$ 不起作用,这时一旦 T2 溢出,则被强制进行自动重装操作。

T2 是一个 16 位的定时器/计数器,可以作为一个定时器或计数器工作,通过选择特殊功能寄存器 T2CON 中的 $C/\overline{T2}$ 位实现这两种工作模式的选择。T2 有 3 种工作方式:捕陷方式、自动重装方式(可按加计数或减计数方式工作)、波特率产生器方式。通过配置 T2CON 中的某些位来实现工作方式的选择,如表 4.3 所列。

表 4.3 T2 的工作方式选择

RCLK + TCLK	$C/\overline{RL2}$	TR2	方 式
0	0	1	16 位重装
0	1	1	16 位捕陷
1	×	1	波特率产生器
×	×	0	无效

T2 由两个 8 位的寄存器构成,TH2 和 TL2。在定时器模式中,TL2 寄存器每个机器周期加 1,因为一个机器周期由 12 个振荡周期组成,所以最高计数频率为振荡频率的 1/12。

在计数器模式中,当外部输入引脚 T2 出现从 1 到 0 的负跳变时计数器加 1,外部脉冲输入是在每个机器周期的 S5P2 时刻采样,当在一个机器周期采样到 1,而在接下来的一个机器周期采样到 0,计数值加 1。TL2 中数值的加 1 是在检测到跳变的那个机器周期的 S3P1 期间完成的,因此,确认从 1 到 0 的跳变是需要两个机器周期,24 个振荡周期的。最大计数频率是振荡频率的 1/24。为了保证被采样的电平在变化之前至少被采样到一次,电平的宽度平必须保证达到一个完整的机器周期。

2. T2MOD

T2MOD 是 T2 的工作方式控制寄存器,字节地址为 C9H,不支持按比特位访问,格式如下:

—	—	—	—	—	—	T2OE	DCEN

T2MOD 的高 6 位,目前没有定义,留作将来开发使用。其他两位的定义如下:

T2OE:T2 方波脉冲输出使能位。设置 T2OE = 1,可以在 P1.0 引脚输出频率可编程设置的方波脉冲。

DCEN:设置 DCEN = 1,可以使 T2 按照加/减计数方式工作。

4.4.2 T2 的工作方式

1. 捕陷方式

捕陷方式如图 4.12 所示,当选择 EXEN2 = 0 时,外部引脚 T2EX 上的负跳变不起作用,T2 作为一个 16 位定时器/计数器工作,溢出时 TF2 置“1”,可以引起中断。当选择 EXEN2 = 1 时,T2 除了作为上述的 16 位外定时器/计数器工作外,外部输入引脚 T2EX 上

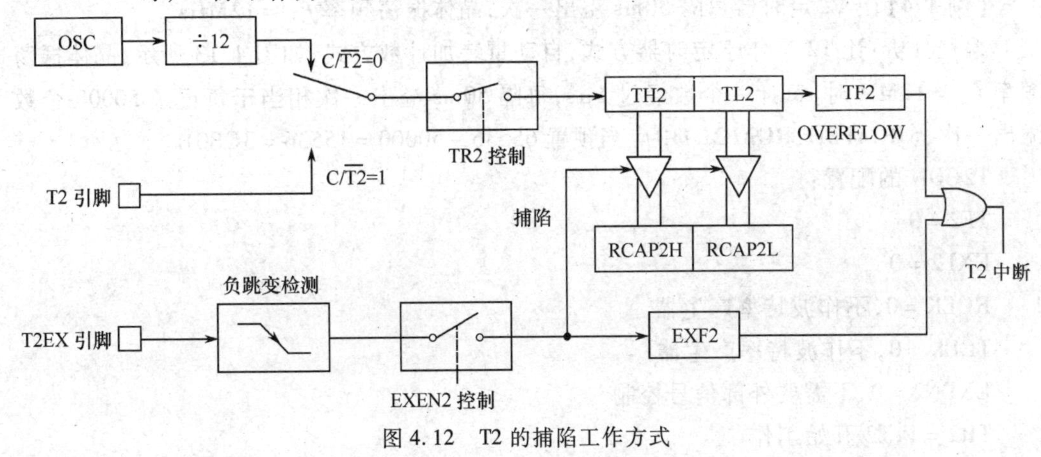

图 4.12 T2 的捕陷工作方式

从 1 到 0 的负跳变将造成 TH2、TL2 中现有数值被分别捕陷到 RCAP2H 和 RCAP2L 中。另外 T2EX 引脚上的负跳变也将置 1 EXF2，EXF2 和 TF2 一样，也可以引起中断。

2. 自动重装方式（加计数或减计数）

1）加计数自动重装方式

T2 在自动重装方式下，当设置 T2MOD 中的 DCEN = 1 时，T2 即可按照加计数方式工作，也可按照减计数方式工作。当设置 T2MOD 中的 DCEN = 0 时，T2 只能按照加计数方式工作。复位后，自动设置 DCEN = 0，T2 按照加计数方式工作，此时，T2 的逻辑结构如图 4.13 所示。

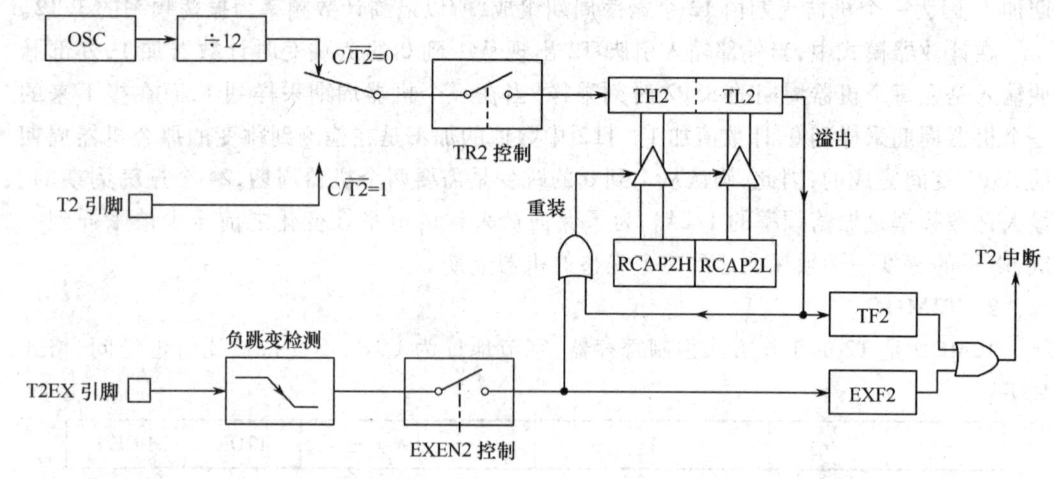

图 4.13　T2 自动重装加计数工作方式

此时分两种情况，当设置 T2CON 中的 EXEN2 = 0，断开了外部输入引脚 T2EX 的控制，T2 按照加计数方式工作，当 T2 中的数值达到 FFFFH 时，发生溢出。溢出一方面将 TF2 置“1”，同时将 RCAP2H 和 RCAP2L 中的数值分别自动重装到 TH2 和 TL2 中，RCAP2H 和 RCAP2L 中的数值是通过软件设置的。当设置 T2CON 中的 EXEN2 = 1 时，RCAP2H 和 RCAP2L 中的数值不仅可以通过溢出自动重装到 TH2 和 TL2 中，而且当外部输入引脚 T2EX 出现从“1”到“0”的跳变，也将引起自动重装。外部输入引脚 T2EX 出现从“1”到“0”的跳变将置“1”EXF2，TF2 和 EXF2 作为两个中断源，在中断开放的情况下都会引起中断。

【例 4.4】让 T2 定时器每隔 50ms 溢出一次，晶体振荡频率 f_{osc} = 12MHz。

编程分析：让 T2 工作于定时器方式，自动重装加计数方式，如图 4.13 所示，晶体振荡频率 f_{osc} = 12MH 时，每计一个数经过 1μs，每隔 50ms 溢出一次相当于每记录 50000 个数溢出一次，(RCAP2H，RCAP2L) 中应当预置 65536 - 50000 = 15536 = 3CB0H。

T2CON 的配置：

TF2 = 0

EXF2 = 0

RCLK = 0，不作波特率产生器

TCLK = 0，不作波特率产生器

EXEN2 = 0，不需要外部信号控制

TR2 = 1，T2 开始工作

$C/\overline{T2}=0$,定时器方式

$CP/\overline{RL2}=0$,自动重装方式

综合以上,T2CON = 04H

T2MOD 的配置:

T2OE =0,不输出脉冲信号

DCEN =0,不选择加/减计数方式

综合以上,T2MOD =00H

编程如下:

```
MOV        RCAP2H, #3CH
MOV        RCAP2L, #0B0H
MOV        T2CON, #04H
MOV        T2MOD, #00H
```

2) 加、减计数自动重装方式

设置 T2MOD 中的 DCEN =1 时,T2 即可按照加计数方式工作,也可按照减计数方式工作,此时的逻辑结构如图 4.14 所示。

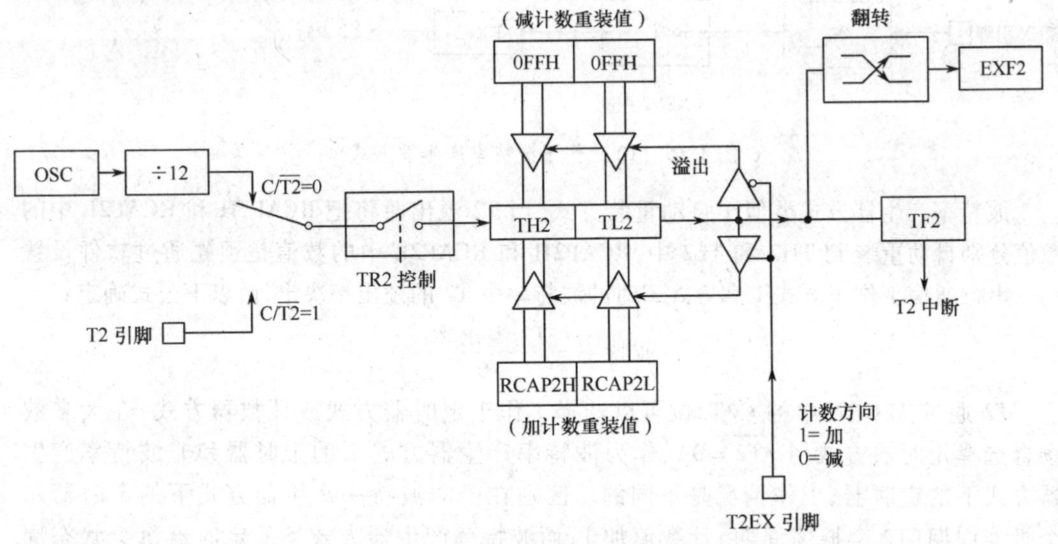

图 4.14 T2 自动重装加/减计数工作方式

选择加计数还是减计数是通过引脚 T2EX 上的电平控制的,当引脚 T2EX 为高电平,即逻辑 1 时,实现加计数。当 T2 加计数到 FFFFH 时,产生向上溢出,向上溢出一方面置“1”TF2,另一方面将 RCAP2H 和 RCAP2L 中的数值分别自动重装到 TH2 和 TL2 中。当引脚 T2EX 为低电平,即逻辑 0 时,实现减计数。当 T2 减计数到与 RCAP2H 和 RCAP2L 中的数值相等时,产生向下溢出,向下溢出一方面置“1”TF2,另一方面将 FFH 自动重装到 TH2 和 TL2 中。无论 T2 向上溢出还是向下溢出,都会使 EXF2 发生 1 到 0 或 0 到 1 的翻转,相当于 T2 增加了 1 位,成为 17 位定时器/计数器。T2 工作于自动重装加/减计数方式下,EXF2 不作为中断源,不会引起中断。

3. 波特率产生器方式

无论 T2CON 中设置了 RCLK =1 或 TCLK =1,或者 RCLK = TCLK =1,就选择了 T2 工作于波特率产生器工作方式。发送和接收的波特率可以是不同的,通过选择 T2 作为接收

波特率产生器，T1 作为发送波特率产生器，或者反过来，将 T2 用作发送，T1 用作接收，如图 4.15 所示。

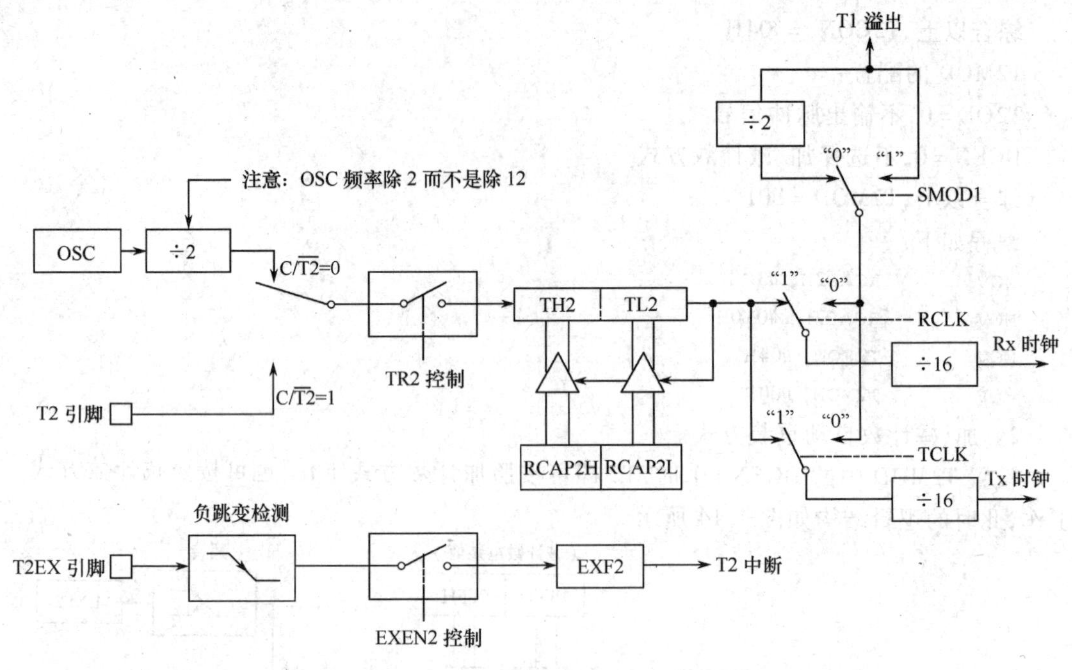

图 4.15　T2 工作于波特率产生器方式

波特率产生器方式类似于自动重装方式，当 T2 溢出时将把 RCAP2H 和 RCAP2L 中的数值分别自动重装到 TH2 和 TL2 中，RCAP2H 和 RCAP2L 中的数值是预先通过软件设置的。串行通信工作于方式 1 和方式 3 时的波特率由 T2 的溢出率决定，由以下公式确定：

$$波特率 = \frac{T2\ 溢出率}{16}$$

T2 通过 T2CON 中的 C/$\overline{T2}$位可以选择工作于定时器方式或计数器方式，在大多数场合选择定时器方式（C/$\overline{T2}$ = 0），作为波特率产生器方式下的定时器和非波特率产生器方式下的定时器，工作情况是不同的。区别在于非波特率产生器方式下的定时器每个机器周期（12 个振荡周期）计数值加 1，而波特率产生器方式下的定时器每个状态周期（2 个振荡周期）计数值加 1。串行通信工作于方式 1 和方式 3 时的波特率计算公式如下：

$$波特率 = \frac{时钟频率}{32 \times [65536 - (RCAPLH, RCAP2L)]}$$

上式中，(RCAPLH，RCAP2L）为预装在 RCAPLH 和 RCAP2L 中的 16 位无符号整数。

注意：

（1）当 T2 溢出时既不会置"1"TF2，也不会产生中断。同样应当注意的是，如果设置 EXEN2 = 1，当引脚 T2EX 上出现从 1 到 0 的负跳变，将置"1"EXF2，但不会引起将 RCAP2H 和 RCAP2L 中的数值重装到 TH2 和 TL2 中，这样，当 T2 工作于波特率产生器时，T2EX 可以作为一个外部中断源。

（2）在 T2 处于计数过程中，不要对 TH2 和 TL2 进行读写操作，因为每个状态周期 T2 计数值加 1，计数频率很高，读写的结果会不精确，对 RCAP2 可以读但不能写，因为写操作可能会与重装操作冲突造成重装错误，在访问 T2 或 RCAP2 之前，可以通过将 TR2 设置为“0”来停止 T2 工作。

【例 4.5】T2 工作于波特率产生器方式，串行通信接收/发送波特率均为 9600b/s，晶体振荡频率 $f_{osc}=12MHz$。

(RCAP2H, RCAP2L)中的预置值可根据波特率计算公式：

$$波特率=\frac{时钟频率}{32\times[65536-(RCAP2H,RCAP2L)]}$$

得(RCAP2H, RCAP2L) = 65497 = FFD9H。

T2CON 的配置：

TF2 = 0

EXF2 = 0

RCLK = 1，T2 做波特率产生器

TCLK = 1，T2 做波特率产生器

EXEN2 = 0，不需要外部信号控制

TR2 = 1，T2 开始工作

$C/\overline{T2}=0$，定时器方式

$CP/\overline{RL2}=0$，自动重装方式

综合以上，T2CON = 34H

T2MOD 的配置：

T2OE = 0，不输出脉冲信号

DCEN = 0，不选择加/减计数方式

综合以上，T2MOD = 00H

编程如下：

```
MOV        RCAP2H, #0FFH
MOV        RCAP2L, #0D9H
MOV        T2CON, #34H
MOV        T2MOD, #00H
```

4. 可编程时钟输出

可以编程设置使 T2 从 P1.0 引脚输出占空比为 50% 的方波脉冲，如图 4.16 所示。P1.0 引脚除了作为普通的 I/O 引脚使用外，还有两个其他功能：可以作为 T2 的外部脉冲输入引脚，也可以用于输出占空比为 50% 的方波脉冲，当晶体振荡频率为 16MHz 时，输出的方波脉冲频率为 61Hz ~ 4MHz。

为了使 T2 作为脉冲信号产生器使用，必须设置 T2CON 中的 $C/\overline{T2}=0$，T2MOD 中的 T2OE = 1，T2CON 中的 TR2 位可以用来启动和停止 T2 工作。输出频率取决于于晶体振荡器频率和捕陷寄存器(RCAP2H, RCAP2L)中的重装值，公式如下：

$$输出频率=\frac{晶体振荡频率}{4\times[65535-(RCAP2H,RCAP2L)]}$$

在脉冲输出方式中，T2 溢出不会产生中断，这种情况类似于 T2 用作波特率产生器的情况。可以将 T2 同时作为波特率产生器和脉冲输出使用，然而，波特率和输出的脉冲频率都取决于 RCAP2H 和 RCAP2L 中的数值，两者无法互不影响的设定。

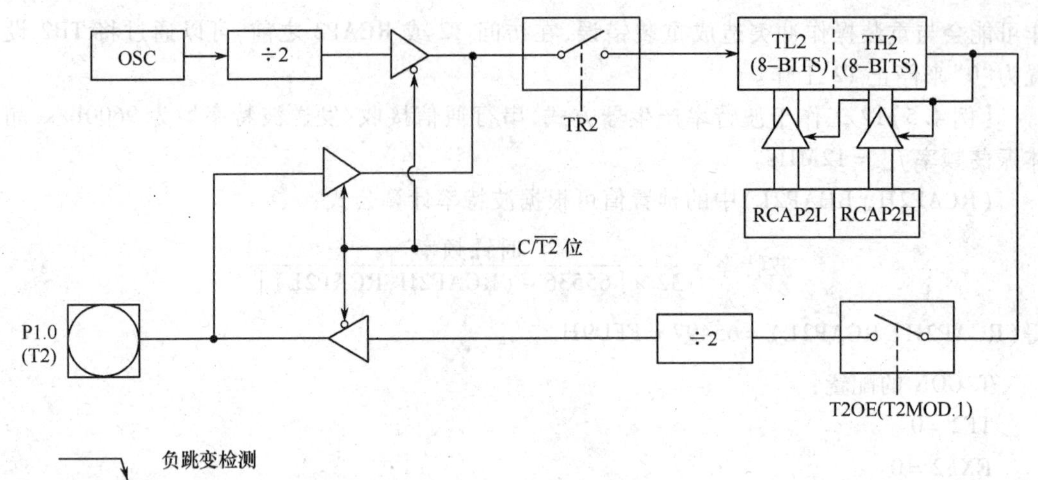

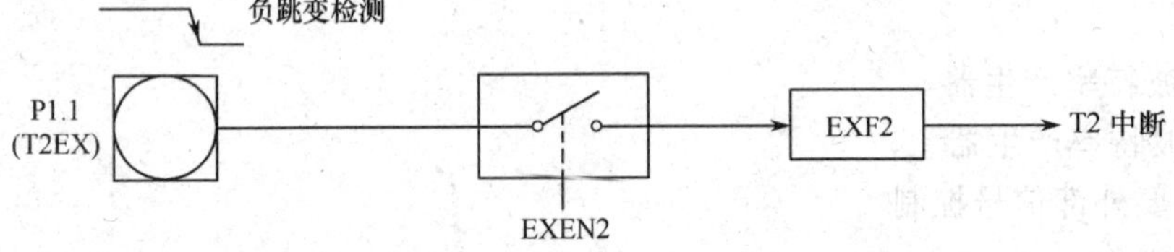

图 4.16　T2 工作于脉冲输出方式

【例 4.6】让 T2 输出 250kHz 方波脉冲，晶体振荡频率 $f_{osc}=12MHz$。

(RCAP2H, RCAP2L)中的预置值可根据输出频率计算公式：

$$输出频率=\frac{晶体振荡频率}{4\times[65535-(RCAP2H,RCAP2L)]}$$

得(RCAP2H, RCAP2L) = 65524 = FFF4H。

T2CON 的配置：

TF2 = 0

EXF2 = 0

RCLK = 0,T2 不做波特率产生器

TCLK = 0,T2 不做波特率产生器

EXEN2 = 0,不需要外部信号控制

TR2 = 1,T2 开始工作

C/$\overline{T2}$ = 0,定时器方式

CP/$\overline{RL2}$ = 0,自动重装方式

综合以上,T2CON　= 04H

T2MOD 的配置：

T2OE = 1,输出脉冲信号

DCEN = 0,不选择加/减计数方式

综合以上,T2MOD = 02H

编程如下：

```
MOV         RCAP2H, #0FFH
MOV         RCAP2L, #0F4H
MOV         T2CON, #04H
MOV         T2MOD, #02H
```

思考题与习题

1. 编程确定:T0 工作于方式 1,对外部脉冲计数,受引脚$\overline{INT0}$控制;T1 工作于方式 2,定时器方式,不受引脚$\overline{INT1}$控制。

2. 编程实现:若引脚 P1.0 为高电平,则在引脚 P1.1 输出 2000Hz 方波信号;若引脚 P1.0 为低电平,则在引脚 P1.1 输出 4000Hz 方波信号;方波信号占空比为 50%,系统的晶体振荡频率为 12MHz。

3. 如果采用的晶振的频率为 12MHz,定时器/计数器 T0 工作在方式 0、方式 1、方式 2 下,其最大的定时时间各为多少?

4. 定时器/计数器 T0 作为计数器使用时,其计数频率不能超过晶振频率的(　　)?

5. 定时器/计数器用作定时器时,其计数脉冲由谁提供?定时时间与哪些因素有关?

6. 定时器/计数器的工作方式 2 有什么特点?适用于什么应用场合?

7. 一个定时器的定时时间有限,如何实现两个定时器的串行定时,以实现较长时间的定时?

8. 定时器/计数器测量某正单脉冲的宽度,采用何种方式可得到最大量程?若时钟频率为 6MHz,求允许测量的最大脉冲宽度是多少?

9. 判断下列说法是否正确?

(1) 特殊功能寄存器 SCON,与定时器/计数器的控制无关。

(2) 特殊功能寄存器 TCON,与定时器/计数器的控制无关。

(3) 特殊功能寄存器 TMOD,与定时器/计数器的控制无关。

10. 编程实现,T2 作为波特率产生器使用,使串行通信的接收/发送波特率均为 4800b/s,系统晶体振荡频率$f_{osc}=12\text{MHz}$。

11. 编程实现,T2 输出方波信号,频率为 500kHz,系统晶体振荡频率$f_{osc}=12\text{MHz}$。

12. 编程实现,T2 每隔 100ms 溢出一次,系统晶体振荡频率$f_{osc}=12\text{MHz}$。

第5章　MCS－51单片机的串行接口

MCS－51系列单片机内部有一个功能完善的全双工异步串行接口，通常称为UART（Universal Asynchronous Receiver/Transmitter），单片机内部的这个UART不仅具备一般UART的全部功能，而且支持多机通信方式，在一个局域测控网络中，如果节点设备均为基于MCS－51系列单片机设计的，那么可以大大提高节点设备CPU的效率。MCS－52系列的单片机，由于T1、T2均可作为波特率产生器，串行通信支持收/发送采用不同的波特率，常用于满足某些应用场合的特殊要求。

MCS－51系列单片机的接口有4种工作方式，方式0用于扩展并行I/O口；方式1通信的波特率可以通过软件设置；方式3是9位数据通信方式，利用第9个数据位，可以实现奇偶校验和多机通信；方式2由于波特率的设置范围有限，一般实用意义不大。

5.1　通信的基本知识

1. 通信方式

1）并行通信

传送的数据在信道上多位同时进行，例如：PC机与打印机的并行口，PC机通过并行接口传送给打印机的数据是8个比特位同时进行的。并行通信的特点是数据传送的效率高，但需要多个信道，通信介质的消耗高。

2）串行通信

传送的数据在信道上逐位依次进行，例如：PC机与键盘的信息传送、PC机通过USB接口与外部设备之间的信息传送、以太网的数据传送等。串行通信的特点是通信介质的消耗低，一般仅需要1个或2个信道，数据传送的效率低，数据需要一个比特位接着一个比特位逐位进行。

3）单工方式（Simplex）

在单工方式下，通信线的一端联接发送器，另一端联接接收器，它们形成单向连接，只允许数据按照一个固定的方向传送。如图5.1所示，数据只能由A站传送到B站，而不能由B站传送到A站。

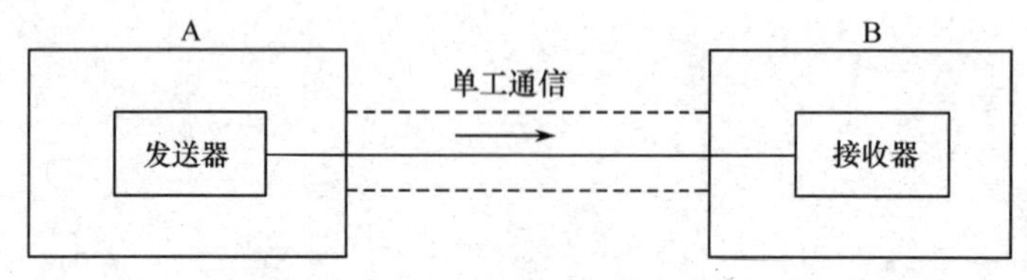

图5.1　单工通信方式

4）半双工方式（Half－duplex）

在半双工方式下，系统中的每个通信设备都由一个发送器和一个接收器组成，通过收发开关接到通信线路上，如图 5.2 所示。在这种方式中，数据能从 A 站送到 B 站，也能从 B 站传送到 A 站，但是不能同时在两个方向上传送，即每次只能一个站发送，另一个站接收。

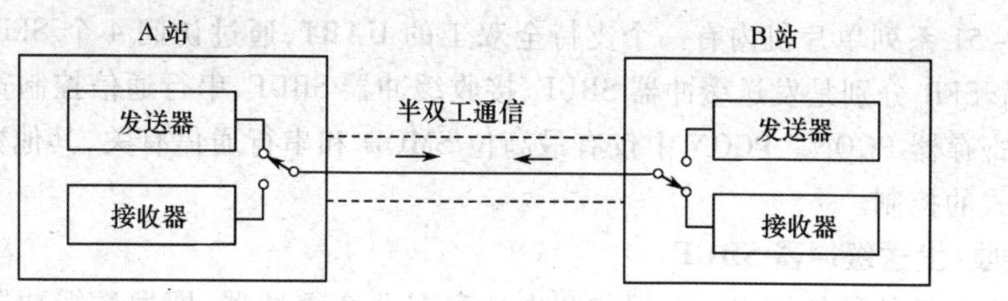

图 5.2　半双工通信方式

5）全双工方式（Full - duplex）

在图 5.3 所示的全双工连接中，可同时发送和接收。全双工通信系统的每一端都包含一个发送器和一个接收器，数据可同时在两个方向上传送。

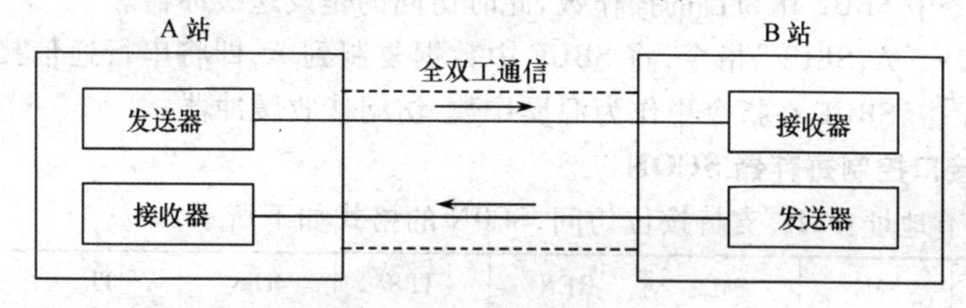

图 5.3　全双工通信方式

2. 异步通信与同步通信

1）异步通信

传送数据以帧为单位，按帧传送，每帧以“0”为起始位，后跟 5 位 ~9 位数据位，接下来是以“1”表示的停止位，在数据位和停止位之间可以有一位奇偶校验位（也可以没有）。每帧数据必须连续传送，但帧与帧之间可以有间隙，如图 5.4 所示。

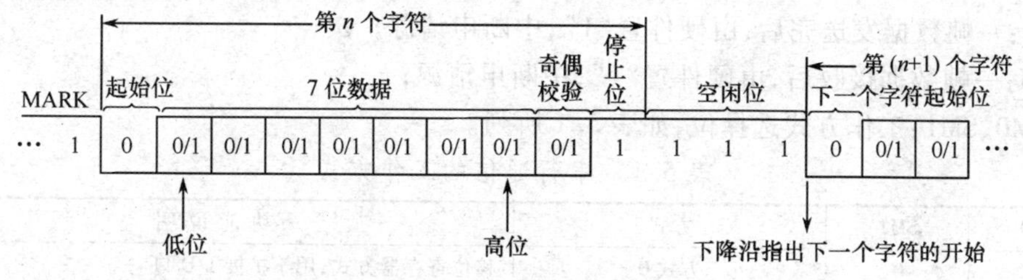

图 5.4　异步通信的帧格式

2）同步通信

数据以数据块为单位，按数据块发送，首先是 1 个或 2 个同步字符，接下来是发送的数据块，如图 5.5 所示。每一个数据块中的数据传送必须是连续的，数据块之间可以有间隙。

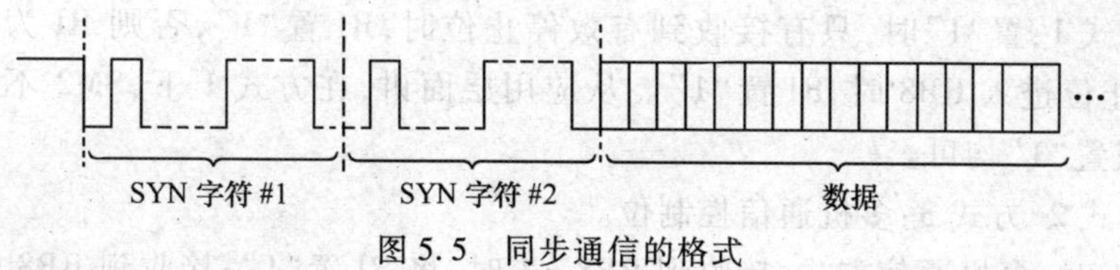

图 5.5　同步通信的格式

5.2 串行口的结构

MCS－51 系列单片机内有一个支持全双工的 UART,通过访问 4 个 SFR 来实现串行通信。4 个 SFR 分别是发送缓冲器 SBUF、接收缓冲器 SBUF、串行通信控制寄存器 SCON、电源控制寄存器 PCON。PCON 中仅有最高位 SMOD 和串行通信有关,其他数据位用于电源供电方式的控制。

1. 接收/发送缓冲器 SBUF

单片机内部的硬件结构上有接收和发送存在两个缓冲器,即发送缓冲器与接收缓冲器,两个缓冲器共用一个名字:SBUF;占用同一字节地址:99H。通过使用不同的指令来区别访问两个不同的缓冲器。

例如“MOV　SBUF,A”指令,将 A 中数据复制到 SBUF,既将 A 中数据通过串行接口发送出去,指令中 SBUF 作为目的操作数,此时访问的是发送缓冲器。

例如“MOV　A,SBUF”指令,将 SBUF 中数据复制到 A,即将串行通信接收缓冲器中数据传送到 A 中,SBUF 在指令中作为源操作数,访问接收缓冲器。

2. 串行接口控制寄存器 SCON

SCON 字节地址:98H,支持按位访问,SCON 的格式如下所示。

SM0	SM1	SM2	REN	TB8	RB8	TI	RI

各位表示的意义:

REN:REN＝1 允许接收,REN＝0 禁止接收;

TB8:方式 2、方式 3 中发送的第 9 位,多机通信时,用于指明本帧数据为地址帧(TB8＝1),还是数据帧(TB8＝0),非多机通信时,可用于传送奇偶校验位;

RB8:方式 2、方式 3 中接收的第 9 位,多机通信时,用于指明本帧数据为地址帧(RB8＝1),还是数据帧(RB8＝0),非多机通信时,为接收的奇偶校验位;

TI:一帧数据发送完后,由硬件置“1”,中断申请源;

RI:一帧数据接收后,由硬件置“1”,中断申请源;

SM0、SM1:工作方式选择位,如表 5.1 所列。

表 5.1　串行通信的工作方式

SM0	SM1	方式	功能说明
0	0	方式 0	移位寄存器方式,用于扩展 I/O 口
0	1	方式 1	8 位 UART 方式,波特率由定时器的溢出率确定
1	0	方式 2	9 位 UART 方式,波特率为 $f_{osc}/32$ 或 $f_{osc}/64$
1	1	方式 3	9 位 UART 方式,波特率由定时器的溢出率确定

SM2:多机通信控制位,不同工作方式下,意义不同。

(1) 方式 0:该位置“0”。

(2) 方式 1:置“1”时,只有接收到有效停止位时,RI 置“1”,否则 RI 为“0”;置“0”时,只有停止位进入 RB8 时,RI 置“1”。从应用层面讲,在方式 1 下,SM2 不产生控制作用,置“0”或置“1”均可。

(3) 方式 2、方式 3:多机通信控制位。

SM2＝1 时,多机通信方式,接收到 RB8＝1 时,将 RI 置“1”;接收到 RB8＝0 时,将 RI

置“0”;

SM2 = 0,非多机通信方式,无论 RB8 = 0 或 RB8 = 1,均将 RI 置“1”。

TI:发送结束标志位,中断源。

串行通信工作在方式 0 时,发送完第 8 个数据位时由硬件置“1”;在其他工作方式下,发送完停止位时置“1”。TI = 1,表示一帧数据发送结束,只有确认 TI = 1 时,才可以接着发送,否则将造成发送错误。TI 的状态可以通过软件查询,也可以通过中断形式通知 CPU,TI 只能通过软件清“0”。

RI:接收到一帧数据标志位,中断源。

串行通信工作在方式 0 时,接收完第 8 位数据时,RI 由硬件置“1”。在其他工作方式中,接收到停止位时,该位置“1”。RI = 1,表示一帧数据接收完毕,并申请中断, RI 只能通过软件清“0”。

3. 电源控制寄存器 PCON

PCON 字节地址为 87H,不支持按位寻址功能。PCON 主要用于管理电源的供电方式,只有最高一个比特位 SMOD 和串行通信的波特率有关,PCON 的格式如下:

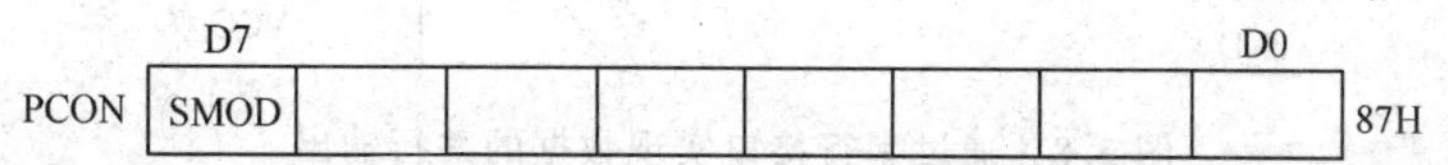

SMOD:波特率选择位,串行通信工作于方式 1、方式 3 时,波特率由下式确定:

$$波特率 = \frac{2^{SMOD}}{32} \times (T1\ 的溢出率)$$

5.3 串行口的工作方式

5.3.1 方式 0

串行接口的工作方式 0 不是用于串行通信的,是同步移位寄存器输入输出方式,常用于外接移位寄存器,扩展并行 I/O 口。

1. 方式 0 的输出时序

8 位数据为一帧,通过 RXD 引脚向外输出数据,无起始位和停止位,低位在前,高位在后。通过 TXD 引脚输出同步移位脉冲信号。8 位数据发送完毕后将 TI 置“1”。波特率是固定的,为 $f_{osc}/12$。方式 0 发送时序如图 5.6 所示。

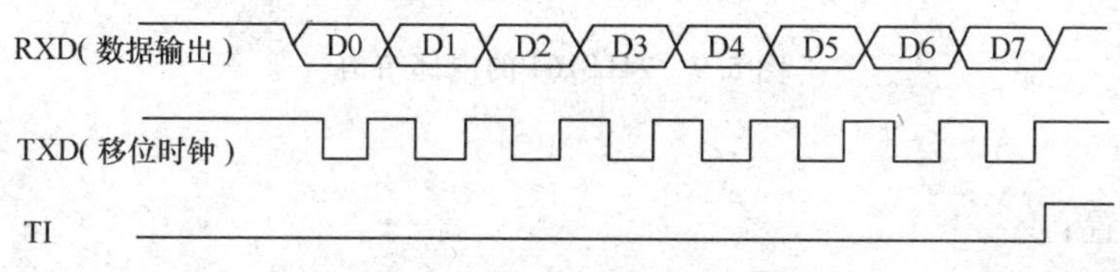

图 5.6 方式 0 的输出时序

2. 方式 0 的输入时序

8 位数据为一帧,通过 RXD 引脚输入数据,无起始位和停止位,低位在前,高位在后,8 位数据接收完毕后置位 RI。通过 TXD 引脚输出同步移位脉冲信号。波特率是固定的,为 $f_{osc}/12$。方式 0 的接收时序如图 5.7 所示。方式 0 接收时,REN 为串行口允许接收控制位,REN = 0,禁止接收;REN = 1,允许接收。

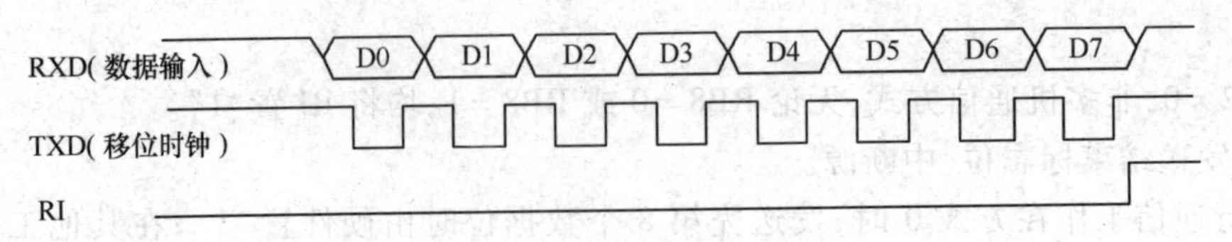

图 5.7 方式 0 的输入时序

【例 5.1】如图 5.8 所示,单片机通过移入并出移位寄存器 74LS164 并行输出 A 中的数据。

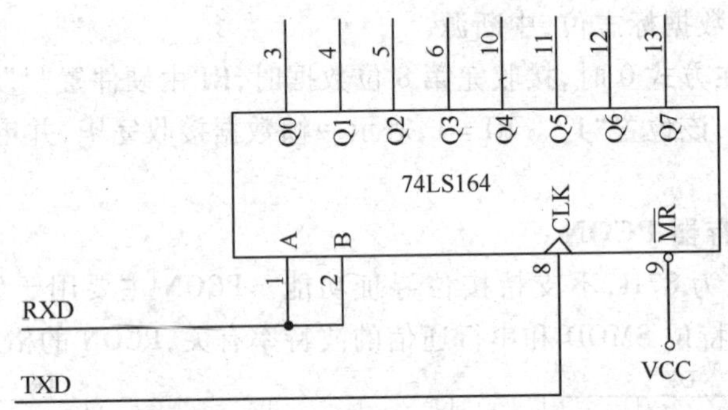

图 5.8 通过串行接口实现数据的并行输出

硬件电路分析:

移入并出移位寄存器 74LS164 的内部结构如图 5.9 所示,其真值表如表 5.2 所列,当输入引脚 A、B 短接在一起并与单片机 RXD 引脚连接,时钟输入引脚 CLOCK 与单片机的 TXD 引脚连接,清"0"输入引脚 $\overline{MR}$ 接高电平 VCC,单片机通过方式 0 向外输出一帧数据完毕时,这帧数据将锁存在 74LS164 的并行输出端 $Q_A \sim Q_H$,最低位锁存在 Q_H,最高位锁存在 Q_A。

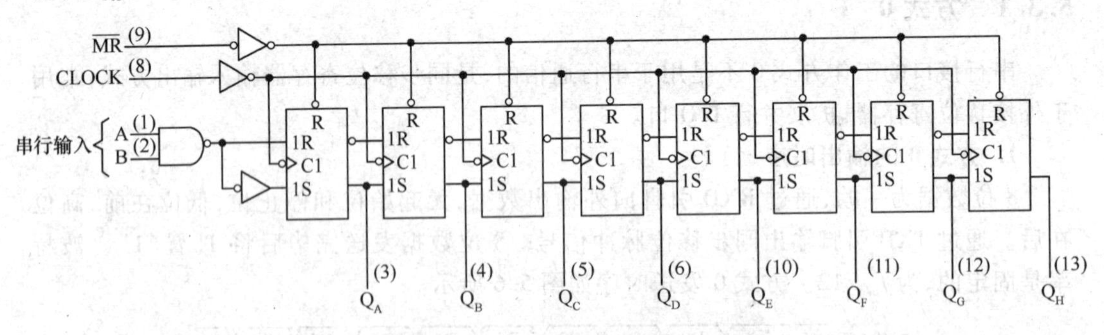

图 5.9 74LS164 的内部结构

软件编程:

SCON 配置:

SM0 = 0;SM1 = 0;SM2 = 0;REN = 0。

SCON 中的低 4 位:TB8、RB8、TI、RI 在初始化设置时均需设置为"0",所以在本例中,SCON 应配置为 00H。

```
        MOV     SCON,#00H       ;按要求配置 SCON
        MOV     SBUF,A          ;将 A 中数据输出到 74LS164 锁存
L1: JNB     TI,L1           ;等待 A 中数据串行输出完毕
```

表 5.2　74LS164 的真值表

输入				输出			
$\overline{MR}$	CLOCK	A	B	Q_A	Q_D	…	Q_A
L	X	X	X	L	L		L
H	L	X	X	Q_{A0}	Q_{B0}		Q_{H0}
H	↑	H	H	H	Q_{A0}		Q_{G0}
H	↑	L	X	L	Q_{A0}		Q_{G0}
H	↑	X	L	L	Q_{A0}		Q_{G0}

注:H:高电平;

L:低电平;

X:任何状态;

↑:上升沿;

Q_{A0}…Q_{H0}:分别代表时钟上升沿跳变之前,内部 RS 触发器状态;

Q_{An}…Q_{Gn}:分别代表时钟上升沿跳变之后,内部 RS 触发器状态

【例 5.2】UART 工作于方式 0,接收一帧数据。如图 5.10 所示,单片机与并入串出移位寄存器 74LS165 配合,扩展并行输入,将 8 位并行输入数据读到 A 中。

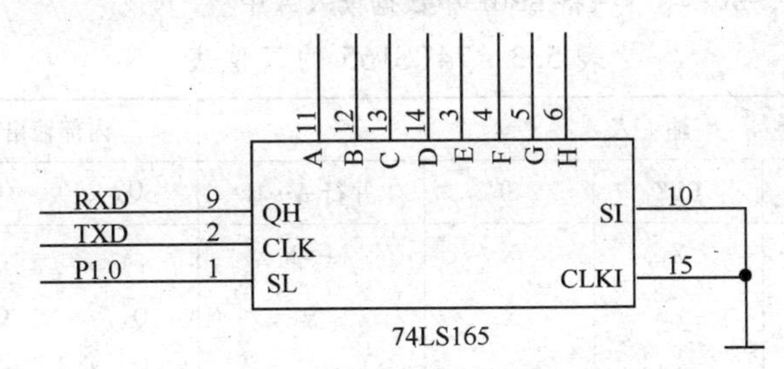

图 5.10　通过串行接口实现数据的并行输入

硬件电路分析:

并入串出移位寄存器 74LS165 的内部结构如图 5.11 所示,其真值表如表 5.3 所列,单片机 P1.0 引脚连接 74LS165 的串行数据加载引脚 SL,当 P1.0 为低电平时,连接到 74LS165 的并行输入引脚 A…H 的高低电平状态将锁存到 74LS165 的内部 RS 触发器的输出端 Q_A…Q_H,此操作由真值表中第一行数据规定。单片机 RXD 引脚连接 74LS165 的串行输出引脚 Q_H,TXD 引脚连接 74LS165 的时钟输入引脚 CLK,74LS165 的串行输入引脚 SI 与时钟禁止引脚 CLKI 接地,当单片机工作于串行通信方式 0 时,输入一帧数据将导致 74LS165 的内部输出 Q_A…Q_H 以串行的方式输入到单片机的 SBUF 缓冲器,Q_H 进入最低位,Q_A 进入最高位,此操作由真值表中第四行数据规定。

软件编程:

SCON 配置:

SM0 = 0;SM1 = 0;SM2 = 0;REN = 1。

SCON 中的低 4 位:TB8、RB8、TI、RI 在初始化设置时均需设置为“0”,所以在本例中,SCON 应配置为 10H。

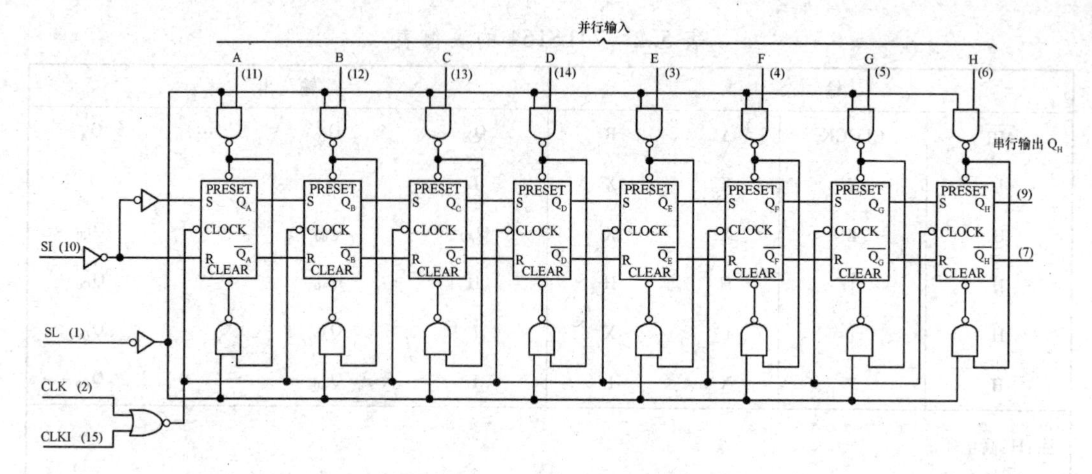

图 5.11　74LS165 的内部结构

```
      CLR     P1.0          ;将 74LS165 的 A…H 端数据锁存到内部输出 QA…QH
      SETB    P1.0
      MOV     SCON,#10H     ;按要求配置 SCON
L1:   JNB     RI,L1         ;等待 74LS165 的内部输出 QA…QH 全部串行进入 SBUF
      CLR     RI
      MOV     A,SBUF        ;将 SBUF 中数据读入 A 中
```

表 5.3　74LS165 的真值表

输　入					内部输出		输出 QI
SL	CLKI	CLK	SI	并行 A…H	Q_A	Q_B	Q_H
L	X	X	X	a…h	a	b	h
H	L	L	X	X	Q_{A0}	Q_{B0}	Q_{H0}
H	L	↑	H	X	H	Q_{An}	Q_{Gn}
H	L	↑	L	X	L	Q_{An}	Q_{Gn}
H	H	X	X	X	Q_{A0}	Q_{B0}	Q_n

注：H—高电平；L—低电平；X—任何状态；↑—上升沿；a…h—并行输入引脚 A…H 的高低电平；Q_{A0}、Q_{B0}、Q_{H0}—时钟上升沿跳变之前，内部 RS 触发器状态；Q_{An}、Q_{Gn}—时钟上升沿跳变之后，内部 RS 触发器状态

5.3.2　方式 1

方式 1 是常用的串行通信工作方式，真正用于数据的串行发送和接收。TXD 脚和 RXD 脚分别用于发送数据和接收数据。方式 1 收发一帧的数据为 10 位，1 个起始位(0)，8 个数据位，1 个停止位(1)，先发送或接收最低位，最后发送或接收最高位。

方式 1 的发送或接收波特率可以选择由 T1 决定，此时由下式确定：

$$波特率=\frac{2^{SMOD}}{32}\times(T1\ 的溢出率)$$

方式 1 的发送或接收波特率可以选择由 T2 决定，此时由下式确定：

$$波特率=\frac{时钟频率}{32\times[65536-(RCAP2H,RCAP2L)]}$$

1. 发送时序

方式 1 发送的帧格式如图 5.12 所示。

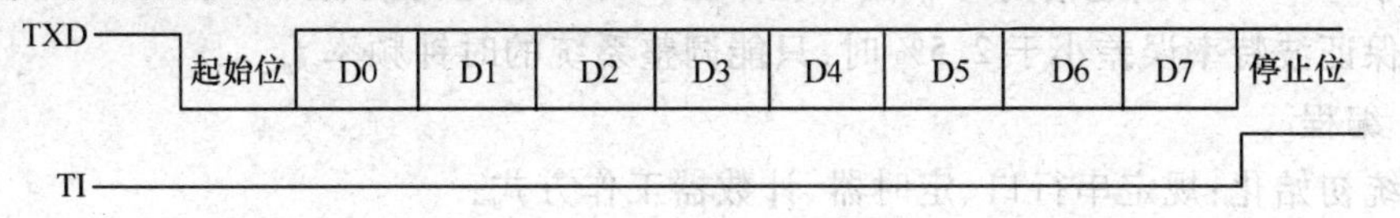

图 5.12 方式 1 的发送时序

2. 接收时序

方式 1 接收的帧格式如图 5.13 所示。接收到一帧数据的必要条件是:REN = 1,R1 = 0。

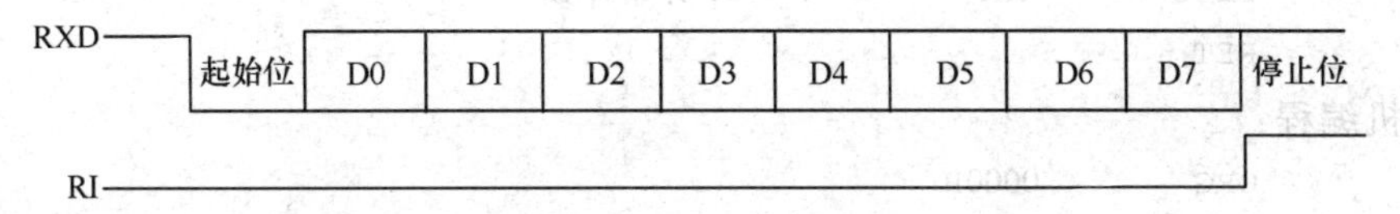

图 5.13 方式 1 的接收时序

【例 5.3】甲机将内部 RAM 中以 20H 为首地址的 10 字节内容以方式 1 发送至乙机;乙机将接收到的 10 字节存放于内部 RAM 中以 30H 为首地址的 10 单元中。

通信协议:波特率为 4800b/s;8 位数据,无奇偶校验(f_{osc} = 12MHz)。

1) 波特率计算

通过 T1 确定波特率:T1 工作于方式 2,令 TH1 中的重装值为 X,则

$$溢出率 = \frac{1}{(256 - X) \cdot 12/f_{osc}}$$

当 f_{osc} = 12MHz 时

$$溢出率 = \frac{10^6}{256 - X}$$

取 SMOD = 1,则

即 $$波特率 = T1\ 溢出率/16$$

$$4800 = \frac{10^6}{16 \times (256 - X)}$$

$X = 256 - \dfrac{10^6}{16 \times 4800} = 243 = 0F3H$,将 $X = 243$ 带入上式,得

$$波特率 = \frac{10^6}{16 \times (256 - 243)} = 4807.69; \quad 误差 = \frac{4807.69 - 4800}{4800} = 0.16\%$$

同理,取 SMOD = 0,则

$$波特率 = \frac{T1\ 溢出率}{32}$$

即 $$4800 = \frac{10^6}{32 \times (256 - X)}$$

$X = 256 - \dfrac{10^6}{32 \times 4800} = 249 = 0F9H$,将 $X = 249$ 带入上式,得

$$波特率 = \frac{10^6}{32 \times (256 - 249)} = 4464; \quad 误差 = \frac{4464 - 4800}{4800} = 7\%$$

由此可见,SMOD 的取值将对波特率的准确性产生影响。在计算波特率时,必须保证误差小于 2.5%,否则通信的可靠性不能保证。对于给定的波特率,当 SMOD 取 0 或取 1 都不能保证波特率误差小于 2.5% 时,只能调整系统的时钟频率 f_{osc}。

2)编程

系统初始化:规定串行口、定时器、计数器工作方式:

```
INIT:   MOV     SCON,#50H       ;串行接口工作于方式1,允许接收
        MOV     PCON,#80H       ;波特率:4800
        MOV     TMOD,#20H       ;T1工作于方式2
        MOV     TH1,#0F3H       ;为获取4800波特率,重装值为F3H
        SETB    TR1             ;T1开始计数
        RET
```

甲机编程:

```
        ORG     0000H
        LJMP    MAIN
        ORG     0030H
MAIN:   MOV     SP,#0DFH        ;规定堆栈空间为:E0H~FFH
        LCALL   INIT            ;系统初始化
        MOV     R0,#20H         ;发送数据的首地址从20H开始
        MOV     R2,#10          ;共发送10字节
M1:     MOV     SBUF,@R0        ;发送
        JNB     TI,$            ;等待本帧数据发送完毕
        CLR     TI              ;清除TI
        INC     R0              ;调整指针,继续发送
        DJNZ    R2,M1
        END
```

乙机编程:

```
        ORG     0000H
        LJMP    MAIN
        ORG     0030H
MAIN:   MOV     SP,#0DFH        ;规定堆栈空间为:E0H~FFH
        LCALL   INIT            ;系统初始化
        MOV     R0,#30H         ;接收数据存储的首地址为20H
        MOV     R2,#10          ;共发送10字节
M1:     JNB     RI,$            ;等待接收一帧完整数据
        CLR     RI              ;清除RI
        MOV     @R0,SBUF        ;存储接收的一帧数据
        INC     R0              ;调整指针,继续接收
        DJNZ    R2,M1
        END
```

5.3.3 方式 3

串行接口工作于方式 2 和方式 3 时,为 9 位异步通信方式。每帧数据为 11 位,1 位起始位,9 位数据位,1 位停止位。9 位数据位中的第 9 个数据位可用于多机通信中的地址

帧指示位或非多机通信的奇偶校验位。方式3的波特率的确定方式与方式1完全一样，可以选择由T1决定，或由T2决定，分别由下式确定：

$$波特率=\frac{2^{SMOD}}{32}\times(T1的溢出率)$$

$$波特率=\frac{时钟频率}{32\times[65536-(RCAP2H,RCAP2L)]}$$

1. 发送时序

方式3发送的帧格式如图5.14所示。

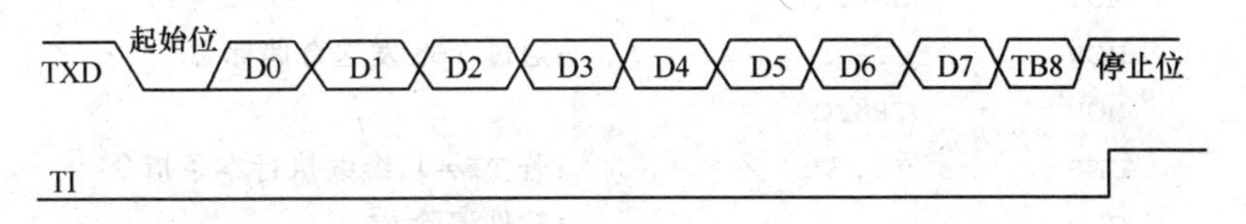

图5.14　方式3的发送时序

2. 接收时序

方式3接收的帧格式如图5.15所示。

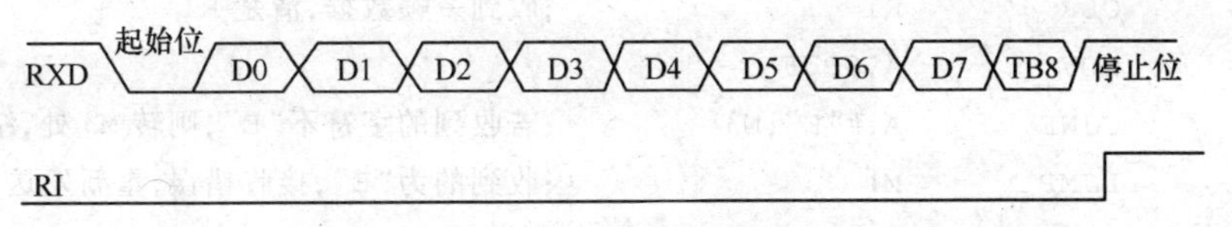

图5.15　方式3的接收时序

在接收过程中，只能通过监测RI=1来获知一帧完整数据已经进入SBUF，此时才能正确读取接收到的数据。因此，串行接口在接收到一帧数据时能置位RI，是成功实现接收的必要条件。串行通信工作于方式3时，置位RI的条件是：

（1）当SM2=0时：REN=1，RI=0。

（2）当SM2=1时：REN=1，RI=0，RB8=1。

在方式3中，当SM2=0是非多机通信方式，此时只要保证在SCON的配置中，配置REN=1，在通信过程中保证RI=0就能够保证一帧数据进入SBUF时，将RI置"1"。RI必须通过软件清"0"，接收到一帧数据后，为了保证后续的数据能够进入SBUF，必须立即清"0"。方式3的非多机通信模式常用于实现带奇偶校验的通信，利用TB8发送奇偶校验位。

【例5.4】利用方式3的非多机通信，实现双机带奇偶校验位的通信。甲机将内部RAM中以20H为首地址的10B内容以方式3发送至乙机；乙机将接收到的10字节存放于内部RAM中以30H为首地址的10单元中。

通信协议：波特率为4800b/s、9位通信，第9位为奇偶校验位(f_{osc}=12MHz)。乙机在接收过程中，进行奇偶校验，若收到的10帧数据均通过奇偶校验，则回发字符"O"，若有任何一帧数据未通过奇偶校验，则回发字符"E"，要求甲机重新发送。

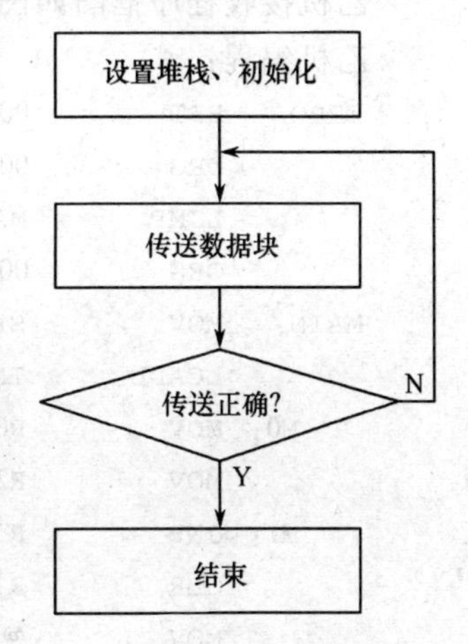

图5.16　甲机发送程序框图

甲机发送程序框图如图5.16所示。

甲机编程：

```
         ORG     0000H
         LJMP    MAIN
         ORG     0030H
MAIN:    MOV     SP,#0CFH        ;规定堆栈空间为 D0H ~ FFH
         LCALL   INIT            ;调用系统初始化子程序
M1:      MOV     R0,#20H         ;发送数据的首地址为 20H
         MOV     R2,#10          ;发送 10B
M2:      MOV     A,@R0           ;发送数据送 A,奇偶标志送 P
         MOV     SBUF,A
         MOV     C,P             ;通过 TB8 发送奇偶标志
         MOV     TB8,C
         JNB     TI,$            ;若 TI≠1,继续执行本条指令
         CLR     TI              ;软件清除 TI
         INC     R0              ;调整指针,继续后续数据发送
         DJNZ    R2,M2
         JNB     RI,$            ;等待乙方回发的数据(字符 O 或 E)
         CLR     RI              ;收到一帧数据,清楚 RI
         MOV     A,SBUF
         CJNE    A,#"E",M3       ;若收到的字符不"E",则转 M3 处,结束
         LJMP    M1              ;收到的为"E",接收错误,重新发送
M3:      …
INIT:    MOV     SCON,#0D0H      ;规定串行通信工作于方式 3,非多机通信方
                                 ;式允许接收
         MOV     PCON,#80H       ;设置波特率为 4800b/s
         MOV     TMOD,#20H       ;规定 T1 工作于方式 2
         MOV     TH1,#0F3H       ;重装值为 F3H
         SETB    TR1             ;开始计数
         RET
         END
```

乙机接收程序框图如图 5.17 所示。

乙机编程：

```
ERRO     BIT     00H             ;用位变量 00H 存储接收出错标志 ERRO
         ORG     0000H
         LJMP    MAIN
         ORG     0030H
MAIN:    MOV     SP,#0CFH        ;规定堆栈空间为:D0H ~ FFH
         LCALL   INIT            ;调用初始化子程序
M0:      MOV     R0,#30H         ;存放接收数据首地址为 30H
         MOV     R2,#10          ;接收 10 个字节
M1:      JNB     RI,M1           ;等待一帧数据进入 SBUF
         CLR     RI              ;清除 RI
         MOV     @R0,SBUF        ;存储接收的数据
         MOV     A,@R0           ;接收数据进入 A,以便查验奇偶标志
```

```
        MOV     C,P           ;接收数据的奇偶标志进入 C
        JC      M11           ;若所接收数据的奇偶标志为“1”,转 M11
        JB      RB8,ERRO      ;若收到数据与发送数据的奇偶标志不一致,认定出
                              ;错,转 ERRO 除处理
        LJMP    M12           ;接收数据通过奇偶校验,转 M12
M11:    JB      RB8,M12       ;若收到数据与发送数据的奇偶标志一致,说明本帧数
                              ;据通过奇偶校验,转 M12 除处理
ERRO:   SETB    ERRO          ;设置出错标志
 M12:   INC     R0            ;调整指针,以便接收下一帧数据
        DJNZ    R2,M1
        JNB     ERRO_LAB,M2   ;若无出错标志,转 M2
        CLR     ERRO_LAB      ;有出错标志,清除该标志
        MOV     SBUF,#“E”     ;回发字符“E”
        JNB     TI, $         ;等待发送完毕
        CLR     TI            ;清除 TI
        LJMP    M0            ;转 M0,重新接收
 M2:    MOV     SBUF,#“O”     ;接收无错误,回发字符“O”
        JNB     TI, $
        CLR     TI
        …
INIT:   MOV     SCON,#0D0H    ;串行接口工作于方式 3,允许接收
        MOV     PCON,#80H     ;波特率为 4800b/s
        MOV     TMOD,#20H     ;T1 工作于方式 2
        MOV     TH1,#0F3H     ;为获取 4800b/s 波特率,重装值为 F3H
        SETB    TR1           ;T1 开始计数
        RET
        END
```

在方式 3 中,当 SM2 = 1 是多机通信方式,此时若能收到一帧数据,不仅要求 REN = 1,RI = 0,而且要求 RB8 = 1,RB8 是发送方发送的 TB8,只有发送方发送的第 9 个数据位 TB8 = 1,才能使接收方的 RI = 1,从而收到这帧数据,这就是 MCS - 51 系列单片机多机通信的机制。多机通信在主从式局域网络中很有意义,通信之前,网络上各个节点设备均工作于多机通信方式,所谓“主从式网络”,是指通信介质即通信信道的一种控制方式,在这种控制方式中,连接到网络上的所有节点设备,只有一台设备为主机,其他设备均为从机。主机可以自主向网络发送信息,从机不可以自主向网络发送信息,从机只有接收到主机的调度命令后,才可以按命令要求向网络发送信息。主机调度命令的第一帧数据是一个地址帧,所谓地址帧,一帧数据的 9 个数据位的低 8 位是主机调度的那个从机的地址。通过 TB8 发送的第 9 个数据位一定是“1”,这样 TB8 进入到网络中所有从机的 RB8,从而使各从机的 RB8 = 1,各个从机都能收到这样一个地址帧。各个从机收到地址帧后,立即分析地址帧中的低 8 位数据是否与自己的地址一致,若一致,确认主机要求与本机通信,马上设置本机的 SM2 = 0,修改为非多机通信方式。因为主机除了发送地址帧外,发送后续的调度命令的各帧数据的 TB8 均设置为“0”,所以从机在收到地址帧后,必须立即将本机的通信方式由多机通信改为非多机通信方式。从机收到所有的命令帧后,作出响应时,主从

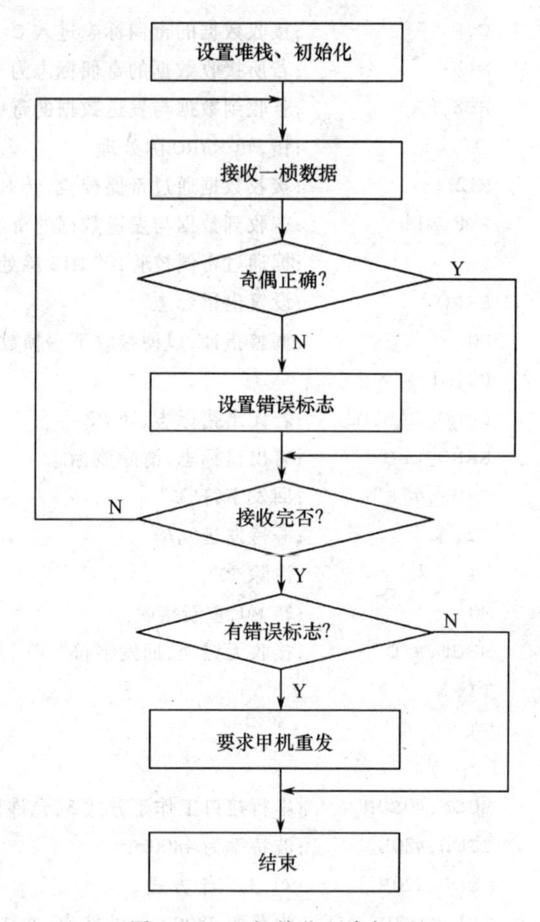

图 5.17　乙机接收程序框图

机之间也按照非多机通信方式进行。这样,对于网络中不需要和主机通信的从机,除了能收到主机发出的地址帧外,通信中的一对主从机发送接收的各帧数据均不能置位 RI,也就不必分析处理收到的数据,大大减小从机的 CPU 开销,这就是多机通信的机制和意义。

【例 5.5】利用方式 3 实现多机通信:一个主机与多个从机通信。

通信协议:

波特率为 4800b/s,主从方式,主机调度,从机响应。

主机调度命令格式:<ADR><CMD><CR>

说明:<ADR>从机地址,一个字节:01H,02H,…,FFH。

<CMD>命令,一个字节:00H——要求下位机传送采集的压力。

01H——要求下位机传送采集的温度。

02H——要求下位机传送采集的流量。

<CR>回车符(13)。

从机响应格式:<ADR><DATA><CR>

说明:<ADR>从机地址,一个字节:01H、02H、…FFH。

<DATA> 两字节参数。

<CR>回车符(13)。

初始化程序:(f_{osc} = 12MHz)

```
INIT:   MOV     SCON,#0F0H      ;串行通信工作于方式3,多机通信
        MOV     SMOD,#80H       ;通过T1确定波特率,波特率为4800b/s
        MOV     TMOD,#20H       ;T1工作于方式2
        MOV     TH1,#0F3H       ;重装值为F3H
        SETB    TR1             ;开始计数
        RET
```

主机编程:(读取01号从机采集的压力)

```
        PBUF    EQU     30H             ;压力数据缓冲区
        TBUF    EQU     32H             ;温度数据缓冲区
        FBUF    EQU     34H             ;流量数据缓冲区
                ORG     0000H
                LJMP    MAIN
                ORG     0030H
MAIN:           MOV     SP,#0DFH        ;规定堆栈空间为E0H~FFH
                LCALL   INIT            ;调用系统初始化子程序
                MOV     SBUF,#01H       ;发送地址帧,要求01号从机上传数据
                SETB    TB8
                JNB     TI,$            ;等待地址帧发送完毕
                CLR     TI
                MOV     SBUF,#00H       ;发送调度命令,要求上传采集的压力
                CLR     TB8
                JNB     TI,$            ;等待本帧数据发送完毕
                CLR     TI
                MOV     SBUF,#13        ;发送回车符
                JNB     TI,$            ;等待发送完毕
                CLR     TI
                CLR     SM2             ;改为非多机方式,以便接收01号从机回传数据
                JNB     RI,$            ;等待回传数据进入SBUF
                CLR     RI              ;接收到一帧数据,清除RI
                MOV     A,SBUF
                CJNE    A,#01H,DOWN     ;判断是否是01号从机回传数据,若不是则不再
                                        ;接收后续数据
                JNB     RI,$            ;等待接收后续数据
                CLR     RI
                MOV     A,SBUF
                CJNE    A,#00H,DOWN     ;判断回传的是否压力数据,若不是,则不再接
                                        ;收后续数据
                JNB     RI,$            ;等待接收后续数据
                CLR     RI
                MOV     PBUF,SBUF       ;接收数据进入压力数据缓冲区
                JNB     RI,$            ;等待接收第二帧压力数据
                CLR     RI
                MOV     PBUF+1,SBUF     ;第二帧压力数据进入缓冲区
                JNB     RI,$            ;等待接收回车符
```

```
        CLR     RI
        MOV     A,SBUF              ;读出 SBUF 中数据
DOWN:   …
        END
```

01 号从机响应的编程：

```
        PBUF    EQU     30H         ;压力数据缓冲区
        TBUF    EQU     32H         ;温度数据缓冲区
        FBUF    EQU     34H         ;流量数据缓冲区
        ORG     0000H
        LJMP    MAIN
        ORG     0030H
MAIN:   MOV     SP,#0DFH            ;规定堆栈空间为 E0H～FFH
        LCALL   INIT                ;调用系统初始化子程序
        JNB     RI,$                ;等待接收主机调度命令的地址帧
        CLR     RI                  ;收到后清除 RI
        MOV     A,SBUF              ;判断是否是本机地址
        CJNE    A,#01H,DOWN         ;若不是本机地址,转 DOWN 处
        CLR     SM2                 ;是本机地址,立即切换为非多机方式,以便能
                                    ;够接收到后续命令数据
        JNB     RI,$                ;等待接收后续命令
        CLR     RI
        MOV     A,SBUF              ;判断是否要求回传压力数据
        CJNE    A,#00H,M1           ;若不是,转 M1 处继续判断
        MOV     R0,#PBUF            ;是,则准备回传采集的压力数据
        LJMP    M3
M1:     CJNE    A,#01H,M2           ;判断是否要求回传温度数据,若不是,转 M2 处继
                                    ;续判断
        MOV     R0,#TBUF            ;是,则准备回传采集的温度数据
        LJMP    M3
M2:     CJNE    A,#02H,DOWN         ;判断是否要求回传流量数据,若不是,则转 DOWN
        MOV     R0,#FBUF            ;是,则准备回传采集的流量数据
M3:     JNB     RI,$                ;等待接收回车符
        CLR     RI
        MOV     A,SBUF              ;读出收到的回车符
        MOV     SBUF,#01H           ;回传本机地址
        CLR     TB8
        JNB     TI,$                ;等待本机地址发送完毕
        CLR     TI
        MOV     SBUF,@R0            ;发送采集的数据
        JNB     TI,$                ;等待发送完毕
        CLR     TI
        INC     R0                  ;调整指针,准备发送采集数据的第二字节
        MOV     SBUF,@R0            ;发送采集数据的第二字节
        JNB     TI,$                ;等待发送完毕
```

```
        CLR     TI
        MOV     SBUF,#13        ;发送回车符
        JNB     TI, $           ;等待发送完毕
        CLR     TI
        SETB    SM2             ;重新设置为多机通信方式,以便能够接收到下一
                                ;次的主机调度命令
DOWN:   …
        END
```

5.3.4 方式 2

串行通信工作于方式 2 时,除了波特率的设置与方式 3 不同外,其他方面与方式 3 完全一样。方式 2 的波特率由下式确定:

$$波特率 = \frac{2^{SMOD}}{64} \times f_{osc}$$

上式可见,当系统的时钟频率 f_{osc} 确定后,只可以通过设置 SMOD = 1 或 SMOD = 0 取得两种波特率。在组成一个局域网络时,通常要求网络的节点设备可以在较宽的波特率范围选择,因此,MCS - 51 系列单片机的串行通信工作于方式 2 一般较少使用。

思考题与习题

1. 串行通信相对并行通信有何特点?

2. 简述串行通信 4 种工作方式的帧格式。

3. 帧格式为 1 个起始位,8 个数据位和 1 个停止位的异步串行通信方式是方式(　　)。

4. 串行通信工作于方式 1、方式 3 时,波特率如何确定?

5. 假定串行口串行发送的字符格式为 1 个起始位,8 个数据位,1 个奇校验位,1 个停止位,请画出传送字符"A"的帧格式。

6. 串行通信工作于方式 3 时,下列说法是否正确:

(1) 第 9 数据位的功能可由用户定义

(2) 发送的第 9 数据位通过设置 TB8 实现

(3) 串行通信发送时,指令把 TB8 位的状态送人发送 SBUF 中

(4) 接收到的第 9 位数据送 SCON 寄存器的 RB8 中保存

(5) 波特率是可变的,通过改变定时器/计数器 T1 的溢出率设定

8. 串行通信工作于方式 1 时的波特率是:

(1) 固定的,为时钟频率的 1/32

(2) 固定的,为时钟频率的 1/16

(3) 可变的,通过定时器/计数器 T1 的溢出率设定

(4) 固定的,为时钟频率的 1/64

9. 在串行通信中,收发双方对波特率的设定应该是(　　)的。

10. 编程确定:串行通信工作于方式 1,波特率为 4800b/s(晶体振荡器频率为 11.0592MHz)。

11. 简述利用串行口进行多机通信的原理。

12. 编程实现：甲、乙双机通信，甲机发送字符串："123456"，乙机接收，收到存储到内部 RAM 地址为 30H 开始的几个单元中。通信协议：波特率 = 9600b/s、每帧 8 位数据，不带奇偶校验，时钟频率为 f_{osc} = 12MHz。

13. 编程实现：串行通信工作于方式 3，8 位数据位，每帧数据带奇偶校验，波特率为 1200b/s（晶体振荡器频率为 11.0592MHz）。

14. 串行传送数据的帧格式为 1 个起始位，8 个数据位，1 个奇偶校验位和 1 个停位，若每分钟传送 1800 帧数据，试说明串行通信的波特率。

编程实现：

（1）串行通信，工作于方式 1；

（2）多机通信，工作于方式 3。

15. 波特率设置：当串行通信工作于方式 1、方式 3，f_{osc} = 12MHz 时，编程设置 T1，使波特率：

（1）为 2400b/s；

（2）为 4800b/s；

（3）为 9600b/s。

第6章 MCS－51单片机的中断系统

MCS－51系列单片机的中断系统能够使CPU实时处理随时发生的硬件事件，所谓实时处理是指当CPU正在执行某段程序还没有结束时，如果某个硬件事件发生，比如定时器/计数器发生了溢出、串行接收或发送完一帧数据、某个引脚上的电平发生变化，需要CPU紧急处理这些硬件事件的话，中断系统通过硬件机制自动使CPU放弃当前程序的执行，转去处理发生的硬件事件，用不着通过软件查询的方式去发现硬件事件的发生和处理，可以大大提高CPU对突发的硬件事件的处理能力。

6.1 中断的概念

1. 什么是中断

中断是CPU紧急、实时处理突发硬件事件的一种机制，当一个硬件事件突发时，CPU依靠中断机制，能够放弃当前程序的执行，转去处理突发的硬件事件，执行完毕后，再回到被中断的程序处继续执行，如图6.1所示。

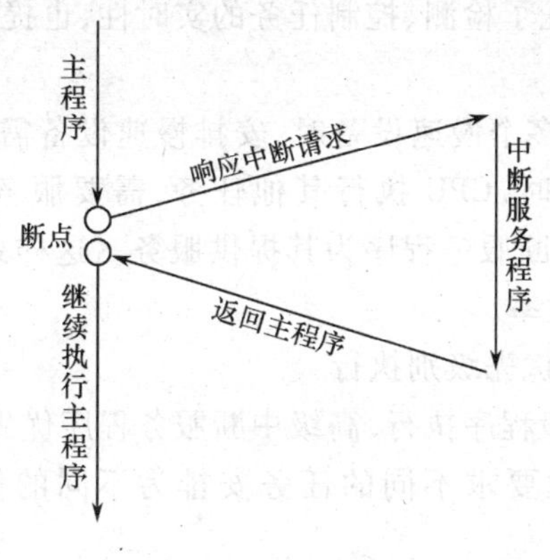

图6.1 中断示意

2. 中断源

中断的请求源简称为中断源，MCS－51系列单片机的中断源分为3类：定时器/计数器T0、T1、T2的溢出与T2的T2EX引脚电平变化；串行通信发送完或接收完一帧数据；外部引脚$\overline{INT0}$、$\overline{INT1}$上的电平变化。对MCS－51系列单片机而言，有5个中断源；对MCS－52系列单片机而言，由于有了T2定时器/计数器，多了1个中断源，共有6个中断源。

3. 中断级别与中断嵌套

响应中断的优先顺序称为中断级别，中断级别体现在几个不同优先级别的中断同时出现时，CPU优先响应优先级别高的中断；当一个中断正在被服务，即该中断的服务程序正在执行还未结束时，如果另一个高优先级别的中断出现，CPU将暂停当前中断服务程序的执行，转去执行后来的高优先级别的中断服务程序，这种情况称之为中断嵌套。

4. 中断向量

由硬件提供的中断服务程序入口地址,中断向量在程序存储区中是固定的。

5. 中断响应

相当于完成两种操作:

(1)执行一条“LCALL　中断入口地址”指令,该指令实现将断点地址压入到堆栈中保护,转到中断向量处执行;

(2)置位中断优先级触发器。当中断优先级触发器被置“1”时,同级或低级中断不再被响应。

6. 中断返回

中断服务程序的最后一条指令必须是“RETI”,该指令实现将栈顶的断点地址返回给PC,从而返回到原程序从断点指令处继续执行;复位中断优先级触发器,以便能够响应其他同级别或低级别的中断。

7. 中断的用途

1)实时处理硬件事件

比如在工业控制领域,每隔一个严格的检测周期就要对工业现场的各种参数检测一次,以便发现是否有参数偏离给定值、是否有某些故障出现。每隔一个严格的控制周期就对现场的执行器发出一个控制信号,以便使被控参数回到给定值上来。把定时检测、控制任务作为定时中断来处理,当检测、控制周期未到时,CPU 可以执行其他程序,定时中断一出现,立即停止当前程序执行,转去执行检测控制任务,检测控制任务执行完毕后,再回到原程序处继续执行。保证了检测、控制任务的实时性,也提高了 CPU 的效率。

2)提高 CPU 的效率

当 CPU 需要同时服务多个慢速设备时,安排慢速设备需要服务时,以中断形式通知CPU,慢速设备不需要服务时,CPU 执行其他任务,需要服务时,以中断形式通知 CPU,CPU 通过响应中断、执行中断服务程序为其提供服务。这样处理既能及时为慢速设备提供服务,又能保证 CPU 的效率。

3)实现多个任务的按优先级别执行

中断服务程序优先一般程序执行,高级中断服务程序优先低级中断服务程序执行,利用这一优先机制,将实时性要求不同的任务安排为不同的优先级别,实现任务按级别处理。

6.2　中断系统的结构

MCS-51 系列单片机的中断系统结构如图 6.2 所示,它全面涵盖了有关 MCS-51 系列单片机中断的内容,包括中断源、中断开放/禁止的控制、中断优先级别的设置。最左一列文字列出了所有的 6 个中断源,T0、T1、T2 3 个定时器/计数器的溢出 3 个中断源,其中 T2 的 T2EX 引脚的负跳变将引起 EXF2 置“1”,EXF2 与 TF2 并列作为 T2 中断源;串行通信发送/接收完一帧数据作为串行通信中断源;两个引脚$\overline{INT0}$、$\overline{INT1}$上的负跳变作为两个外部中断源。中间的两列开关图示了中断的开放/禁止控制。右侧的一列开关图示了中断优先级的控制,由于只有高级中断与低级中断两级中断,所以 MCS-51 单片机仅支持两级中断嵌套。

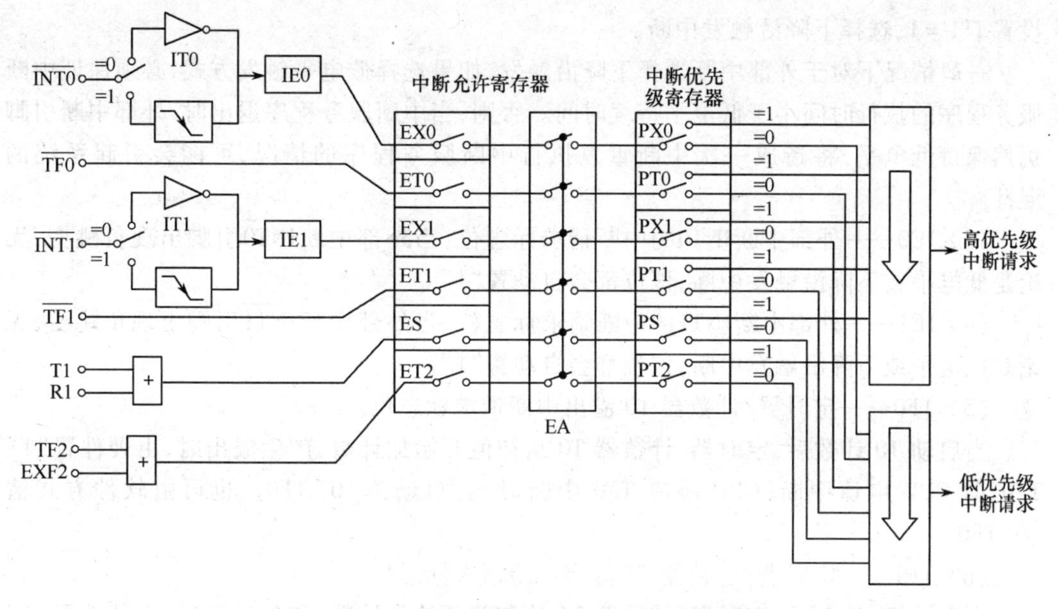

图 6.2　MCS－51 系列单片机中断系统结构图

6.3　中 断 源

MCS－51 系列单片机中断系统共有 6 个中断请求源，如图 6.2 所示，它们是：

（1）$\overline{\text{INT0}}$外部中断 0 请求，由$\overline{\text{INT0}}$引脚的负跳变引起，中断请求标志为 IE0；

（2）$\overline{\text{INT1}}$外部中断 1 请求，由$\overline{\text{INT1}}$引脚的负跳变引起，中断请求标志为 IE1；

（3）定时器/计数器 T0 溢出中断请求，中断请求标志为 TF0；

（4）定时器/计数器 T1 溢出中断请求，中断请求标志为 TF1；

（5）定时器/计数器 T2 溢出中断请求，中断请求标志为 TF2，或 T2 的外部控制引脚 T2EX 上的负跳变中断请求，中断请求标志为 EXF2；

（6）串行通信发送/接收完一帧数据中断请求，中断请求标志为 TI 或 RI。

这些中断请求源的中断请求标志位分别由特殊功能寄存器 TCON、SCON 和 T2CON 中的相应位锁存。

TCON 为定时器/计数器 T0、T1 的控制寄存器，字节地址为 88H，可位寻址。TCON 也锁存外部中断请求标志。其格式如图 6.3 所示。

	D7	D6	D5	D4	D3	D2	D1	D0
TCON	TF1	TR1	TF0	TR0	IE1	IT1	IE0	IT0
位地址	8FH	8EH	8DH	8CH	8BH	8AH	89H	88H

图 6.3　TCON 中的中断请求标志位

TCON 中与中断系统有关的各标志位的功能如下：

（1）IT0——外部中断$\overline{\text{INT0}}$的中断触发方式控制，设置 IT0 = 0，选择低电平触发中断；设置 IT0 = 1，选择下降沿触发中断。

（2）IT1——外部中断$\overline{\text{INT1}}$的中断触发方式控制，设置 IT1 = 0，选择低电平触发中断；

设置 IT1 =1,选择下降沿触发中断。

一般情况下对于外部中断选择下降沿触发,如果选择低电平触发方式,必须保证中断服务程序的执行时间小于低电平持续时间。否则,当中断服务程序退出时,外部中断引脚仍然保持低电平,将造成一次中断重复执行中断服务程序的情况,可能会引起系统的混乱。

(3) IE0——外部中断$\overline{INT0}$的中断请求标志位,当外部中断$\overline{INT0}$引脚出现负跳变,无论是低电平或下降沿触发中断,该位都会自动置"1"。

(4) IE1——外部中断$\overline{INT1}$的中断请求标志位,当外部中断$\overline{INT1}$引脚出现负跳变,无论是低电平或下降沿触发中断,该位都会自动置"1"。

(5) TF0——定时器/计数器 T0 溢出中断请求标志位。

当启动 T0 计数后,定时器/计数器 T0 从初值开始加计数,产生溢出时,由硬件置"1" TF0,向 CPU 申请中断,CPU 响应 TF0 中断时,会自动清"0" TF0。也可由软件方式清"0" TF0。

(6) TF1——定时器/计数器 T1 溢出中断请求标志位。

当启动 T1 计数后,定时器/计数器 T1 从初值开始加计数,产生溢出时,由硬件置"1" TF1,向 CPU 申请中断,CPU 响应 TF1 中断时,会自动清"0" TF1。也可由软件方式清"0" TF1。

TR0、TR1 这两位与中断无关,用于启动 T0、T1 的计数。

另外两个中断源锁存在 SCON 中,SCON 为串行口控制寄存器,字节地址为 98H,可进行位寻址。SCON 的低二位锁存串行通信发送完一帧数据标志 TI 和接收完一帧数据标志 RI,其格式如图 6.4 所示。

	D7	D6	D5	D4	D3	D2	D1	D0
SCON							TI	RI
位地址							99H	98H

图 6.4 SCON 中的中断请求标志位

TI、RI 标志位的功能如下:

(1) TI——串行通信发送完一帧数据中断请求标志位。CPU 将一个字节的数据写入发送缓冲器 SBUF 后,就启动一帧串行数据的发送,每发送完一帧串行数据后,硬件自动置"1"TI。但 CPU 响应中断时,并不能自动清除 TI,必须在中断服务程序中用软件对 TI 清"0"。

(2) RI——串行通信接收完一帧数据中断请求标志位。当一帧串行数据完整地进入接收 SBUF 时,硬件自动置"1"RI。但 CPU 响应中断时,并不能自动清除 RI,必须在中断服务程序中用软件对 RI 清"0"。

T2 的中断源 TF2、EXF2 锁存在 T2CON 中,如图 6.5 所示。

TF2	EXF2						

图 6.5 T2CON 中的中断请求标志位

TF2、EXF2 标志位的功能如下。

TF2——T2 溢出中断请求标志位。T2 溢出时由硬件置“1”,但必须通过软件清“0”。

EXF2——T2 的外部控制引脚 T2EX 出现负跳变中断请求标志位。发生负跳变时由硬件置“1”,但必须通过软件清“0”。

6.4 中断开放与禁止控制

图 6.2 中左侧两列开关实现中断的开放与禁止,在总开关 EA 合上情况下,任何一个分开关合上时对应的中断开放,断开时对应的中断禁止;在总开关 EA 断开情况下,无论各分开关是否合上,所有的中断都被禁止。通过中断允许寄存器 IE 的设置实现对总开关 EA 和各分开关的合上与断开的控制。IE 的字节地址为 A8H,可进行位寻址。其格式如图 6.6 所示。

	D7	D6	D5	D4	D3	D2	D1	D0	
IE	EA		ET2	ES	ET1	EX1	ET0	EX0	A8H
位地址	AFH		ADH	ACH	ABH	AAH	A9H	A8H	

图 6.6 IE 的格式

当 EA =0 时,所有的中断请求被禁止,CPU 对任何中断请求均不接受;当 EA =1 时,CPU 开放中断,但 6 个中断源的中断请求是否开放,还要由 IE 中的低 6 位所对应的 6 个中断请求允许控制位的状态来决定。

IE 中各位的功能如下:

(1) EA——中断允许总控制位

EA =0,CPU 禁止所有的中断请求;

EA =1,CPU 允许中断。

(2) ET2——T2 中断允许位

ET2 =0,禁止 T2 中断;

ET2 =1,允许 T2 中断。

(3) ES——串行通信中断允许位

ES =0,禁止串行通信中断;

ES =1,允许串行通信中断。

(4) ET1——定时器/计数器 T1 的溢出中断允许位

ET1 =0,禁止 T1 中断;

ET1 =1,允许 Tl 中断。

(5) EX1——外部中断 1 中断允许位

EX1 =0,禁止外部中断 1 中断;

EX1 =1,允许外部中断 1 中断。

(6) ET0——定时器/计数器 T0 的溢出中断允许位

ET0 =0,禁止 T0 中断;

ET0 =1,允许 T0 中断。

(7) EX0——外部中断 0 中断允许位

EX0 =0,禁止外部中断 0 中断;

EX0 =1,允许外部中断 0 中断。

MCS -51 单片机复位以后,IE 的所有位均为“0”,默认禁止所有中断。由用户程序置“1”IE 相应的位,实现对应的中断源中断开放。可以使用位操作指令或字节操作指令设置 IE 中对应的控制位。

【例 6.1】根据应用系统的要求,编程设置:外部中断 0 开放中断,下降沿触发中断;T0 溢出开放中断;串行通信开放中断,禁止其他中断。

```
SETB    IT0     ;中断 0 下降沿触发中断
SETB    EX0     ;外部中断 0 开放中断
SETB    ET0     ;T0 溢出开放中断
SETB    ES      ;串行通信开放中断
SETB    EA      ;总控制位置“1”
```

因为系统运行一定从复位开始,复位后 IE 的各位均为“0”,不需要开放的中断不必将相应的控制位设置为“0”。

6.5 中断优先级控制

1. 中断优先级的设置

MCS -51 单片机的中断源有两个中断优先级,对于每一个中断源可通过设置中断优先级寄存器 IP 设置为高优先级或低优先级中断,IP 的字节地址为 B8H,可位寻址,其格式如图 6.7 所示。

			D5	D4	D3	D2	D1	D0
IP			PT2	PS	PT1	PX1	PT0	PX0
位地址			BDH	BCH	BBH	BAH	B9H	B8H

图 6.7　中断优先级寄存器 IP 的格式

中断优先级寄存器 IP 各位的含义如下:

(1) PT2——定时器 T2 中断优先级控制位

PT2 =1,定时器 T2 定义为高优先级中断;

PT2 =0,定时器 T2 定义为低优先级中断。

(2) PS——串行通信中断优先级控制位

PS =1,串行通信定义为高优先级中断;

PS =0,串行通信定义为低优先级中断。

(3) PT1——定时器 T1 中断优先级控制位

PT1 =1,定时器 T1 定义为高优先级中断;

PT1 =0,定时器 T1 定义为低优先级中断。

(4) PX1——外部中断 1 中断优先级控制位

PX1 =1,外部中断 1 定义为高优先级中断;

PX1 =0,外部中断 1 定义为低优先级中断。

(5) PT0——定时器 T0 中断优先级控制位

PT0 =1,定时器 T0 定义为高优先级中断;

PT0 =0,定时器 T0 定义为低优先级中断。

(6) PX0——外部中断 0 中断优先级控制位

PX0 =1,外部中断 0 定义为高优先级中断;

PX0 =0,外部中断 0 定义为低优先级中断。

系统复位后,IP 中的各位均为"0",即所有中断复位后默认为低级中断,在具体应用中,哪一个中断源需要设置为高级中断,只要通过指令将 IP 中对应的位设置为"1"即可。低级中断不需要另外通过指令设置。

【例 6.2】编程实现:外部中断 0、串行通信、T0 溢出为高级中断,其他中断为低级中断。

```
SETB    PX0        ;外部中断 0 为高级中断
SETB    PS         ;串行通信为高级中断
SETB    PT0        ;T0 溢出为高级中断
```

2. 中断响应顺序

MCS－51 单片机的中断响应顺序遵循下述规则:

(1) 当一个低级中断服务程序正在执行时,只能被高级中断所中断,不能被同级中断所中断;当一个高级中断服务程序正在执行时,不能被任何中断所中断。

(2) 当不同级别的多个中断同时申请时,高级中断优于低级中断。

(3) 当相同级别的多个中断同时申请时,按以下顺序响应:IE0→TF0→IE1→TF1→(RI + TI)→(TF2 + EXF2)。

3. 中断嵌套

根据中断响应顺序规则,当一个低级中断服务程序正在执行时,如果一个高级中断申请,CPU 将停止当前低级中断服务程序的执行,转去执行高级中断服务程序。待高级中断服务程序执行完毕后,在接着执行低级中断服务程序,实现中断的两级嵌套。两级中断嵌套的过程如图 6.8 所示。在中断服务程序中,遇到中断返回指令 RETI,则退出当前的中断服务,返回到断点指令处继续执行。因此,中断服务程序的最后一条指令必须是"RETI"。

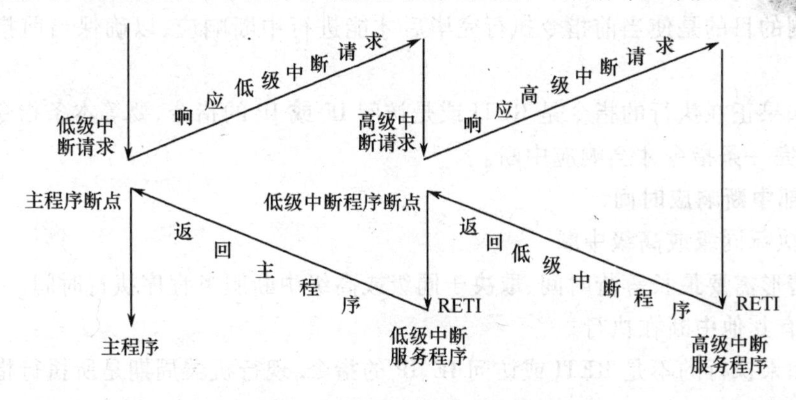

图 6.8 两级中断嵌套示意

6.6 中断响应

1. 中断响应的条件

一个中断请求能够被响应,必须满足以下两个条件:

(1) 该中断开放,即中断总允许位 EA =1,申请中断的中断源的中断允许位 =1;

(2) 无同级或更高级中断正在被服务。

中断响应过程是由硬件自动生成一条长调用指令"LCALI　addrl6",这里的 addr16 就是申请中断的中断向量,即中断服务程序的入口地址。例如,对于外部中断 0 的响应,产生的长调用指令为:"LCALL　0003H"。

执行 LCALL 指令产生的操作过程是将断点指令地址压入到堆栈保护,将中断向量(中断服务程序入口地址)装入 PC,转去执行中断服务程序。除此之外,响应中断时会将中断优先级触发器置"1",以便阻挡同级或低级中断被响应。这个中断优先级触发器不能通过软件访问,响应中断时会被置"1",执行中断返回指令"RETI"后会被清"0"。各中断源的中断向量(中断服务程序入口地址)是固定的,如表 6.1 所列。

表 6.1　中断向量

中断源	中断向量	中断源	中断向量
外部中断 0	0003H	定时器/计数器 T1	001BH
定时器/计数器 T0	000BH	串行通信	0023H
外部中断 0	0013H	定时器/计数器 T2	002BH

由表 6.1 可知,两个中断向量之间只相隔 8 个字节,一般情况下难以安排下一个完整的中断服务程序。因次,通常总是在中断向量处放置一条无条件转移指令,转移到存放在程序存储器其他位置处的中断服务程序入口。

2. 中断响应的延迟

CPU 查询到一个中断请求,即便满足上述两个条件,也不会立即响应,还要有所延迟,延迟时间由下述两种情况决定。

(1) 所执行的指令不是 RETI 或是访问 IE 或 IP 的指令,所查询的机器周期不是所执行指令的最后一个机器周期,必须等待所执行指令的最后一个机器周期完成后才会响应。作这个限制的目的是使当前指令执行完毕后才能进行中断响应,以确保当前指令完整地执行。

(2) 如果正在执行的指令是 RETI 或是访问 IE 或 IP 的指令,要等本条指令执行完毕后,再执行完一条指令才会响应中断。

3. 外部中断响应时间

1) 正执行同级或高级中断

这种情形需要最长等待时间,取决于同级或高级中断服务程序执行时间。

2) 没有其他中断在执行

(1) 如果执行的不是 RETI 或访问 IE、IP 的指令,现行机器周期是所执行指令的最后一个机器周期:仅需 3 个机器周期。其中中断请求标志位查询占 1 个机器周期,而这个机器周期恰好是处于正在执行的指令的最后一个机器周期,在这个机器周期结束后。中断即被响应,CPU 接着执行一条硬件子程序调用指令 LCALL 以转到相应的中断服务程入口,而该硬件调用指令本身需要两个机器周期。

(2) 正在执行的指令是 RETI 或访问 IE、IP 的指令,最长不超过 8 个机器周期。该情况发生在中断标志查询时,刚好是开始执行 RETI 或是访问 IE 或 IP 的指令,则需把当前指令执行完再继续执行一条指令后,才能响应中断。执行上述的 RETI 或是访问 IE 或 IP

的指令,最长需要两个机器周期。而接着再执行的一条指令,我们按最长的指令(乘法指令 MUL 和除法指令 DIV)来算,也只有 4 个机器周期。在加上硬件子程序调用指令 LCALL 的执行,需要两个机器周期。所以,外部中断响应最长时间为 8 个机器周期。

6.7 中断系统设计

1. 中断服务程序的设计

中断系统设计的主要工作是软件设计,由两部分组成:系统初始化设计与中断服务程序设计。

1) 中断的系统初始化

任何一个单片机应用系统,开机后首先要做的两件事是规定堆栈空间和系统初始化,系统初始化的任务是确定单片机内部的硬件资源按照要求的模式工作。无论是定时器/计数器、串行接口还是中断系统都有多种工作方式选择,在一个具体应用中,只能安排这些硬件资源按照需要的模式工作,这就是系统初始化的任务。就中断系统来说,哪些中断源需要开放,哪些中断源需要禁止,哪些中断源需要设置为高级中断,哪些中断源需要设置为低级中断,在一个具体应用中必须通过系统初始化程序配置 IE、IP 确定下来。

【例 6.3】通过系统初始化程序规定:串行通信开放中断,高级中断;外部中断 0 开放中断,低级中断,其余中断源禁止中断。

```
MAIN:   MOV    SP,#0DFH     ;规定堆栈空间为 E0H~FFH 共 32 字节
        LACLL  INTI         ;调用系统初始化子程序
        …
INIT:   SETB   ES           ;开放串行通信中断
        SETB   PS           ;设置串行通信中断为高级中断
        SETB   EX0          ;开放外部中断 0
        SETB   IT0          ;下降沿触发外部中断
        SETB   EA           ;EA 置"1",允许中断
        …                   ;规定其他硬件资源的工作模式
        RET                 ;子程序返回
```

在本例中,禁止的中断源、低级中断源不必通过软件配置,因为系统复位后,IE、IP 的各位均为"0",即各中断源都处于禁止状态、低级中断状态。

2) 中断服务程序设计

中断服务程序的流程如图 6.9 所示。

(1) 入口设置。各中断服务程序的入口地址由表 6.1 所列的中断向量规定,各入口地址之间仅有 8 个字节的空间,不够一个完整中断服务程序所需要的空间,一般处理方法是在入口地址安排一条转移程序,转到程序区的其他位置执行。

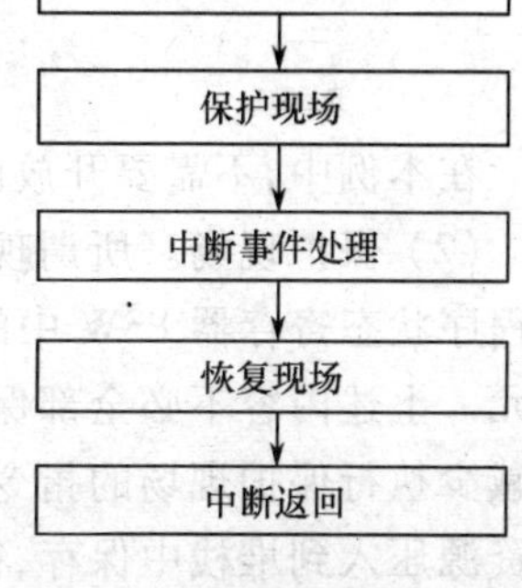

图 6.9 中断服务程序流程

【例 6.4】中断服务程序的入口处理。

```
ORG    000H
LJMP   MAIN     ;转移到主程序
ORG    0003H    ;外部中断 0 入口处理
```

```
        LJMP   INT0_ISR      ;转移到外部中断 0 服务程序
        ORG    000BH         ;T0 中断入口处理
        LJMP   T0_ISR        ;转移到 T0 中断服务程序
        ORG    0013H         ;外部中断 1 入口处理
        LJMP   INT1_ISR      ;转移到外部中断 1 服务程序
        ORG    001BH         ;T1 中断入口处理
        LJMP   T1_ISR        ;转移到 T1 中断服务程序
        ORG    0023H         ;串行通信中断入口处理
        LJMP   RX_TX_ISR     ;转移到串行通信中断服务程序
        ORG    002BH         ;T2 中断入口处理
        LJMP   T2_ISR        ;转移到 T2 中断服务程序
        ORG    0030H         ;主程序起始地址
MAIN:   MOV    SP,#0DFH      ;规定堆栈空间为:E0H~FFH
        LCALL  INIT          ;进行系统初始化
        …                    ;主程序的其他内容
INT0_ISR:                    ;外部中断 0 服务程序
        …
        RETI                 ;中断返回
T0_ISR:                      ;T0 中断服务程序
        …
        RETI                 ;中断返回
INT1_ISR:                    ;外部中断 1 服务程序
        …
        RETI                 ;中断返回
T1_ISR:                      ;T1 中断服务程序
        …
        RETI                 ;中断返回
RX_TX_ISR:                   ;串行通信中断服务程序
        …
        RETI                 ;中断返回
T2_ISR:                      ;T2 中断服务程序
        …
        RETI                 ;中断返回
```

在本例中,不需要开放的中断其入口处理和服务程序可以省去。

(2)保护现场。所谓现场是指在中断服务程序中要用到的一些硬件资源,包括保存在程序状态寄存器 PSW 中的程序状态、A、B、DPTR、工作寄存器 R0~R7、某些内部 RAM 单元。上述内容不必全部保护,中断服务程序中用到哪些保护哪些,不用的不必保护,尽量减少执行保护现场的指令数量,以减少中断服务程序的执行时间。所谓保护是指将这些资源压入到堆栈中保存,待退出中断之前,再从堆栈中按照先进后出、后进先出的次序弹出。这样处理,即便在中断服务程序中改变了这些硬件资源的内容,但退出中断服务程序后,这些资源的内容仍然保持进入中断服务程序之前的状态,不会因为中断服务程序的执行改变了保存在这些硬件资源中的数据,不会破坏原程序的执行结果。

保护现场用一系列的"PUSH"指令,通常称为上文开销。恢复现场用一系列的

"POP"指令,通常称为下文开销。显然上、下文开销并不是中断事件服务本身需要的指令,因此中断服务程序中应当尽可能减少上、下文开销,以减少中断服务程序代码的长度,减少 CPU 执行中断服务程序所需要的时间,对提高系统的实时性很有意义。MCS-51 系列单片机工作寄存器分为 4 组,可以安排主程序、各中断服务程序使用不同组的工作寄存器,这样,就不必在上、下文开销中进行保护工作寄存器的操作。另外,如果中断服务程序要用到内部 RAM,最好开辟几个字节的专用 RAM,这样也不用在上、下文开销中进行内部 RAM 的保护和恢复操作。采用上述两种措施后,上、下文开销中仅需要进行 PSW、A、B、DPTR 的保护与恢复操作。

(3) 中断事件处理。中断事件处理部分是为中断事件服务的程序部分,根据中断请求的具体要求编写相应的程序。

(4) 恢复现场。按照先进后出、后进先出的次序,用"POP"指令弹出进栈保护的内容。

【例 6.5】中断服务程序的进出栈操作。

```
PUSH    PSW     ;保护程序状态
PUSH    A       ;保护 A
PUSH    B       ;保护 B
PUSH    DPH     ;保护 DPH
PUSH    DPL     ;保护 DPL
CLR     RS1     ;中断服务程序使用专用的一组工作寄存器
SETB    RS0
…               ;处理中断事件的程序
POP     DPL     ;恢复 DPL
POP     DPH     ;恢复 DPH
POP     B       ;恢复 B
POP     A       ;恢复 A
POP     PSW     ;恢复 PSW
RETI            ;中断返回
```

(5) 中断返回。中断服务程序中的最后一条指令必须是"RETI"指令,CPU 执行这条指令,才能返回到断点指令处继续执行,同时清"0"中断优先级触发器,开放同级和低级中断。

2. 利用软件模拟实现三级中断

为了更好地满足不同任务的实时性要求,在某些场合可能需要 3 个中断优先级,这时,可采用下述低级中断服务程序结构模拟第三级中断。

```
…                       ;保护现场
LCALL  LABEL            ;调用子程序以清"0"中断优先级触发器,使其他同级
                        ;或低级中断能够中断本中断服务程序
…                       ;模拟的三级中断服务程序主体
…                       ;恢复现场
RET                     ;退出本中断服务程序
LABEL:     RETI         ;清"0"中断优先级触发器
```

这个模拟的三级中断比主程序优先级高,比低级中断优先级低。如果应用系统有 4 个实时性要求不同的任务,可以将 4 个任务按照实时性要求的高低依次安排在:高级中断

服务程序、低级中断服务程序、模拟三级中断服务程序、主程序中。

3. 应用举例

1）固定时间间隔的产生

利用 T0、T1 的方式 2 自动重装方式产生定时中断，在中断服务程序中累加中断次数达到固定的时间间隔，设置“定时时间到”标志，以实现每间隔一个确定的周期执行若干项任务。

【例 6.6】：利用 T0 计数器工作于方式 2，每隔 1s 产生一“1s 时间到”标志，并执行有关任务（$f_{osc}=12\text{MHz}$）。

```
MS50_BUF        EQU   30H       ;累加中断次数,达到 50ms 后清“0”
 S1_BUF         EQU   31H       ;每过 50ms 加“1”,累加到 1s 后清“0”
 S1_LAB         BIT   00H       ;每隔 1s,将此标志置“1”
         ORG    0000H
         LJMP   MAIN            ;转去执行主程序
         ORG    000BH
         LJMP   T0_ISR          ;转去执行 T0 中断服务子程序
         ORG    0030H
MAIN:    MOV    SP,#0CFH        ;规定堆栈空间为 D0H ~ FFH
         LCALL  INIT_T0         ;调用 T0 初始化配置子程序
M0:      JNB    S1_LAB,M0       ;未到 1s 则继续等待
         CLR    S1_LAB          ;1s 到后,清楚标志,以识别下一个 1s 到来
         LCALL  TASK1           ;执行任务 1
         LCALL  TASK2           ;执行任务 2
         LCALL  TASK3           ;执行任务 3
         …                      ;执行任务其他任务
         LJMP   M0              ;等待下一个 1s 到来
INIT:    MOV    TMOD,#02H       ;配置 T0 工作于方式 2
         SETB   TR0             ;开始计数
         MOV    TH0,#06H        ;T0 重装值为 6
         SETB   ET0             ;开放 T0 中断
         SETB   EA
         MOV    MS50_BUF,#0     ;50ms 累加单元初始清“0”
         MOV    S1_BUF,#0       ;1s 累加单元初始清“0”
         CLR    S1_LAB          ;1s 标志清“0”
         RET                    ;主程序返回
T0_ISR:  PUSH   PSW             ;保护程序状态
         PUSH   A               ;保护 A
         INC    MS50_BUF        ;50ms 累加单元
         MOV    A,MS50_BUF      ;查验是否累加到 50ms
         CLR    C
         SUBB   A,#200
         JC     T0_ISR1         ;累加不到 50ms,退出
         MOV    MS50_BUF,#0     ;累加到 50ms,MS50_BUF 单元清“0”
         INC    S1_BUF          ;S1_BUF 单元加“1”
```

```
        MOV     A,S1_BUF        ;查验是否累加到 1s
        CLR     C
        SUBB    A,#20
        JC      T0_ISR1         ;累加不到 1S,退出
        MOV     S1_BUF,#0       ;累加到 1s,S1_BUF 单元清“0”
        SETB    S1_LAB          ;设置 1s 到标志
T0_ISR1:POP     A               ;恢复 A
        POP     PSW             ;恢复程序状态
        RETI                    ;中断返回
        END
```

2）顺序控制——灯光“跑龙”控制

灯光“跑龙”控制：在环行布置的一圈灯中，每隔一定时间间隔、顺序点亮一盏灯。

【例 6.7】编写一段程序实现：每隔 0.5s 点亮一盏灯，硬件如图 6.10 所示。

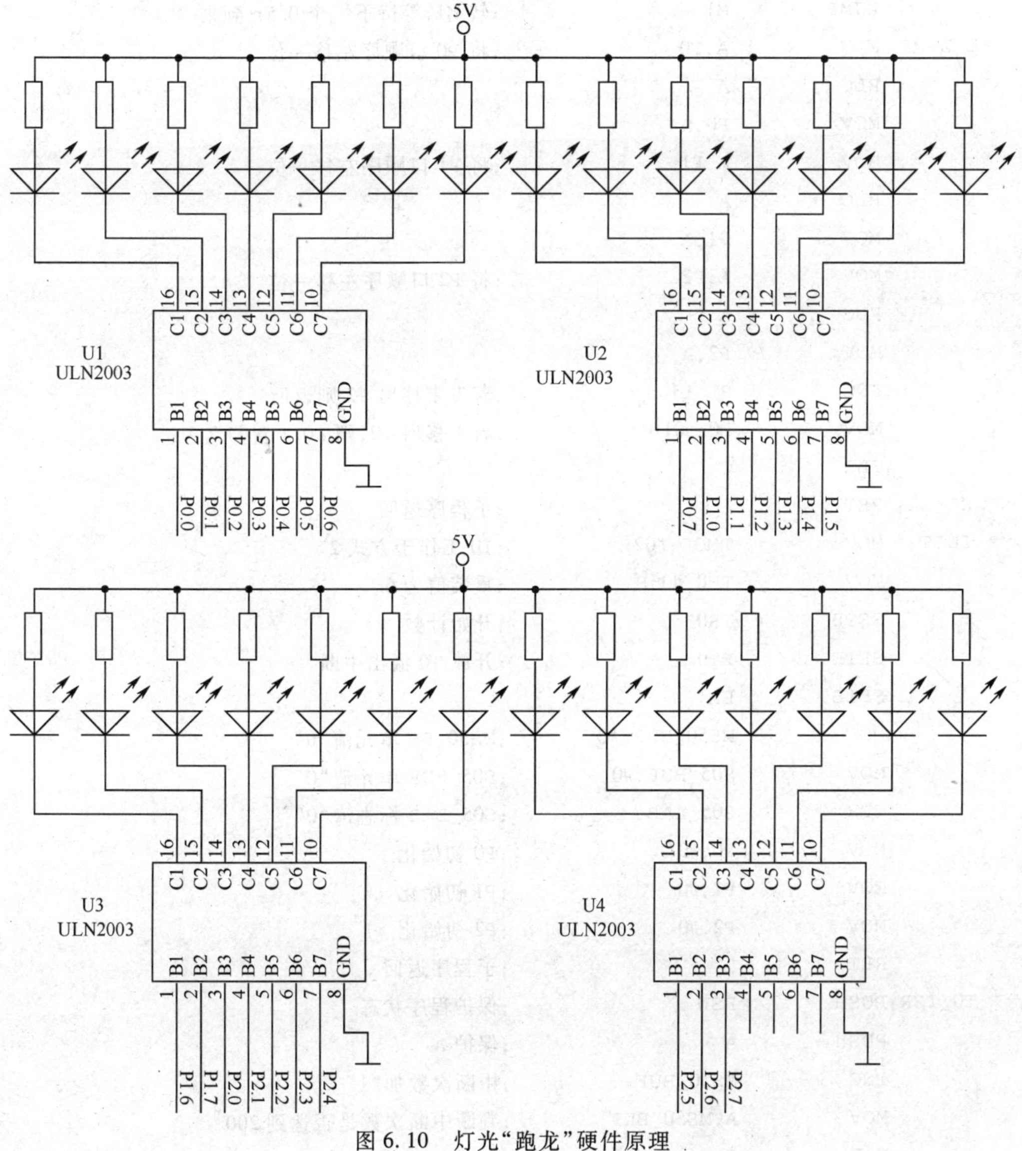

图 6.10 灯光“跑龙”硬件原理

```
        MS50_BUF    EQU     30H           ;累加中断次数,达到50ms后清"0"
        S05_BUF     EQU     31H           ;每过50ms加1,达到0.5S后清"0"
        S05_LAB     BIT     00H           ;每到0.5S,设置此标志
        ORG         0000H
        LJMP        MAIN                  ;转主程序
        ORG         000BH
        LJMP        T0_ISR                ;转T0中断服务程序
        ORG         0030H
MAIN:   MOV         SP,#0CF               ;规定堆栈为D0H~FFH
        LCALL       INIT                  ;调用系统初始化子程序
M1:     JNB         S05_LAB,M1            ;等待S05_LAB标志
        CLR         S1_LAB                ;清除标志
        LCALL       RL_LAMP               ;调用子程序,实现顺序点亮下一盏灯
        LJMP        M1                    ;转M1,等待下一个0.5s到来
RL_LAMP:MOV         A,P0                  ;将P0口顺序左移一位
        RLC         A
        MOV         P0,A
        MOV         A,P1                  ;将P1口顺序左移一位
        RLC         A
        MOV         P1,A
        MOV         A,P2                  ;将P2口顺序左移一位
        RLC         A
        MOV         P2,A
        JNC         RL_L1                 ;若1未移出P2则返回
        MOV         P0,#01H               ;若1移出P2,则P0.1置"1"
        CLR         C
RL_L1:  RET                               ;子程序返回
INIT:   MOV         TMOD,#02H             ;T0工作于方式2
        MOV         TH0,#06H              ;重装值为6
        SETB        TR0                   ;开始计数
        SETB        ET0                   ;开放T0溢出中断
        SETB        EA
        MOV         MS50_BUF,#0           ;MS50_BU单元清"0"
        MOV         S05_BUF,#0            ;S05_BUF单元清"0"
        CLR         S05_LAB               ;S05_LAB标志清"0"
        MOV         P0,#01                ;P0初始化
        MOV         P1,#0                 ;P1初始化
        MOV         P2,#0                 ;P2初始化
        RET                               ;子程序返回
T0_ISR:PUSH         PSW                   ;保护程序状态
        PUSH        A                     ;保护A
        INC         MS50_BUF              ;中断次数加"1"
        MOV         A,MS50_BUF            ;判断中断次数是否达到200
        CLR         C
```

```
        SUBB        A,#200
        JC          T0_ISR1         ;若中断次数未达到200则退出
        MOV         MS50_BUF,#0     ;MS50_BUF单元清"0"
        INC         S05_BUF         ;S05_BUF单元加"1"
        MOV         A,S05_BUF       ;判断中断次数是否到2000次,既是否经过0.5s
        CLR         C
        SUBB        A,#10
        JC          T0_ISR1         ;若未到0.5s,则退出
        MOV         S05_BUF,#0      ;S05_BUF单元清"0"
        SETB        S05_LAB         ;S05_LAB标志置"1"
T0_ISR1:POP         A               ;恢复A
        POP         PSW             ;恢复程序状态
        RETI                        ;中断返回
        END
```

说明：

① 利用T0、T1工作于方式2，当时钟频率 $f_{osc}=12MHz$ 时，最大定时中断间隔为0.256ms，要产生较大时间间隔，需要累加中断次数较多。T2计数器工作于自动重装方式时，最大定时中断间隔为65.536ms，可通过累加较少的中断次数达到较大的时间间隔；

② 利用此方式可产生任意大的时间间隔。

3）交通信号灯的控制

【例6.8】东西、南北十字路口交通信号灯控制，在东、西、南、北4个方向分别设置红、绿、黄3盏信号灯，硬件控制电路如图6.11所示，编程实现下述控制规则。

→东西通8s ——→停侯2s ——→南北通6s ——→停侯2s ——→

控制状态分析：

若东方向红、绿、黄灯3盏灯分别以ER、EG、EY表示，西方向红、绿、黄灯3盏灯分别以WR、WG、WY表示，南方向红、绿、黄灯3盏灯分别以SR、SG、SY表示，北方向红、绿、黄灯3盏灯分别以NR、NG、NY表示，不同控制状态对应的各灯的亮灭情况如下：

(1) 南北通8s时，NG、SG、ER、WR4盏灯亮，其余灯灭；

(2) 停侯2s时，NY、SY、EY、WY4盏灯亮，其余灯灭；

(3) 东西通6s时，EG、WG、NR、SR4盏灯亮，其余灯灭；

(4) 停侯2s时，NY、SY、EY、WY4盏灯亮，其余灯灭。

根据图6.11所示，4个控制状态对应的P1、P2的状态如表6.2所列，控制程序顺序实现表中所列4个状态即可。

表6.2　控制状态

状态	时间	NR P1.0	NG P1.1	NY P1.2	SR P1.3	SG P1.4	SY P1.5	WR P1.6	WG P1.7	WY P2.0	ER 2.1	EG P2.2	EY P2.3	P1	P2
0	8	0	1	0	0	1	0	1	0	0	1	0	0	52H	02H
1	2	0	0	1	0	0	1	0	0	1	0	0	1	24H	09H
2	6	1	0	0	1	0	0	0	1	0	0	1	0	89H	04H
3	2	0	0	1	0	0	1	0	0	1	0	0	1	24H	09H

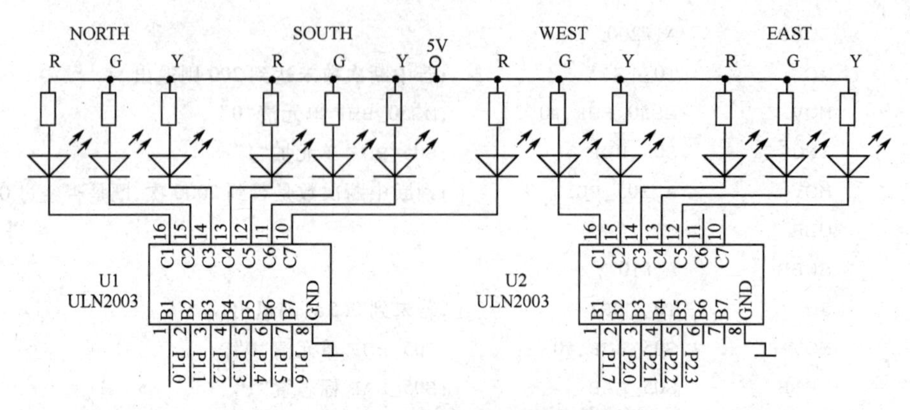

图 6.11　交通信号灯硬件控制原理图

软件编程:

```
          TIME_BUF     EQU     30H      ;此单元用于存放每个状态剩余时间
          STATE_BUF    EQU     31H      ;此单元用于存放当前状态
          STATEMAX     EQU     04H      ;最大状态数为 4
          S1_LAB       BIT     00H      ;此单元用于存放 1s 到标志
          ORG     0000H
          LJMP    MAIN                  ;转主程序
          ORG     000BH
          LJMP    T0_ISR                ;转 T0 中断服务程序
          ORG     0030H
MAIN:     MOV     SP,#0CFH              ;规定堆栈空间为 D0H ~ FFH
          LCALL   INIT                  ;调用系统初始化子程序
M0:       LCALL   OUT_STATE             ;调用 OUT_STATE 子程序,实现输出控制
M1:       JNB     S1_LAB,M1             ;判断是否到 1s
          CLR     S1_LAB                ;清楚标志
          DEC     TIME_BUF              ;当前状态减 1s
          MOV     A,TIME_BUF            ;判断当前状态剩余时间是否为 0
          CJNE    A,#0,M1               ;不为 0,则等待下一 s
          LCALL   NEXT_STATE            ;切换到下一状态
          LJMP    M0                    ;循环执行
OUT_STATE:                              ;控制输出子程序
          MOV     A,STATE_BUF           ;实现查 6.2 表,查出当前状态持续时间、P1 状态、P2 状态
          MOV     B,#3
          MUL     AB
          MOV     DPTR,#STATE_TAB
          ADD     A,DPL
          MOV     DPL,A
          MOV     A,DPH
          ADDC    A,B
          MOV     DPH,A
          MOV     A,#0                  ;查当前状态时间,送 TIME_BUF
          MOVC    A,@A+DPTR
          MOV     TIME_BUF,A
```

```
        MOV     A,#1                ;查 P1 状态,送 P1
        MOVC    A,@A+DPTR
        MOV     P1,A
        MOV     A,#2                ;查 P2 状态,送 P2
        MOVC    A,@A+DPTR
        MOV     P2,A
        RET
NEXT_STATE:                         ;切换到下一状态子程序
        INC     STATE_BUF           ;状态号加“1”
        MOV     A,STATE_BUF         ;判断状态号是否大于最大状态
        CLR     C
        SUBB    A,#STATEMAX
        JC      NS1                 ;若不大于最大状态,则推出
        MOV     STATE_BUF,#0        ;若大于等于最大状态,则回到 0 状态
NS1:    RET
STATE_TAB:                          ;各状态对应的时间、P1 状态、P2 状态
        DB      08H,52H,02H
        DB      02H,24H,09H
        DB      06H,89H,04H
        DB      02H,24H,09H
INIT:                               ;系统初始化
        MOV     TMOD,#02H           ;T0 工作于方式 2
        MOV     TH0,#06H            ;重装值为 6
        SETB    TR0                 ;开始计数
        SETB    ET0                 ;T0 溢出开放中断
        SETB    EA
        MOV     STATE_BUF,#0        ;STATE_BUF 单元清“0”
        MOV     MS50_BUF,#0         ;MS50_BUF 单元清“0”
        MOV     S1_BUF,#0           ;S1_BUF 单元清“0”
        CLR     S1_LAB              ;S1_LAB 标志清“0”
        RET
T0_ISR: PUSH    PSW                 ;保护程序状态
        PUSH    A                   ;保护 A
        INC     MS50_BUF            ;中断次数加“1”
        MOV     A,MS50_BUF          ;判断中断次数是否达到 200
        CLR     C
        SUBB    A,#200
        JC      T0_ISR1             ;若中断次数未达到 200 则退出
        MOV     MS50_BUF,#0         ;MS50_BUF 单元清“0”
        INC     S1_BUF              ;S1_BUF 单元加“1”
        MOV     A,S1_BUF            ;判断中断次数是否到 4000 次,既是否经过 1s
        CLR     C
        SUBB    A,#20
        JC      T0_ISR1             ;若未到 1s,则退出
        MOV     S1_BUF,#0           ;S1_BUF 单元清“0”
```

```
        SETB    S1_LAB          ;S1_LAB 标志置"1"
T0_ISR1:POP     A               ;恢复 A
        POP     PSW             ;恢复程序状态
        RETI                    ;中断返回
        END
```

思考题与习题

1. MCS－51 单片机有几个中断源，几级中断？

2. 编程设定：外部中断$\overline{INT0}$开放中断、下降沿触发中断、低级中断；外部中断$\overline{INT1}$开放中断、低电平触发中断、高级中断；按照上述设置，若两个中断同时申请，说明先响应哪个中断？

3. 编程设定：T0 计数器溢出为高级中断、串行通信为高级中断，其余为低级中断，5 个中断源全部开放中断。若 5 个中断源同时申请中断，说明中断响应的顺序。

4. 编程实现：通过定时器中断形式，在 P1.1 引脚输出 10kHz 的方波。($f_{osc}=12MHz$)

5. 什么是中断系统？中断系统的功能是什么？

6. 什么是中断嵌套？

7. 什么叫中断源？MCS－51 单片机有哪些中断源？各有什么特点？

8. 外部中断 1 所对应的中断入口地址为(　　)H。

9. 下列说法错误的是：

(1) 各中断源发出的中断请求信号，都会标记在 MCS－51 系统中的 IE 寄存器中

(2) 各中断源发出的中断请求信号，都会标记在 MCS－51 系统中的 TMOD 寄存器中

(3) 各中断源发出的中断请求信号，都会标记在 MCS－51 系统中的 IP 寄存器中

(4) 各中断源发出的中断请求信号，都会标记在 MCS－51 系统中的 TMOD 与 SCON 寄存器中

10. MCS－51 系列单片机响应中断的典型时间是多少？在哪些情况下，CPU 将推迟对中断请求的响应？

11. 中断查询确认后，在下列各种 8031 单片机运行情况中，能立即进行响应的是：

(1) 当前正在进行高优先级中断处理

(2) 当前正在执行 RETI 指令

(3) 当前指令是 DIV 指令，且正处于取指令的机器周期

(4) 当前指令是 MOV A，R3

12. 8031 单片机响应中断后，产生长调用指令 LCALL，执行该指令的过程包括：首先把(　　)的内容压入堆栈，以进行断点保护，然后把长调用指令的 16 位地址送(　　)，使程序执行转向(　　)中的中断地址区。

13. 编写出外部中断 1 为下降沿触发的中断初始化程序。

14. 下列说法正确的是：

(1) 同一级别的中断请求按申请时间的先后顺序响应

(2) 同一时间同一级别的多中断请求，将形成阻塞，系统无法响应

(3) 低优先级不能中断高优先级，但是高优先级能中断低优先级

(4) 同级中断不能嵌套

15. 中断服务子程序和普通子程序有什么区别？

第7章 ARM微处理器的硬件架构

7.1 嵌入式系统的基本概念

目前国内普遍认同的嵌入式系统的定义是:嵌入式系统是以应用为核心,以计算机技术为基础,软件可裁减,硬件按需配置,适应于应用系统对功能、实时性、可靠性、成本、体积、功耗等方面严格要求的专用计算机系统。简单来说,嵌入式系统就是嵌入到目标体系中的专用计算机系统。嵌入性、专用性和计算机系统是嵌入式系统的3个基本要素。实际上,嵌入式系统是把计算机直接嵌入到应用系统中,它融合了计算机软件、硬件技术以及通信技术和微电子技术,是上述技术综合发展过程中的一个标志性的成果。

根据嵌入式系统的定义,凡是"嵌入到目标体系中的专用计算机系统"都属于嵌入式系统,前几章介绍的MCS-51系列单片机系统也属于嵌入式系统。但在某些应用场合,比如需要彩色液晶显示器,需要PC机显示风格,需要支持以太网,需要具有网络浏览功能等场合,往往需要有一个操作系统的支持,而且有很大的数据处理量,需要庞大的软件支持,这样的嵌入式系统所采用的微处理器必须有极高的运算速度,较大的存储空间。在这些应用场合,一般的单片机是无法满足要求的,而ARM处理器是满足这些应用场合需求的一种较好的微处理器。

ARM(Advanced RISC Machines),是微处理器行业中的一家知名公司,该公司专门从事基于RISC(Reduced Instruction Set Computer,精简指令集计算机)的芯片设计和开发,作为知识产权供应商,本身不直接从事芯片生产,而是将RISC芯片生产技术转让给半导体公司(ARM公司合作伙伴),由半导体公司生产各具特色的芯片,世界各大半导体生产商从ARM公司购买其设计的ARM微处理器内核,根据各自不同的应用领域,加入适当的外围电路,从而形成自己的ARM微处理器芯片进入市场。目前,全世界有几十家大的半导体公司都使用ARM公司的授权,如Intel、IBM、LG半导体、NEC、SONY、PHILIPS等。

ARM微处理器采用RISC体系结构,一般具有体积小、低功耗、低成本、高性能,支持Thumb(16位)/ARM(32位)双指令集,能很好的兼容8位/16位器件,大量使用寄存器,指令执行速度更快,大多数数据操作都在寄存器中完成,寻址方式灵活简单,执行效率高,指令长度固定等特点。除此之外,ARM微处理器还使用地址自动增加或减少来优化程序中的循环处理、使用LDM/STM批量传输数据指令等一些特别的技术,在保证高性能的同时尽量减小芯片体积,降低芯片功耗。

基于ARM内核的微处理器芯片不但占据了高端微控制器市场的大部分市场份额,同时也逐渐向低端微控制器应用领域扩展,ARM微处理器的低功耗、高性价比,向传统的8位/16位微控制器提出了挑战。到目前为止,ARM微处理器的应用几乎已经深入到工业控制、无线通信、网络应用、消费类电子产品、成像和安全产品等各个领域。

本章介绍ARM7TDMI微处理器硬件架构的一些基本概念,包括微处理器的工作状态、微处理器的工作模式、存储器的组织、寄存器的组织、微处理器异常等。通过对本章的学习,希望读者能了解 ARM 微处理器的基本工作原理和一些与程序设计相关的基本知识,为基于 ARM 的嵌入式系统的设计打下基础。

7.2 ARM 微处理器的工作状态与工作模式

ARM 微处理器和早期的 8 位/16 位处理器不同,它可以用两套指令集编程,处理器的工作状态反映处理器正在执行的是哪一套指令集的指令。把 ARM 处理器正在执行的是正常流程的程序,还是某种异常服务程序或中断服务程序称做处理器的工作模式,处理器在不同模式下对系统资源的访问权限是不同的。

7.2.1 工作状态

ARM 微处理器支持使用两种指令集进行编程,一种是 32 位的 ARM 指令集,另一种是 16 位的 THUMB 指令集。ARM 处理器的工作状态有两种,一种是 ARM 状态,另一种是 THUMB 状态。ARM 微处理器的工作状态根据处理器当前正在执行的指令的类型来区分,当处理器正在执行 ARM 指令时,就处于 ARM 状态;当处理器正在执行 THUMB 指令时,就处于 THUMB 状态。当 ARM 微处理器从程序存储器中取出机器码时,作为 ARM 指令译码执行还是作为 THUMB 指令译码执行,取决于 ARM 微处理器中的当前程序状态寄存器 CPSR 中的 T 标志,若 T = 0,则作为 ARM 指令;若 T = 1,则作为 THUMB 指令。因此,从根本上讲,ARM 微处理器的工作状态由 T 标志决定。

在下列两种情况下,T 标志将由硬件自动置“0”,此时,ARM 微处理器处于 ARM 状态,会把从程序存储器中取出的机器码作为 ARM 指令译码执行,因此以下两种情况必须使用 ARM 指令编程。

(1) 系统上电复位后,PC = 0,程序的开头必须用 ARM 指令编写。

(2) 异常服务程序必须用 ARM 指令编写。

在指令执行过程中,微处理器的两种工作状态是可以相互转换的,有下列两种状态转换方法。

(1) 使用专门的状态转换指令。ARM 指令集和 THUMB 指令集均有状态转换指令,可使微处理器在两种状态之间进行转换,如 ARM 指令集中有一条带状态转换的转移指令“BX Rn”,该指令实现两个操作:

① 将 32 位寄存器 Rn 中的数值复制到程序计数器(PC)中,实现程序的转移。

② Rn 中的最低比特位 Rn[0]将复制到 T 标志,即 Rn [0] = T。当 Rn[0] = 0 时,转移处的指令被译做 ARM 指令,微处理器处于 ARM 状态;当 Rn[0] = 1 时,转移处的指令被译做 THUMB 指令,微处理器处于 THUMB 状态。

(2) 当处理器正在执行 THUMB 指令,即处理器处于 THUMB 状态时,异常发生,微处理器转去执行异常服务程序,T 标志由硬件自动设置为“0”,微处理器自动转换为 ARM 状态,会把异常服务程序译作 ARM 指令执行,出现从 THUMB 状态到 ARM 状态的转换。异常服务程序执行完毕后,微处理器将重新返回 THUMB 状态,因而又将出现从 ARM 状态到 THUMB 状态的转换。

微处理器工作状态的转换不影响处理器寄存器中的内容。

7.2.2 工作模式

ARM 微处理器支持 7 种工作模式,分别为:

(1) 用户模式(Usr):正常流程的 ARM 程序执行状态。

(2) 快速中断模式(Fiq):当快速中断发生,微处理器转去执行快速中断服务程序从而进入该模式,设计用于数据传送或通道处理等实时性较强的任务。

(3) 一般中断模式(Irq):当一般中断发生,微处理器转去执行一般中断服务程序时进入该模式,用于一般的中断处理。

(4) 管理模式(Svc):执行软件中断指令(SWI)或微处理器复位后进入该模式,操作系统使用的保护模式。

(5) 终止模式(Abt):当数据或指令预取终止时进入该模式。

(6) 系统模式(Sys):操作系统的特权用户模式。

(7) 未定义指令中止模式(Und):当执行到未定义指令时进入该模式。

ARM 微处理器的工作模式可以通过软件改变,也可以通过进入中断或异常服务程序改变。大多数的应用程序运行在用户模式下,用户模式以外的模式称为特权模式(Privileged Modes)。进入特权模式的目的是执行中断或异常服务程序,或者访问受系统保护的资源,因为受系统保护的资源不允许在用户模式下访问。

7.3 存储器组织

ARM 微处理器支持字、半字、字节 3 种数据类型:

字(Word):在 ARM 体系结构中,字的长度为 32 位,而在 8 位/16 位处理器体系结构中,字的长度一般为 16 位,请读者在阅读时注意区分。

半字(Half - Word):在 ARM 体系结构中,半字的长度为 16 位,与 8 位/16 位处理器体系结构中字的长度一致。

字节(Byte):在 ARM 体系结构和 8 位/16 位处理器体系结构中,字节的长度均为 8 位。

ARM 微处理器的指令长度可以是 32 位(ARM 集),也可以为 16 位(Thumb 集)。

ARM 体系结构将存储器看作是从零地址开始的字节的线性组合,存储空间和存储地址都是以字节来度量和标记的。从 0 字节到 3 字节存放第一个字数据,从 4 字节到 7 字节第二个字数据,依次排列。换言之,对字数据而言需要 4 字节对齐,存储字数据起始地址的最低 2 位[1:0] =00;对半字数据需要 2 字节对齐,存储半字数据起始地址的最低 1 位[0] =0;对字节数据而言,可以存放在存储器的任何位置。ARM 微处理器数据总线宽度与地址总线宽度均为 32 位,ARM 体系结构所支持的最大寻址空间为 4GB(2^{32}字节)。

ARM 体系结构支持两种数据的存储格式,称之为大端格式和小端格式,具体说明如下:

(1) 大端格式。在这种格式中,字数据的高字节存储在低地址中,而字数据的低字节则存放在高地址中,如图 7.1 所示。

(2) 小端格式。与大端存储格式相反,在小端存储格式中,低地址中存放的是字数据的低字节,高地址存放的是字数据的高字节,如图 7.2 所示。

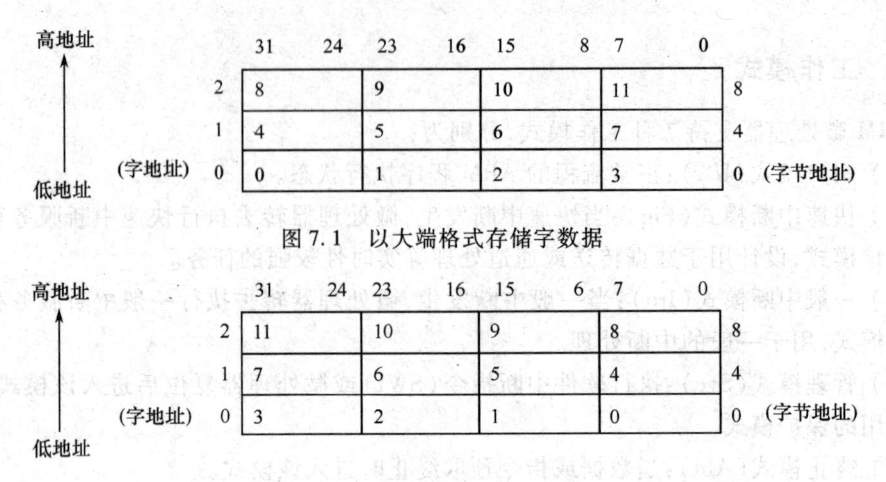

图 7.1　以大端格式存储字数据

图 7.2　以小端格式存储字数据

7.4　寄存器组织

ARM 微处理器共有 37 个 32 位寄存器,其中 31 个为通用寄存器,6 个为状态寄存器。但是这些寄存器不能被同时访问,具体哪些寄存器可编程访问,取决于微处理器的工作状态与工作模式。

7.4.1　ARM 状态下的寄存器组织

图 7.3 说明了根据工作模式对寄存器进行分组的情况,每种模式分配了一组寄存器。在每种模式下,只能访问本组的寄存器。每组寄存器包括非专用寄存器和本组专用寄存器。非专用寄存器为 R0 ~ R15,在用户模式下和系统模式下可以全部访问,在特权模式下可以访问其中的一部分。本组专用寄存器在图中用带阴影的三角形标注,只允许在本组对应的模式下访问。如 R8_fiq ~ R14_fiq 只能在 FIQ 模式下访问;R13_svc、R14_svc 只能在管理模式下访问;R13_abt、R14_abt 只能在中止模式下访问;R13_irq、R14_irq 只能在 IRQ 模式下访问;R13_und、R14_und 只能在未定义模式下访问。在 ARM 状态下,可以同时访问各自模式下的通用寄存器、专用寄存器共 16 个,1 个或 2 个状态寄存器。其中,在用户模式下和系统模式下可以访问 1 个状态寄存器 CPSR,非用户模式(特权模式)下可以访问两个状态寄存器 CPSR、SPSR。

在 ARM 寄存器组里,有 16 个可以直接访问的寄存器:R0 ~ R15,16 个寄存器中,除了 R15(用做 PC)之外都是通用的,可以用于保存数据或地址。还有另外一个寄存器 CPSR,用于保存程序当前的状态信息。在特权模式下,每组还有一个备份的程序状态寄存器:SPSR_mode,专用于保存进入特权模式时的 CPSR 的内容。

R13、R14、R15、CPSR、SPSR 的用途:

(1) R13 的用途。R13 以及在各工作模式下的 R13_mode 在 ARM 指令中常用作堆栈指针,但这只是一种习惯用法,用户也可使用其他的寄存器作为堆栈指针。而在 Thumb 指令集中,某些指令强制性的要求使用 R13 作为堆栈指针。由于微处理器的每种工作模式均有自己专用的物理寄存器 R13,在用户应用程序的初始化部分,一般都要初始化每种模式下的 R13,使其指向该工作模式的堆栈空间,不同模式下有各自独立的堆栈空间,会

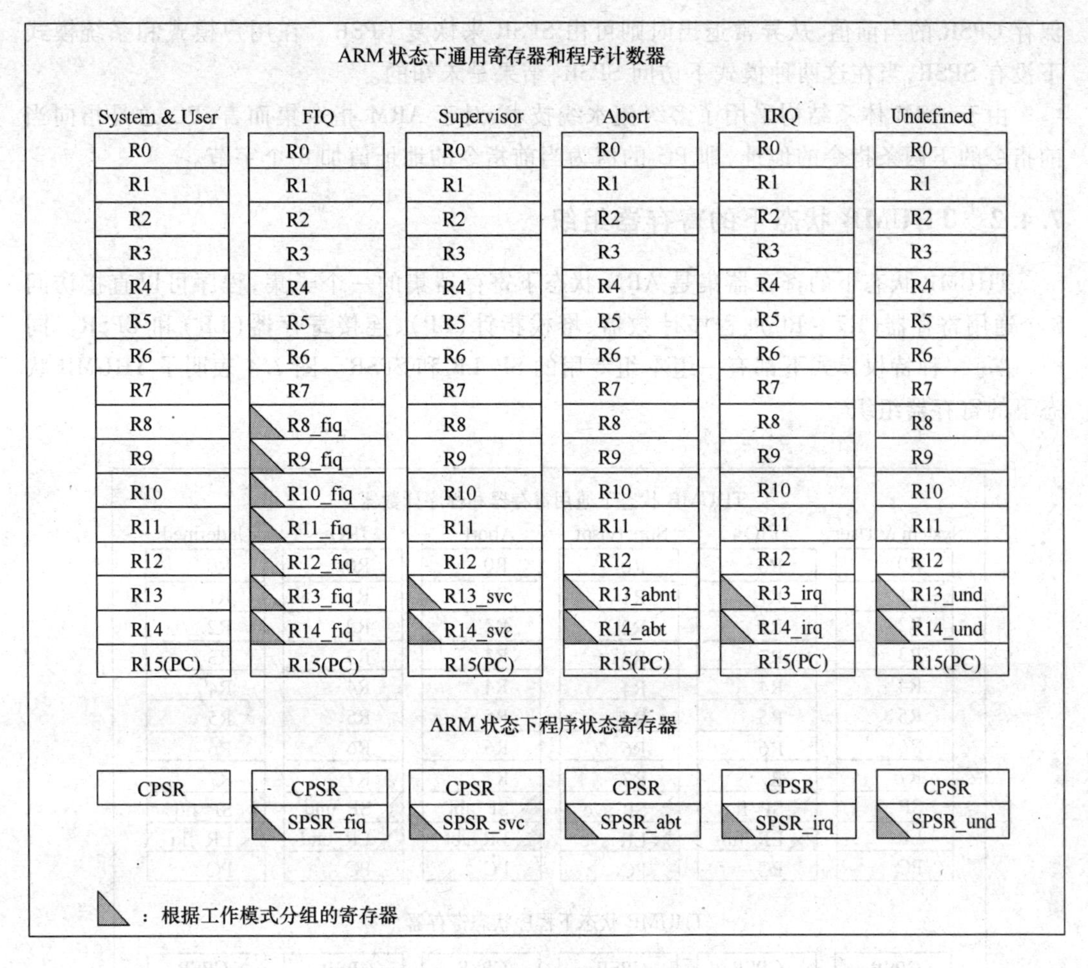

图 7.3　ARM 状态下的寄存器组织

为并行任务的执行提供便利。这样，当程序的运行进入异常模式时，可以将需要保护的寄存器放入 R13 所指向的堆栈，而当程序从异常模式返回时，则从对应的堆栈中恢复，采用这种方式可以保证异常发生后程序的正常执行。

（2）R14 的用途。R14 以及在各工作模式下的 R14_mode 也称作子程序连接寄存器（Subroutine Link Register）或连接寄存器 LR。当执行 BL 子程序调用指令时，R14 中得到 R15（程序计数器 PC）的备份。其他情况下，R14 用作通用寄存器。与之类似，当发生中断或异常时，对应的分组寄存器 R14_svc、R14_irq、R14_fiq、R14_abt 和 R14_und 用来保存 R15 的返回值。

（3）R15 的用途。R15 用作程序计数器，在 ARM 状态下，PC[1:0]=00，在 THUMB 状态下，PC[0]=0。R15 虽然也可用作通用寄存器，但一般不这么使用，因为对 R15 的使用有一些特殊的限制，当违反了这些限制时，程序的执行结果是未知的。

（4）CPSR 的用途。当前程序状态寄存器（Current Program Status Register，CPSR）可在任何运行模式下被访问，CPSR 记录了程序的条件标志、中断禁止/使能、当前处理器状态、当前处理器模式等信息。

（5）SPSR 的用途。在每一种特权模式下又都有一个专用的物理状态寄存器，称为 SPSR（Saved Program Status Register，备份的程序状态寄存器），当异常发生时，SPSR 用于保存 CPSR 的当前值,从异常退出时则可由 SPSR 来恢复 CPSR。在用户模式和系统模式下没有 SPSR,当在这两种模式下访问 SPSR,结果是未知的。

由于 ARM 体系结构采用了多级流水线技术,对于 ARM 指令集而言,PC 总是指向当前指令的下两条指令的地址,即 PC 的值为当前指令的地址值加 8 个字节。

7.4.2 THUMB 状态下的寄存器组织

THUMB 状态下的寄存器集是 ARM 状态下寄存器集的一个子集,程序可以直接访问 8 个通用寄存器(R7 ~ R0)、程序计数器、堆栈指针(SP)、连接寄存器(LR)和 CPSR。同时,在每一种特权模式下都有一组本组专用的 SP、LR 和 SPSR。图 7.4 表明了 THUMB 状态下的寄存器组织。

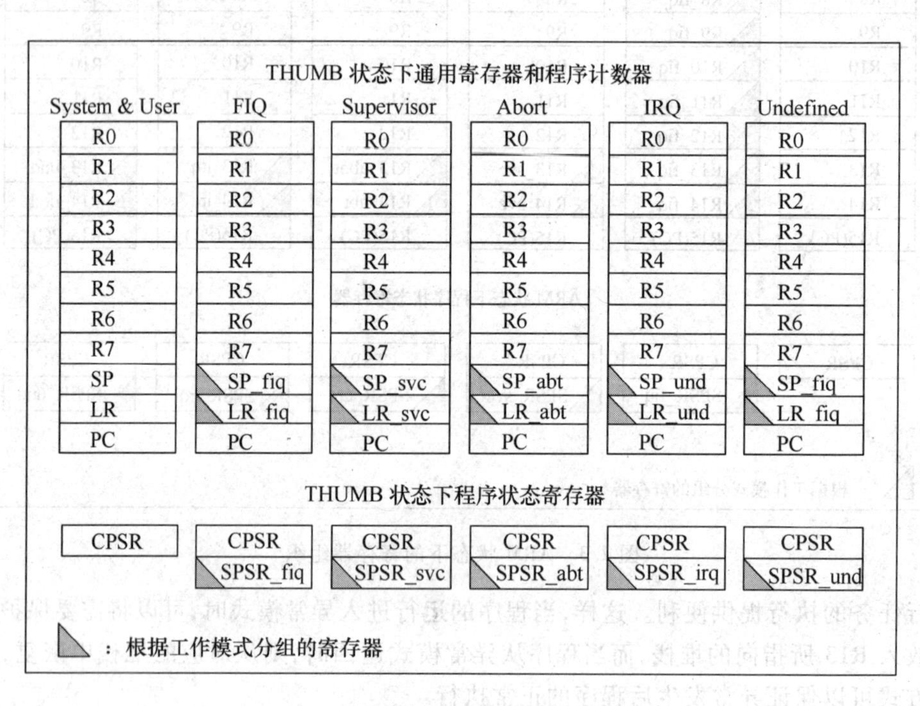

图 7.4 THUMB 状态下的寄存器组织

1. THUMB 状态下的寄存器组织与 ARM 状态下的寄存器组织的关系

(1) THUMB 状态下和 ARM 状态下的 R0 ~ R7 是相同的。

(2) THUMB 状态下和 ARM 状态下的 CPSR 和所有的 SPSR 是相同的。

(3) THUMB 状态下的 SP 对应于 ARM 状态下的 R13。

(4) THUMB 状态下的 LR 对应于 ARM 状态下的 R14。

(5) THUMB 状态下的程序计数器对应于 ARM 状态下 R15

以上的对应关系如图 7.5 所示。

2. 访问 THUMB 状态下的高位寄存器(Hi - registers)

在 THUMB 状态下,高位寄存器 R8 ~ R15 并不是标准寄存器集的一部分,但可使用汇编语言程序受限制的访问这些寄存器,将其用作快速的暂存器。使用带特殊变量的 MOV 指令,数据可以在低位寄存器和高位寄存器之间进行传送。高位寄存器的值可以使用 CMP 和 ADD 指令进行比较或加上低位寄存器中的值。

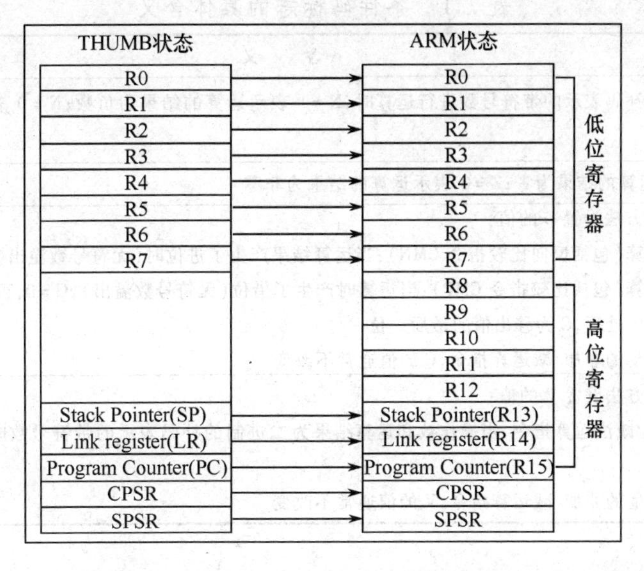

图 7.5　THUMB 状态下的寄存器组织

7.4.3　程序状态寄存器

ARM 体系结构包含一个当前程序状态寄存器(CPSR)和 5 个可以在异常服务程序中使用的备份的程序状态寄存器(SPSR),这些程序状态寄存器用来实现如下功能:

(1) 保存 ALU 中的当前操作信息;

(2) 开放和禁止中断;

(3) 设置处理器的运行模式。

程序状态寄存器中,每一位的定义如图 7.6 所示。

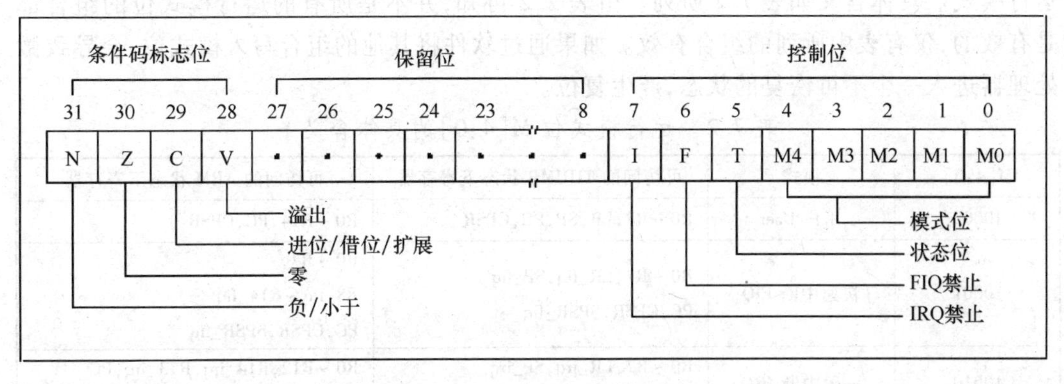

图 7.6　程序状态寄存器格式

1. 条件码标志(Condition Code Flags)

N、Z、C、V 均为条件码标志位。它们的内容可被算术或逻辑运算的结果所改变,并且可以决定某条指令是否被执行。

ARM 状态下,每条指令都可以有条件执行,也可以无条件执行,在 THUMB 状态下,仅有转移指令是有条件执行的。

条件码标志各位的具体含义如表 7.1 所列。

表 7.1　条件码标志的具体含义

标志位	含　义
N	当用两个补码表示的带符号数进行运算时,N=1 表示运算的结果为负数;N=0 表示运算的结果为正数或零
Z	Z=1 表示运算的结果为零;Z=0 表示运算的结果为非零
C	可以有 4 种方法设置 C 的值: (1) 加法运算(包括反向比较指令 CMN):当运算结果产生了进位时(无符号数溢出),C=1 否则　C=0 (2) 减法运算(包括比较指令 CMP):当运算时产生了借位(无符号数溢出),C=0,否则 C=1 (3) 对于移位处理,C 为移出值的最后一位 (4) 对于其他的非加/减运算指令,C 的值通常不改变
V	可以有两种方法设置 V 的值: (1) 对于加/减法运算指令,当操作数和运算结果为二进制的补码表示的带符号数时,V=1 表示符号位溢出。 (2) 对于其他的非加/减运算指令,V 的值通常不改变

2. 控制位

PSR 的低 8 位(包括 I、F、T 和 M[4:0])称为控制位,当发生异常时,控制位中的 T 和 M[4:0]位根据微处理器的状态和模式自动被改变。如果微处理器运行在特权模式,除了 T 位外,其他位可以由软件修改。

(1) 中断禁止位 I、F。当 I=1 禁止一般中断请求(Interrupt Request,IRQ);当 F=1 禁止快速中断请求(Fast Interrupt Request,FIQ)。

(2) T 标志位。该位反映微处理器的运行状态,当 T=1,微处理器工作在 THUMB 状态;当 T=0,微处理器工作在 ARM 状态。当微处理器发生状态改变时,自动设置本位。不准通过软件修改本位,否则处理器会进入到一个不可预知的状态。

(3) 运行模式位 M[4:0]:M0、M1、M2、M3、M4 是模式位。这些位决定了微处理器的运行模式。具体含义如表 7.2 所列。由表 7.2 可知,并不是所有的运行模式位的组合都是有效的,仅有表中所列的组合有效。如果通过软件将其他的组合写入模式位,会导致微处理器进入一个不可恢复的状态,产生复位。

表 7.2　运行模式位 M[4:0]的具体含义

M[4:0]	模式	可访问的 THUMB 状态下寄存器	可访问的 ARM 状态下寄存器
10000	用户 User	R0 ~ R7,LR,SP,PC,CPSR	R0 ~ R14,PC,CPSR
10001	快速中断 FIQ	R0 ~ R7,LR_fiq,SP_fiq PC,CPSR,SPSR_fiq	R0 ~ R7, R8_fiq ~ R14_fiq PC,CPSR,SPSR_fiq
10010	一般中断 IRQ	R0 ~ R7,LR_irq,SP_irq PC,CPSR,SPSR_irq	R0 ~ R12,R14_irq,R13_irq,PC CPSR,SPSR_irq
10011	管理 Supervisor	R0 ~ R7,LR_svc,SP_svc PC,CPSR,SPSR_svc	R0 ~ R12,R14_svc,R13_svc,PC CPSR,SPSR_svc
10111	中止 Abort	R0 ~ R7,LR_abt,SP_abt PC,CPSR,SPSR_abt	R0 ~ R12,R14_abt,R13_abt,PC CPSR,SPSR_abt
11011	未定义 Undefined	R0 ~ R7,LR_und,SP_und PC,CPSR,SPSR_und	R0 ~ R12,R14_und,R13_und PC,CPSR
11111	系统 System	R0 ~ R7,LR,,SP,PC, CPSR	R0 ~ R14,PC,CPSR

3. 保留位

PSR 中的其余位为保留位,当改变 PSR 中的条件码标志位或者控制位时,不要改变保留位,在程序中也不要使用保留位来存储数据。保留位将用于 ARM 版本的扩展。

7.5 异 常

造成正常的程序流程发生暂时的停止称之为异常,例如服务一个外部的中断请求。在处理异常之前,当前处理器的状态与下一条指令的地址必须保存,这样当异常服务子程序执行完后,原来的程序可以继续执行。几个异常可能同时发生,如果出现这种情况,将会按固定的优先级顺序进行服务。ARM 体系结构中的异常,与 8 位/16 位体系结构的中断有很大的相似之处,但异常与中断的概念并不完全等同。

7.5.1 异常类型

ARM 体系结构所支持的异常及具体含义如表 7.3 所列。

表 7.3 ARM 体系结构所支持的异常

异常类型	具体含义
复位	当处理器的复位电平有效时,产生复位异常,程序跳转到复位异常处理程序处执行
未定义指令	当 ARM 处理器或协处理器遇到不能处理的指令时,产生未定义指令异常。可使用该异常机制进行软件仿真
软件中断	该异常由执行 SWI 指令产生,可用于用户模式下的程序调用特权操作指令。可使用该异常机制实现系统功能调用
指令预取中止	当处理器预取指令的地址不存在或该地址不允许当前指令访问时,存储器会向处理器发出中止信号,但当预取的指令被执行时,才会产生指令预取中止异常
数据中止	当处理器数据访问指令的地址不存在或该地址不允许当前指令访问时,产生数据中止异常
IRQ (一般中断请求)	当处理器的一般中断请求产生,且 CPSR 中的 I 位为 0 时,产生 IRQ 异常。系统的外设可通过该异常请求中断服务
FIQ (快速中断请求)	当处理器的快速中断请求产生,且 CPSR 中的 F 位为 0 时,产生 FIQ 异常

1. 快速中断(FIQ)异常

FIQ 异常是为了支持数据传输或者通道处理而设计的。在 ARM 状态下,FIQ 异常有足够的专用寄存器(R8_fiq ~ R14_fiq),如果不使用非专用的寄存器 R0 ~ R7,就可以不必执行寄存器进入堆栈保护、出栈恢复的指令,从而减小了系统上、下文切换的开销,提高系统的实时性。若将 CPSR 的 F 位置为“1”,则会禁止 FIQ 中断,若将 CPSR 的 F 位清“0”,处理器会在指令执行时检查 FIQ 的输入。注意只有在特权模式下才能改变 F 位的状态。

可由外部通过对处理器的 nFIQ 引脚输入低电平产生 FIQ。不管是在 ARM 状态还是在 THUMB 状态下进入 FIQ 模式,FIQ 处理程序均会执行以下指令从 FIQ 模式返回:

```
SUBS PC,R14_fiq ,#4
```

该指令将寄存器 R14_fiq 的值减去 4 后,复制到 PC 中,从而实现从异常处理程序中的返回，同时将 SPSR_fiq 寄存器的内容复制到当前程序状态寄存器 CPSR 中。

2. 一般中断 IRQ 异常

IRQ 异常属于正常的中断请求，可通过对处理器的 nIRQ 引脚输入低电平产生，IRQ 的优先级低于 FIQ，当程序执行进入 FIQ 异常时，IRQ 可能被屏蔽。若将 CPSR 的 I 位置为“1”，则会禁止 IRQ 中断，若将 CPSR 的 I 位清“0”，处理器会在指令执行完之前检查 IRQ 的输入。注意只有在特权模式下才能改变 I 位的状态。不管是在 ARM 状态还是在 Thumb 状态下进入 IRQ 模式，IRQ 处理程序均会执行以下指令从 IRQ 模式返回：

```
SUBS   PC , R14_irq , #4
```

该指令将寄存器 R14_irq 的值减去 4 后，复制到 PC 中，从而实现从异常处理程序中的返回，同时将 SPSR_irq 寄存器的内容复制到 CPSR 中。

3. 中止(Abort)异常

产生中止异常意味着对存储器的访问失败，由一个外部中止信号触发中止异常。ARM 微处理器在存储器访问周期内检查是否发生中止异常。

中止异常包括两种类型：

(1) 指令预取中止：发生在指令预取时。

(2) 数据中止：发生在数据访问时。

当指令预取访问存储器失败时，存储器系统向 ARM 微处理器发出存储器中止信号，预取的指令被记为无效，但只有当处理器试图执行无效指令时，指令预取中止异常才会发生，如果指令未被执行，例如在指令流水线中发生了转移，则预取指令中止不会发生。

若数据中止发生，系统的响应与指令的类型有关，参见加载/存储指令、数据交换指令、批量数据加载/存储指令的介绍。

当确定了中止的原因后，中止处理程序均会执行以下指令从中止模式返回，无论是在 ARM 状态还是 THUMB 状态：

```
SUBS     PC, R14_abt, #4 ;指令预取中止
SUBS     PC, R14_abt, #8 ;数据中止
```

以上指令恢复 PC(从 R14_abt)和 CPSR(从 SPSR_abt)的值，并重新执行被中止的指令。

4. 软件中断(Software Interrupt)异常

软件中断指令(SWI)用于进入管理模式，常用于请求执行特定的管理功能。软件中断处理程序执行以下指令从 SWI 模式返回，无论是在 ARM 状态还是 Thumb 状态：

```
MOVS     PC , R14_svc
```

以上指令恢复 PC(从 R14_svc)和 CPSR(从 SPSR_svc)的值，并返回到 SWI 的下一条指令。

5. 未定义指令(Undefined Instruction)异常

当 ARM 微处理器遇到不能处理的指令时，会产生未定义指令异常。采用这种机制，可以通过软件仿真扩展 ARM 指令集或 THUMB 指令集。在仿真未定义指令后，处理器执行以下程序返回，无论是在 ARM 状态还是 THUMB 状态：

```
MOVS PC, R14_und
```

以上指令恢复 PC(从 R14_und)和 CPSR(从 SPSR_und)的值，并返回到未定义指令后的下一条指令。

7.5.2 进入异常与退出异常

1. 进入异常的操作

当一个异常出现以后，ARM 微处理器会执行以下几步操作。

(1) 将下一条指令的地址存入相应的 LR，以便程序在处理异常返回时能从正确的位置重新开始执行。若异常是从 ARM 状态进入，LR 中保存的是下一条指令的地址（当前 PC+4 或 PC+8，与异常的类型有关）；若异常是从 THUMB 状态进入，则在 LR 中保存当前 PC 的偏移量，这样，异常处理程序就不需要确定异常是从何种状态进入的。例如，执行 SWI 指令进入软件中断异常，在异常服务程序中，遇到指令“ MOVS PC，R14_svc”时，总是返回到 SWI 指令的下一条指令，不管是在 ARM 状态执行 SWI 指令，还是在 THUMB 状态下执行 SWI 指令。

(2) 将 CPSR 复制到相应的 SPSR 中。

(3) 根据异常类型，强制设置 CPSR 的工作模式位和 T 标志位。

(4) 强制 PC 从相关的异常向量地址取下一条指令执行，从而跳转到相应的异常处理程序处。还可以设置中断禁止位，以禁止中断发生。

如果异常发生时，处理器处于 THUMB 状态，则当异常向量地址加载到 PC 时，处理器自动切换到 ARM 状态。

2. 退出异常的操作

异常处理完毕之后，ARM 微处理器会执行以下几步操作从异常返回。

(1) 将 LR 的值减去相应的偏移量后送到 PC 中。

(2) 将 SPSR 复制回 CPSR 中。

(3) 若在进入异常处理时设置了中断禁止位，要在此清除。

可以认为应用程序总是从复位异常处理程序开始执行的，因此复位异常处理程序不需要返回。

3. 进入/退出异常小节

表 7.4 总结了进入异常处理时保存在相应的 R14 中的 PC 值，以及在退出异常服务程序时推荐使用的指令。

表 7.4 异常进入/退出

	返回指令	以前的状态	
		ARM R14_x	Thumb R14_x
BL	MOV PC,R14	PC+4	PC+2
SWI	MOVS PC,R14_svc	PC+4	PC+2
UDEF	MOVS PC,R14_und	PC+4	PC+2
FIQ	SUBS PC,R14_fiq, #4	PC+4	PC+4
IRQ	SUBS PC,R14_irq, #4	PC+4	PC+4
PABT	SUBS PC,R14_abt, #4	PC+4	PC+4
DABT	SUBS PC,R14_abt, #8	PC+8	PC+8
RESET	不需要	—	—

7.5.3 异常向量与异常优先级

1. 异常向量

表 7.5 给出了异常向量地址。

表 7.5 异常向量表

地 址	异 常	进 入 模 式
0x00000000	复位	管理模式
0x00000004	未定义指令	未定义模式
0x00000008	软件中断	管理模式
0x0000000C	中止（预取指令）	中止模式
0x00000010	中止(数据)	中止模式
0x00000014	保留	保留
0x00000018	IRQ	IRQ
0x0000001C	FIQ	FIQ

2. 异常优先级

当多个异常同时发生时,系统根据固定的优先级顺序决定异常的处理次序。异常优先级按下列顺序由高到低。

(1) 复位

(2) 数据中止

(3) FIQ

(4) IRQ

(5) 指令预取中止

(6) 未定义指令,软件中断

7.5.4 复位

当复位信号 nRESET 变低时,ARM7TDMI 微处理器放弃当前正在执行的指令,取指下一条指令。

当复位信号 nRESET 重新变高时,ARM7TDMI 微处理器执行下列操作:

(1) 将当前的 PC 值复制到 R14_svc,将当前的 CPSR 值复制到 SPSR_svc,备份的 PC 值和 SPSR 值未定义。

(2) 强制将 M[4:0]设置为 10011(管理模式);将 CPSR 中的 I、F 位置“1”,禁止快速中断和一般中断;清除 T 位,将处理器设置为 ARM 状态。

(3) 强制 PC 取指地址为 0x00 处的指令。

(4) 恢复 ARM 状态。

思考题及习题

1. ARM 微处理器有几种工作状态?怎样定义的?各状态下指令长度?
2. ARM 微处理器有几种工作模式?分别是什么?
3. 什么是 ARM 体系结构的大端存储格式和小端存储格式?
4. ARM 微处理器支持哪几种数据类型?
5. ARM 状态下共有多少个寄存器?简述 R13、R14、R15、CPSR、SPSR 的一般用途。

6. 分别列出 FIQ、IRQ、管理、中止、未定义指令 5 个特权模式下的专用寄存器。

7. 程序状态寄存器中的条件码:N、Z、C、V 的含义? 控制位 I、F、T 的含义? 模式控制位的含义? 哪些位允许在用户模式下修改? 哪些位只允许在特权模式下修改? 哪些位不允许通过软件修改?

8. ARM 微处理器有哪些异常类型?

9. 说明异常响应过程。

10. 说明异常返回过程。

11. 列出各种异常向量。

12. 列出异常优先级。

第 8 章　ARM 微处理器的指令系统

本章介绍硬核为 ARM7TDMI 的微处理器支持的 ARM 指令集,比较详尽地讨论了指令寻址方式、数据处理指令、加载/存储指令等,并给出了一些应用示例。通过本章内容的学习,可以掌握使用汇编语言编写基于 ARM 微处理器的嵌入式系统程序的知识。

8.1　概　　述

8.1.1　指令概述

1. ARM 指令的特点

所有的 ARM 指令均为单字指令,既每条指令占用 1 个字的存储空间。所有的 THUMB 指令均为半字指令,即每条指令占用半字(2 字节)的存储空间。

所有的 ARM 指令可以根据条件的成立与否,决定是否被执行,总共有 14 个条件,这些条件由程序状态寄存器 CPSR 中的条件码 N、Z、C、V 的不同状态决定。所有的 ARM 指令也可以选择不受条件限制,总是被执行。

ARM 微处理器的指令集中的指令根据其实现的功能可以分为转移指令、数据处理指令、乘法指令、加载/存储指令、数据交换指令、程序状态寄存器(PSR)处理指令、协处理器指令、异常产生指令几大类。

由于 ARM 指令都是单字指令,每条指令中不仅有操作码,还有若干操作数和寻址信息,因此,ARM 指令系统不支持在一条指令中,加载一个 32 位的地址或立即数。但在实际编程过程中,由于 ARM 处理器的寻址空间是 32 位,数据总线宽度是 32 位,寄存器是 32 位,因此非常需要能够直接加载 32 位地址或立即数的指令,没有这样的指令在编程过程中是非常不方便的。为了解决这一问题,ARM 汇编系统支持一条“伪指令”,可以直接加载 32 位地址或立即数。汇编系统对这条“伪指令”的处理方式是,在汇编过程中,用若干 ARM 指令系统中的指令实现“伪指令”的功能,因此,这条“伪指令”与一般意义的伪指令不同,是可执行的指令,一条伪指令相当于一套有效指令。从编程应用角度看,相当于存在这条指令。这条“伪指令”在编程过程中的使用频度很高,应当作为基本指令来学习。

2. 指令中常用符号

为了方便指令的学习和讨论,对指令中常用的一些符号加以说明。

(1) Rd、Rn、Rm、Rs 为通用寄存器,Rd 存放目的操作数,Rn 存放第一操作数,Rm、Rs 存放第二操作数。

(2) C 为进位标志。

(3) RdHi、RdLo 为通用寄存器, RdHi 存放 64 位目的操作数的高 32 位,RdLo 存放 64 位目的操作数的低 32 位。

(4) OP2 表示第 2 操作数。

(5) CRd、CRn、CRm 为协处理器寄存器,CRd 存放目的操作数,CRn 存放第一操作数,CRm 存放第二操作数。

(6) cRn 为协处理器寄存器, rRn 为 ARM 处理器寄存器。

(7) CP 为协处理器,CP#为某号协处理器。

(8) {cond}:两个助记字符表示的执行条件。

(9) { }符号表示可选项。

(10)〈 〉符号表示必须具备项。

3. 指令集

ARM 的全部指令如表 8.1 所列。

表 8.1 ARM 指令集

助记符	指令功能	作用
ADC	带进位加法指令	Rd = Rn + Op2 + C
ADD	加法指令	Rd = Rn + Op2
AND	逻辑与指令	Rd = Rn ∧ Op2
B	转移指令	R15 = 转移地址
BIC	位清除指令	Rd = Rn ∧ (OP2)
BL	带返回的转移指令	R14 = R15, R15 = 转移地址
BX	带状态转换的转移指令	R15 = Rn, CPSR 中的 T = Rn[0]
CDP	协处理器数据操作指令	由协处理器规定
CMN	取负比较指令	CPSR 标志位由(Rn + Op2)的结果确定
CMP	比较指令	CPSR 标志位由(Rn - Op2)的结果确定
EOR	逻辑异或指令	Rd = Rn ⊕ Op2
LDC	协处理器数据加载指令	协处理器加载
LDM	批量数据加载指令	堆栈操作(出栈 POP)
LDR	字数据加载指令	Rd = (存储器地址)
MCR	ARM 处理器寄存器到协处理器寄存器的数据传送指令	cRn = rRn{ < op > cRm}
MLA	32 位乘加指令	Rd = (Rm × Rs) + Rn
MOV	数据传送指令	Rd = Op2
MRC	协处理器寄存器到 ARM 处理器寄存器的数据传送指令	Rn = cRn{ < op > cRm}
MRS	程序状态寄存器到通用寄存器的数据传送指令	Rn = PSR
MSR	通用寄存器到程序状态寄存器的数据传送指令	PSR = Rm
MUL	32 位乘法指令	Rd = Rm × Rs
MLA	32 位乘加指令	Rd = (Rm × Rs) + Rn
MVN	数据取非传送指令	Rd = $\overline{Op2}$
ORR	逻辑或指令	Rd = Rn ∨ Op2
RSB	反向减法指令	Rd = Op2 - Rn
RSC	带借位反向减法指令	Rd = Op2 - Rn - 1 + Carry
SBC	带借位减法指令	Rd = Rn - Op2 - 1 + Carry
STC	协处理器数据存储指令	< 地址 > = CRn

（续）

助记符	指令功能	作用
STM	批量数据存储指令	堆栈操作(进栈 PUSH)
STR	字数据存储指令	<存储器地址> = Rd
SUB	减法指令	Rd = Rn - Op2
SWI	软件中断指令	操作系统调用
SWP	字数据交换指令	Rd = [Rn],[Rn] = Rm
TEQ	相等测试指令	CPSR 标志位 = Rn ⊕ Op2
TST	位测试指令	CPSR 标志位 = Rn ∧ Op2

8.1.2 指令的条件域

当微处理器工作在 ARM 状态时,所有的指令可以根据 CPSR 中条件码的状态(即指令的条件域)有条件的执行。当指令为有条件执行时,若指令的执行条件满足时,那么指令被执行;否则指令被忽略。所有的 ARM 指令也可以无条件执行,无条件执行时,不受 CPSR 中条件码的状态影响,总是被执行。

在 ARM 的指令格式中,每一条 ARM 指令包含 4 位的条件码,位于指令的最高 4 位[31:28]。条件码共有 16 种,每种条件码可用两个字符表示,这两个字符后缀在指令助记符的后面和指令同时使用。例如,转移指令 B 可以加上后缀 EQ 变为 BEQ 表示"相等则转移",即当 CPSR 中的 Z 标志为"1"时发生转移。

实际上,在 16 种条件标志码中,只有 14 种可以使用,如表 8.2 所列。第 16 种(1111)为系统保留,不得使用。第 15 种(1110)的实际意义是不受条件码的影响,总是执行。

表 8.2 指令的条件码

序号	条件码	助记符后缀	标志	含义
1	0000	EQ	Z = 1	相等
2	0001	NE	Z = 0	不相等
3	0010	CS	C = 1	无符号数大于或等于
4	0011	CC	C = 0	无符号数小于
5	0100	MI	N = 1	负数
6	0101	PL	N = 0	正数或零
7	0110	VS	V = 1	溢出
8	0111	VC	V = 0	未溢出
9	1000	HI	C = 1 且 Z = 0	无符号数大于
10	1001	LS	C = 0 或 Z = 1	无符号数小于或等于
11	1010	GE	N = V	大于或等于
12	1011	LT	N ≠ V	小于
13	1100	GT	Z = 0 且 N = V	大于
14	1101	LE	Z = 1 或 N ≠ V	小于或等于
15	1110	AL	忽略	无条件执行
16	1111			不得使用

如果指令没有后缀,表示条件码为表 8.2 中的第 15 个条件,该条件是“无条件执行”,既不需要任何条件、不考虑 CPSR 的条件码总是执行,既本条指令是无条件执行指令。

因此,ARM 指令需要有条件地执行的准确描述: ARM 指令可以通过设置条件码后缀使指令有条件执行,也可以不设置条件码后缀使指令无条件执行。

8.2 指令的寻址方式

寻址方式就是微处理器根据指令中给出的操作数存放信息来寻找操作数位置的方式。ARM7TDMI 指令系统支持如下几种常见的寻址方式。

8.2.1 立即寻址

立即寻址也叫立即数寻址,这是一种特殊的寻址方式,操作数本身在指令中给出,只要取出指令也就取到了操作数。这个操作数被称为立即数,对应的寻址方式也就叫做立即寻址。例如:

```
ADD     R0,R0,#1            ;R0←R0 + 1
ADD     R0,R0,#0x3F         ;R0←R0 + 0x3F
```

在以上两条指令中,第二个源操作数即为立即数,要求以“#”为前缀,对于以十六进制表示的立即数,还要求在“#”后加上“0x”或“&”。

需要注意的是,ARM 指令系统对立即数的限制是苛刻的,在数据处理指令中,要求立即数必须满足这样的要求:8 位域表达的数,所谓“8 位域表达的数”是指该数是由 8 个比特位[7:0]表达的无符号 8 位数,高 24 位[31:8]用 0 添充形成一个 32 位数,对这个 32 位数进行循环右移 $2n$ 位所得到的数, n 是由 4 个比特位表达的无符号 4 位数,取值范围为 0 ~ 15。

8.2.2 寄存器寻址

寄存器寻址就是利用寄存器中的数值作为操作数,这种寻址方式是各类微处理器经常采用的一种方式,也是一种执行效率较高的寻址方式。例如:

```
ADD     R0,R1,R2            ;R0←R1 + R2
```

该指令的执行效果是将寄存器 R1 和 R2 的内容相加,其和存放在寄存器 R0 中。

8.2.3 寄存器间接寻址

寄存器间接寻址就是以寄存器中的值作为操作数的地址,而操作数本身存放在存储器中。例如:

```
LDR     R0,[R1]             ;R0←[R1]
STR     R0,[R1]             ;[R1]←R0
```

第一条指令将以 R1 的值为地址的存储器中的字数据传送到 R0 中。第二条指令将 R0 的值传送到以 R1 的值为地址的存储器中。

8.2.4 基址变址寻址

基址变址寻址就是将寄存器(该寄存器一般称作基址寄存器)的内容加/减指令中给

出的地址偏移量，从而得到一个操作数的有效地址。基址变址寻址方式常用于访问某基地址附近的地址单元。采用基址变址寻址方式的指令常见有以下几种形式：

```
LDR     R0,[R1,#-4]          ;R0←[R1-4]
LDR     R0,[R1,#4]           ;R0←[R1+4]
LDR     R0,[R1,R2]           ;R0←[R1+R2]
LDR     R0,[R1,-R2]          ;R0←[R1-R2]
LDR     R0,[R1,R2,LSL#2]     ;R0←[R1+R2×4]
```

在第一条指令中，将寄存器 R1 的内容减去 4 形成操作数的有效地址，从而取得操作数存入寄存器 R0 中。

在第二条指令中，将寄存器 R1 的内容加上 4 形成操作数的有效地址，从而取得操作数存入寄存器 R0 中。

在第三条指令中，以寄存器 R1 的内容加上 R2 的内容作为操作数的有效地址，从而取得操作数存入寄存器 R0 中。

在第四条指令中，以寄存器 R1 的内容减去 R2 的内容作为操作数的有效地址，从而取得操作数存入寄存器 R0 中。

在第五条指令中，以寄存器 R1 的内容加上(R2×4)作为操作数的有效地址，从而取得操作数存入寄存器 R0 中。

在 ARM 指令中，支持多种形式的偏移量，包括立即数、寄存器、经过移位的寄存器。

8.2.5 多寄存器寻址

采用多寄存器寻址方式，一条指令可以完成多个寄存器中数值的传送。这种寻址方式可以用一条指令完成传送最多 16 个通用寄存器的值。例如：

```
LDMIA   R0,{R1-R4}      ;R1←[R0];R2←[R0+4]
                        ;R3←[R0+8];R4←[R0+12]
```

该指令的后缀 IA 表示在每次执行完加载操作后，R0 按字长度增加，因此，指令可将连续存储单元的值传送到 R1～R4。

8.2.6 堆栈寻址

堆栈是一种数据结构，按先进后出 FILO(First In Last Out)的方式工作，使用一个称作堆栈指针的专用寄存器指示当前的操作位置，堆栈指针总是指向栈顶。

当堆栈指针指向最后压入堆栈的数据时，称为满堆栈(Full Stack)，而当堆栈指针指向下一个将要放入数据的空位置时，称为空堆栈(Empty Stack)。同时，根据堆栈的生成方式，又可以分为递增堆栈(Ascending Stack)和递减堆栈(Decending Stack)。当堆栈由低地址向高地址生成时，称为递增堆栈，当堆栈由高地址向低地址生成时，称为递减堆栈。这样就有 4 种类型的堆栈工作方式，ARM 微处理器支持这 4 种类型的堆栈工作方式。

(1) 满递增堆栈(FA)：堆栈指针指向最后压入的数据，且由低地址向高地址生成。

(2) 空递增堆栈(EA)：堆栈指针指向下一个将要放入数据的空位置，且由低地址向高地址生成。

(3) 满递减堆栈(FD)：堆栈指针指向最后压入的数据，且由高地址向低地址生成。

(4) 空递减堆栈(ED)：堆栈指针指向下一个将要放入数据的空位置，且由高地址向低地址生成。

例如：

```
STMFD    R13!{R0-R4}        ;按照满递减方式,将 R0、R1、R2、R3、R4 进栈
LDMFD    R13!{R0-R4}        ;按照满递减方式,将 R0、R1、R2、R3、R4 出栈
```

8.3 ARM 指令集

8.3.1 转移指令

转移指令可以选择有条件执行或无条件执行,各种条件的定义如表 8.2 所列。

1. 带状态转换的转移指令(BX)

1）转移范围

绝对转移,整个地址空间。

2）汇编语法格式

BX {cond} Rn

{cond}:两个助记字符表示的执行条件,如表 8.2 所列。

Rn:通用寄存器 R0 ~ R14,不得使用 R15。

3）功能

转移是通过将通用寄存器 Rn 中的内容复制到 PC 中实现的,R15 = Rn,可实现在整个存储空间的绝对转移。同时实现 ARM 与 THUMB 两种状态的转换,由 Rn 中的最低位 Rn(0)中的数值决定。当 Rn 中的最低位 Rn(0)为“0”时,接下来的指令被当作 ARM 指令;当 Rn 中的最低位 Rn(0)为“1”时,接下来的指令被当作 THUMB 指令。

4）指令周期

执行 BX 指令占用 2S + 1N 个周期,S 表示连续周期,N 表示非连续周期。

例 1：

```
LDR     R1,=0xC200000          ;伪指令,实现 (R1)=0xC200000
LDR     R2,=0xC200101          ;伪指令,实现 (R2)=0xC200101
BXEQ    R1                     ;若 Z=1,转去 0xC200000 处,执行 ARM 指令
BX      R2                     ;若 Z=0,转去 0xC200101 处,执行 THUMB 指令
```

例 2：

```
ADR     R0, Into_THUMB+1       ;伪指令,将标号为“Into_THUMB ”的程序
                               ;地址装入 R0,设置 R0 中的最低位为“1”,进入
                               ;到 THUMB 状态。
BX      R0                     ;转移,转变状态为 THUMB 状态。
CODE16                         ;接下来的汇编代码为 THUMB 指令
Into_   THUMB
...
ADR     R5, Back_to_ARM        ;转移到按字方式排列的地址,因地址的最低
                               ;位为“0”,切换回 ARM 状态
BX      R5                     ;转移并将状态切换回 ARM 状态
ALIGN                          ;字方式
CODE32                         ;接下来的汇编代码为 ARM 指令
```

Back_to_ARM

2. 转移指令(B)与带返回的转移指令(BL)

1）转移范围

转移指令中,有一个有符号的24位2的补码形式的偏移量,该偏移量左移2位形成一个26位的偏移量,与PC当前值相加形成一个有符号的32位数施加给PC,因此指令的转移范围为+/-32MB。

超过+/-32M字节范围的转移,必须将偏移量或绝对地址预先装入到一个寄存器中,使用“BX　Rn”实现转移。对于BL指令,将把PC值存储到当前一组连接寄存器R14中。存储到R14中的PC的数值,已经考虑到指令预取操作的影响而加以调整,调整后存储在R14中的值是BL指令的下一条指令的地址。注意的是,存储在CPSR中的数值并不随着PC被保存,R14中的最低2位R14[1:0]总被清“0”。

BL指令用于子程序调用,在子程序中,最后一条指令为“MOV　PC,R14”,实现从子程序中返回。注意,存储在R14中的数值必须没有被改写。如果子程序可能改写R14中的数值,必须先将R14的内容复制到其他寄存器中保护或进入堆栈保护,子程序执行完毕时,再将保护的内容恢复到PC。

2）汇编语法格式

B{L}{cond}　<expression>

{}:该符号表示可选项。

〈　〉:该符号表示必须具备项。

{L}:有该选项为BL指令,即R14 =(BL指令下一条指令的地址)。没有该选项,R14中的内容不受指令的影响。

{cond}:两个助记字符表示的条件,如表8.2所列。如果缺少该项,指令无条件执行。

<expression>:程序中的一个地址标号,在当前指令地址的+32MB/-32MB范围内,汇编器计算偏移量。

3）功能

(1) B指令用于转移范围为+/-32MB的相对转移。

(2) BL指令用于子程序调用。子程序具当前PC不超过+/-32MB。

4）指令周期

转移指令、可返回的转移指令占用2S+1I个周期,S表示连续周期,I表示内部周期。

例1:

```
    BEQ    L1             ;若Z=1,转移到标号L1处执行
    CMP    R1,#0          ;测试是否R1 = 0?
    BEQ    L1             ;若R1=0,则程序转移到标号L1处执行,否则
                          ;继续执行下一条指令
    ...
L1
    MOV    R1,#0x12
```

例2:

```
    BL     SUB            ;调用子程序“SUB”,子程序执行完毕后,接
                          ;着执行下一条指令
    MOV    R0,R1
```

```
    ...
SUB
    ...
    MOV      PC,R14
```

8.3.2 数据处理指令

共有 16 条数据处理指令,分算术运算和逻辑运算两类,数据处理指令的汇编助记符、操作码及实现的操作如表 8.3 所列。

表 8.3 数据处理指令

汇编助记符	操作码	作用
AND	0000	Op1 ∧ OP2
EOR	0001	OP1 ⊕ OP2
SUB	0010	OP1 - OP2
RSB	0011	OP2 - OP1
ADD	0100	OP1 + OP2
ADC	0101	OP1 + OP2 + C
SBC	0110	OP1 - OP2 + C - 1
RSC	0111	OP2 - OP1 + C - 1
TST	1000	类似 AND,但结果不写进目的寄存器
TEQ	1001	类似 EOR,但结果不写进目的寄存器
CMP	1010	类似 SUB,但结果不写进目的寄存器
CMN	1011	类似 ADD,但结果不写进目的寄存器
ORR	1100	OP1 ∨ OP2
MOV	1101	Rd = OP2
BIC	1110	OP1 ∧ $\overline{\text{OP2}}$(位清除)
MVN	1111	Rd = $\overline{\text{OP2}}$

数据处理指令可以有条件执行,也可以无条件执行。各种条件如表 8.2 所列。

数据处理指令通过对 1 个或 2 个操作数进行指令规定的算术或逻辑运算得出结果。在数据处理指令中,第一操作数必须是寄存器(Rn),第二操作数可以是一个寄存器或经过移位的寄存器(Rm)、也可以是一个立即数(Imm)。CPSR 中的条件码可以保持不受指令运行结果的影响,也可以根据指令运行结果进行更新。

TST,TEQ,CMP,CMN 4 条指令并不将指令的运算结果写回到目的寄存器 Rd,只是根据指令的运算结果设置条件码。

数据处理指令分逻辑运算指令和算术运算指令,对 CPSR 标志位的影响如下。

逻辑运算指令有 8 条,即 AND, EOR, TST, TEQ, ORR, MOV, BIC 和 MVN,可对单

个或多个操作数的所有比特位进行逻辑操作产生结果。如果设置了根据运行结果影响标志位，对标志位的影响如下。

(1) V 标志位的影响：目的操作数 Rd 不是 R15，那么不受逻辑运算指令的影响。

(2) C 标志位的影响：如果进行了移位操作，等于管式移位器(Barrel Shifter)的移出位；如果没有进行移位操作，C 标志位保持不变。

(3) Z 标志位的影响：仅当逻辑运算的结果为"0"时，Z 标志位被置"1"。

(4) N 标志位的影响：N 标志位等于结果的 31 比特位的数值。

算术运算指令有 8 条，即 SUB，RSB，ADD，ADC，SBC，RSC，CMP 和 CMN，处理的每一个操作数都是 32 位整数(或者是无符号数，或者是有符号的 2 的补码，两者是一样的)。如果设置了根据运行结果影响标志位，对标志位的影响如下：

(1) V 标志位的影响：Rd 不是 R15、出现溢出位进入到结果的比特 31 位，V = 1。如果操作数是无符号数，可以忽略。

(2) C 标志位的影响：C = (ALU 中的比特 31 位溢出)。

(3) Z 标志位的影响：仅当结果是"0"时，Z 标志被置"1"。

(4) N 标志位的影响：N 标志等于结果比特 31 位的数值(如果操作数是有符号的 2 的补码，比特 31 位表明结果的正负性)。

在 16 条数据处理指令中，每条都有一个第二操作数(Op2)，Op2 可以是一个寄存器，也可以是一个立即数。数据处理指令支持在完成指令规定的算术/逻辑处理之前，对第二操作数(OP2)预先进行移位处理。移位方式分：逻辑左移(LSL)、逻辑右移(LSR)、算术右移(ASR)和循环右移(ROR)4 种移位操作，移位的位数在指令中规定。当 OP2 是立即数时，立即数的取值范围有特殊的规定。

取 R15 做目的寄存器时，指令中有/无{S}选项，将影响是否恢复 CPSR。当目的寄存器 Rd 是 R15 且指令中没有{S}选项时，操作的结果存入 R15，CPSR 不受影响；当目的寄存器是 R15 且指令中有{S}选项时，操作的结果存入 R15，并且当前模式下的 SPSR 复制到 CPSR。这种形式的指令不能在用户模式下使用，因为当前模式下的 SPSR 移入到 CPSR 是一种退出异常的操作，这种操作可能会修改 CPSR 中不允许在用户模式下修改的内容。

指令周期反映指令执行速度的快慢，数据处理指令的工作周期如表 8.4 所列。

表 8.4　数据处理指令的工作周期

处理类型	周期
正常数据处理	1S
寄存器规定移位操作的数据处理	1S + 1I
写入 PC 操作的数据处理	2S + 1N
寄存器规定移位、写入 PC 操作的数据处理	2S + 1N + 1I
注：S、N、I 分别代表连续周期(S 周期)、非连续周期(N 周期)和内部周期(I 周期)	

1. OP2 是寄存器(Rm)的移位操作形式

当 OP2 是一个寄存器时，可以不进行移位，也可以进行移位。进行移位时，支持逻辑左移、逻辑右移、算术右移、循环右移和扩展的循环右移操作(RRX)。

寄存器移位的位数有两种规定方法，一种是用立即数规定，立即数是一个 5 位数表达的内容,取值范围:0 ~ 31;另一种是用另外一个寄存器(不得用 R15)的最低一个字节规定,取值范围:0 ~ 255。具体规定如下。

1) 立即数规定移位位数的操作

指令中规定的移位位数,是 5 个比特位确定的数,可取 0 ~ 31。支持以下几种移位操作。

(1) 逻辑左移操作。逻辑左移指令将 Rm 中的内容逐位左移,移位位数由指令中规定。结果的最低位用“0”填充。除了移出 Rm 的最后一位被锁存到 CPSR 中的 C 比特位外,其他移出 Rm 的高位被丢弃。例如,逻辑左移 5 位(LSL#5)的操作如图 8.1 所示。

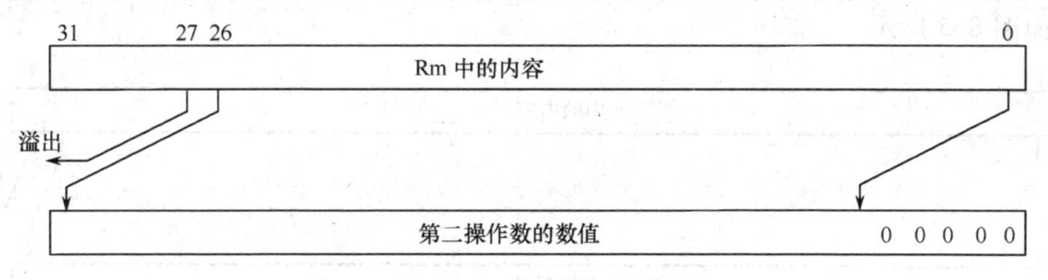

图 8.1　逻辑左移 5 位(LSL#5)示意图

(2) 逻辑右移操作。逻辑右移操作与逻辑左移的情况类似,不同的是 Rm 中的内容向右移动,左端高位补“0”。例如,逻辑右移 5 位 LSR#5 的操作如图 8.2 所示。

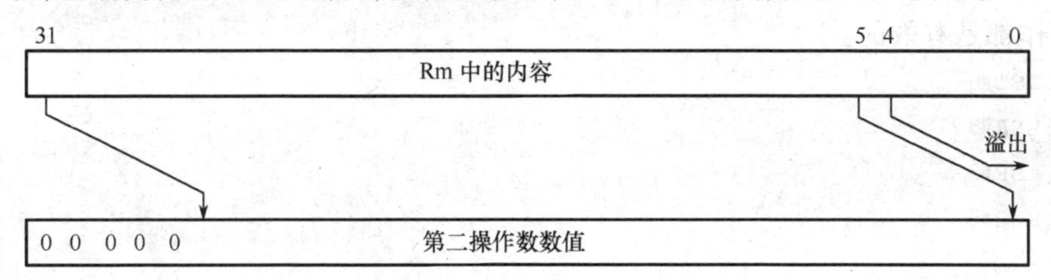

图 8.2　逻辑右移 5 位(LSR#5)的示意图

(3) 算术右移操作。算术右移指令类似于逻辑右移指令。不同的是最高位用 Rm 中的比特 31 位填充而不是用“0”填充,这适合保留 2 的补码形式数的符号。例如,算术右移 5 位(ASR #5)的操作如图 8.3 所示。

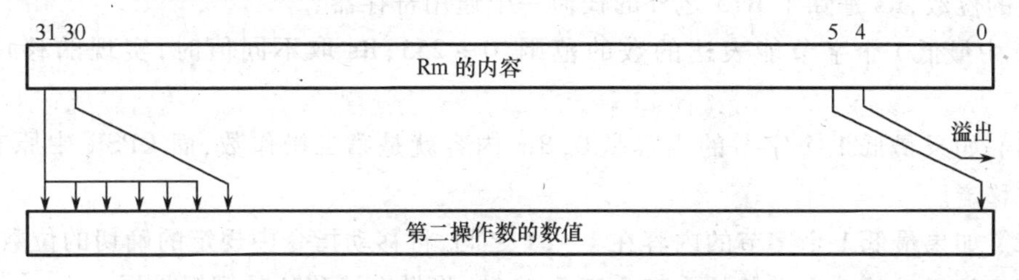

图 8.3　算术右移 5 位(ASR#5)的示意图

(4) 循环右移操作。循环右移指令的操作类似逻辑右移(LSR)指令, Rm 中的 32 位整体右移,不同的是最低位移入最高位,而不是用零填充最高位。例如,循环右移 5 位(ROR #5)指令的操作如图 8.4 所示。

(5) 扩展的循环右移操作。ROR #0 是一种特殊的循环右移形式——带扩展的循环右移。Rm 中的比特 31 位附带 CPSR 中的 C,共比特 33 位循环右移 1 位,C 移入 Rm 的最

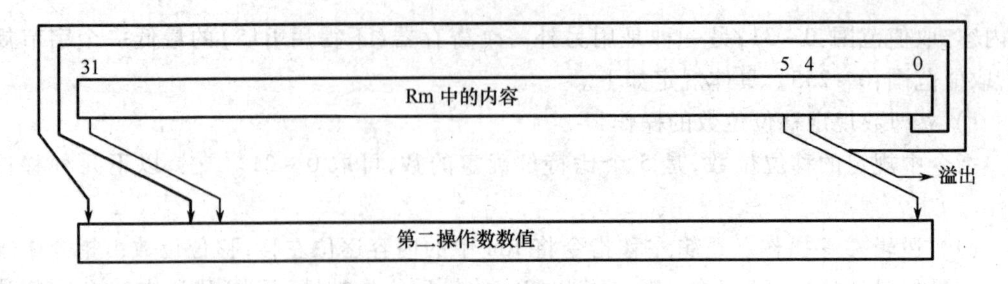

图 8.4 循环右移 5 位(ROR#5)的示意图

高位,如图 8.5 所示。

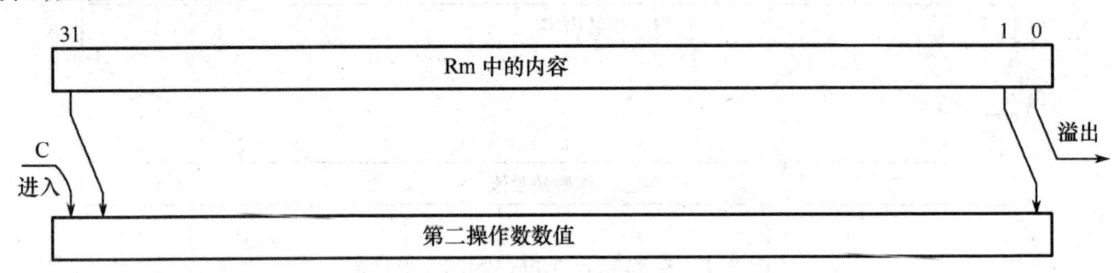

图 8.5 带扩展的循环右移

根据上述的讨论,如果 OP2 是一个寄存器(Rm),下面几种利用立即数规定对 OP2 的移位操作都是有效的。

```
Rm,LSL#5
Rm,LSR#5
Rm,ASR#5
Rm,ROR#5
Rm,RRX
```

上述利用立即数规定的移位位数可在 0 ~ 31 范围取值,当取 0 时,相当于不对 Rm 进行移位操作。

2) 寄存器规定移位位数的操作

在指令中可以用另外一个寄存器 Rs 来规定移位位数,只用 Rs 中的最低 1 个字节规定移位的位数,Rs 是除了 R15 之外的任何一个通用寄存器。

Rs 中最低 1 个字节能表达的数的范围:0 ~ 255,Rs 取不同值时,实现的移位操作如下。

(1) 如果最低 1 个字节的内容是 0,Rm 内容就是第二操作数,而 CPSR 中原有的 C 值将被移走。

(2) 如果最低 1 个字节的内容在 1 ~ 31 之间,将移动指令中规定的确切的位数。

(3) 如果最低 1 个字节的内容大于等于 32,将做上述移位的逻辑扩展。

① 逻辑左移 32 位,结果是 0,溢出的是 Rm 中的 0 比特位。

② 逻辑左移超过 32 位,结果是 0,溢出 0。

③ 逻辑右移 32 位,结果是 0,溢出的 Rm 中的 31 比特位。

④ 逻辑右移超过 32 位,结果是 0,溢出 0。

⑤ 算术右移 32 位或超过 32 位,结果用 Rm 中的 31 比特位填充,溢出也是 Rm 中的 31 比特位。

⑥ 循环右移32位,结果等于Rm,溢出Rm中的31比特位。

⑦ 循环右移超过32位,相当于将移位量除32得到一个余数,进行循环右移余数规定的量。

根据上述的讨论,如果OP2是一个寄存器,下面几种利用另一个寄存器Rs规定对OP2的移位操作也是有效的。

```
Rm,LSL Rs
Rm,LSR Rs
Rm,ASR Rs
Rm,ROR Rs
```

2. OP2是立即数的取值规定

如果OP2是一个立即数,必须是8位域表达的数。"8位域表达的数"是指该数是由8个比特位[7:0]表达的无符号8位数,高24位[31:8]用0添充形成一个32位数,对这个32位数进行循环右移$2n$位所得到的数,n是由4个比特位表达的无符号4位数,取值范围为0~15。

例如:

8位立即数0xFF,左端补0形成的32位数为0x000000FF。

对0x000000FF循环右移$2\times0=0$位得到0x000000FF。

对0x000000FF循环右移$2\times1=2$位得到0xC000003F。

对0x000000FF循环右移$2\times2=4$位得到0xF000000F。

对0x000000FF循环右移$2\times12=24$位得到0x0000FF00。

对0x000000FF循环右移$2\times14=28$位得到0x00000FF0。

对8位立即数按上述移位规则移位得到的32位立即数是合法的,否则是不合法的。

3. 数据传送指令(MOV)

1) 汇编语法格式

```
MOV{cond}{S} Rd, <Op2>
```

{cond}:2个助记字符表示的条件码,如表8.2所列。

{S}:如果该项存在,将设定条件码。

<Op2>:见8.3.2节关于OP2的规定。

2) 功能

Rd = OP2,用于向寄存器中加载一个32位的数值。

例如:

```
MOV    R0,#0x78          ;R0 = 0x78
MOV    R1,R2,LSL#2       ;R1 = R2 × 4
MOV    PC,R14            ;从子程序中返回。
MOVS   PC,R14            ;从异常返回并从SPSR中恢复CPSR。
```

4. 数据取非传送指令(MVN)

1) 汇编语法格式

```
MVN{cond}{S} Rd, <Op2>
```

2) 功能

Rd = $\overline{\text{OP2}}$,常用于将一个数取非。

例如:

```
MVN     R0,R0            ;R0 取非
MVN     R0,#0xF          ;R0 = 0xFFFFFFF0
MVN     R1,R0,LSL#2      ;R1 = 0x0000003F
```

5. 减法指令(SUB)

1）汇编语法格式

```
SUB{cond}{S} Rd,Rn,<Op2>
```

Rd、Rn:通用寄存器。

2）功能

Rd = Rn - OP2,实现两数相减。

例如:

```
SUB     R0,R1,R2           ; R0 = R1 - R2
SUB     R0,R1,#255         ; R0 = R1 - 255
SUB     R0,R2,R3,LSL#1     ; R0 = R2 - R3 ×2
```

6. 带借位减法指令(SBC)

1）汇编语法格式

```
SBC{cond}{S} Rd,Rn,<Op2>
```

2）功能

Rd = Rn - OP2 + C - 1,用于带借位的两个32位数的相减。

例如:有两个64位数,被减数放在R0、R1中(高32位放在R0中,低32位放在R1中),减数放在R2、R3中(高32位放在R2中,低32位放在R3中),要求将两数相减,其差放在R0、R1中。

```
SUBS    R1,R1,R3
SBC     R0,R0,R2
```

7. 反向减法指令(RSB)

1）汇编语法格式

```
RSB{cond}{S} Rd,Rn,<Op2>
```

2）功能

Rd = OP2 - Rn,使用RSB指令而不是SUB指令的意义在于,OP2可以是一个寄存器、经过移位的寄存器或立即数,当两数相减,被减数是一个立即数或将寄存器内的数值移位后再做被减数时,只能使用RSB指令。

例如:

```
RSB     R0,R1,R2           ; R0 = R2 - R1
RSB     R0,R1,#255         ; R0 = 255 - R1
RSB     R0,R2,R3,LSL#1     ;R0 = R3 ×2 - R2
```

8. 带借位反向减法指令(RSC)

1）汇编语法格式

```
RSC{cond}{S} Rd,Rn,<Op2>
```

2）功能

Rd = OP2 - Rn + C - 1,当带借位的两个32位的数相减,被减数是一个立即数或将寄存器内的数值移位后再做被减数时,只能使用RSB指令。

例如:

```
RSC    R0,R1,R2          ;R0 = R2 - R1 + C - 1
```

9. 加法指令(ADD)

1) 汇编语法格式

```
ADD{cond}{S} Rd,Rn,<Op2>
```

2) 功能

Rd = Rn + OP2,用于两数相加。

例如:

```
ADD    R0,R1,R2          ; R0 = R1 + R2
ADD    R0,R1,#255        ; R0 = R1 + 255
ADD    R0,R2,R3,LSL#1    ; R0 = R2 + R3 × 2
```

10. 带进位加法指令(ADC)

1) 汇编语法格式

```
ADC{cond}{S} Rd,Rn,<Op2>
```

2) 功能

Rd = Rn + OP2 + C,当带进位两个 32 位的数相加时,需要使用 ADC 指令。

例如:有两个 64 位数,被加数放在 R0、R1 中(高 32 位放在 R0 中,低 32 位放在 R1 中),加数放在 R2、R3 中(高 32 位放在 R2 中,低 32 位放在 R3 中),要求将两数相加,其和放在 R0、R1 中。

```
ADDS    R1,R1,R3
ADC     R0,R0,R2
```

11. 比较指令(CMP)

这条指令不将操作的结果写回到目的寄存器,只是根据结果设定 CPSR 中的标志。

1) 汇编语法格式

```
CMP{cond} Rn,<Op2>
```

2) 功能

根据"Rn - OP2"的结果设定 CPSR 的标志位。如果仅需知道两个数的大小,并不需要产生两个数相减地结果,使用本条指令比较方便。

例如:

```
CMP    R0,R1             ;比较 R0 与 R1 的大小
BCS    L1                ;若 R0≥R1,则转移到标号为 L1 处
```

12. 取负比较指令(CMN)

这条指令不将操作的结果写回到目的寄存器,只是根据结果设定 CPSR 中的标志。

1) 汇编语法格式

```
CMN{cond} Rn,<Op2>
```

2) 功能

根据"Rn + OP2"的结果设定 CPSR 的标志位。CMN 指令用于把一个寄存器的内容和另一个寄存器的内容或立即数取负后进行比较,同时更新 CPSR 中条件标志位的值。该指令实际完成 Rn 和 OP2 相加,并根据结果更改条件标志位。如果需要知道两个 32 位数相加是否会产生溢出,使用 CMN 指令比较方便。

例如:

```
CMN    R1,R0             ;将寄存器 R1 的值与寄存器 R0 的值相加,并根据结
```

```
                                 ;果设置 CPSR 的标志位
CMN     R1,#100                  ;将寄存器 R1 的值与立即数 100 相加,并根据结果设
                                 ;置 CPSR 的标志位
```

13. 逻辑与指令(AND)

1)汇编语法格式

```
AND{cond}{S} Rd,Rn,<Op2>
```

2)功能

Rd = Rn ∧ OP2,实现两数相与。

例如:

```
AND     R1,R1,R0                 ;R1 = R1 ∧ R0
```

14. 逻辑或指令(ORR)

1)汇编语法格式

```
ORR{cond}{S} Rd,Rn,<Op2>
```

2)功能

Rd = Rn ∨ OP2,实现两数相或。

例如:

```
ORR     R0,R0,R1                 ;R0 = R0 ∨ R1
```

15. 逻辑异或指令(EOR)

1)汇编语法格式

```
EOR{cond}{S} Rd,Rn,<Op2>
```

2)功能

Rd = Rn⊕OP2,实现两数相异或。

例如:

```
EOR     R0,R0,#0xF               ;R0 中最低 4 位[3:0]取反,其他位不变
```

16. 相等测试指令(TEQ)

这条指令不将操作的结果写回到目的寄存器,只是根据结果设定 CPSR 中的标志。

1)汇编语法格式

```
TEQ{cond} Rn,<Op2>
```

2)功能

根据"Rn⊕OP2"的结果设定 CPSR 的标志位。当仅需知道两数是否相等,不需要产生异或结果的场合,使用 TEQ 比较方便。

例如:

```
TEQ     R0,R1                    ;测试 R0 与 R1 是否相等
BEQ     L1                       ;若 R0 = R1,则转移到标号为 L1 处
```

17. 位测试指令(TST)

这条指令不将操作的结果写回到目的寄存器,只是根据结果设定 CPSR 中的标志。

1)汇编语法格式

```
TST{cond} Rn,<Op2>
```

2)功能

根据"Rn ∧ OP2"的结果设定 CPSR 的标志位。TST 指令用于把一个寄存器的内容和另一个寄存器的内容或立即数进行按位的与运算,并根据运算结果更新 CPSR 中条件标

志位的值。Rn 是要测试的数据,操作数 2 是一个位掩码,该指令一般用来检测是否设置了特定的位。

例如:

```
TST     R1,#%1          ;用于测试在寄存器 R1 中是否设置了最低位(% 表示二进制数)
TST     R1,#0xFFE       ;将寄存器 R1 的值与立即数 0xFFE 按位与,并根据结果设置 CPSR
                        ;的标志位
```

18. 位清除指令(BIC)

1）汇编语法格式

```
BIC{cond}{S} Rd,Rn,<Op2>
```

2）功能

$Rd = Rn \land \overline{OP2}$,BIC 指令用于清除 Rn 的某些位,并把结果放置到目的寄存器 Rd 中。OP2 可以是一个寄存器、被移位的寄存器或一个立即数。OP2 为 32 位的掩码,如果在掩码中设置了某一位,则清除这一位。未设置的掩码位保持不变。

TST 指令也有实现位清除的功能,与 BIC 指令不同的是在掩码中设置 0 实现位清除。

例如:

```
BIC     R0,R0,#%1011        ; 该指令清除 R0  中的位 0、1、和 3,其余的位保持不变
TST     R0,#0xFFFFFFF4      ; 该指令清除 R0  中的位 0、1、和 3,其余的位保持不变
```

以下举例说明数据处理指令的应用。

例 1:编程实现 1+2+3+…+100,结果存放在 R1 中。

```
    mov     R0,#100-1       ;需要相加 99 次
    mov     R1,#1           ;最初的和为 1
    mov     R2,#2           ;最初的加数为 2
l1  add     R1,R1,R2        ;和 + 加数
    add     R2,R2,#1        ;加数 +1
    subs    R0,R0,#1        ;调整循环相加次数
    bne     L1              ;循环相加次数不为 0,则循环进行
    end
```

例 2:编程实现 10 的阶乘,结果存放在 R1 中。

```
    mov     r0,#10-1        ;需要相乘(10-1)次
    mov     R1,#1           ;最初的积为 1
    mov     R2,#2           ;最初的乘数为 2
l1  mul     R3,R1,R2        ;积 × 乘数
    mov     R1,R3           ;积存 R1
    add     R2,R2,#1        ;乘数 +1
    subs    R0,R0,#1        ;调整循环相乘次数
    bne     L1              ;循环相乘次数不为 0,则循环进行
    end
```

8.3.3 乘法指令与乘加指令

ARM 微处理器的乘法指令与乘加指令共有 6 条,可分为运算结果为 32 位和运算结果为 64 位两类。要求指令中所有的操作数必须是除 R15 以外的通用寄存器,包括存放乘积的目的操作数、存放被乘数和乘数的操作数以及存放加数的操作数。同时要求存放

被乘数与存放乘积的寄存器不得是同一个寄存器。

乘法指令与乘加指令共有以下 6 条。

① MUL:32 位乘法指令。

② MLA:32 位乘加指令。

③ SMULL:64 位有符号数乘法指令。

④ SMLAL:64 位有符号数乘加指令。

⑤ UMULL:64 位无符号数乘法指令。

⑥ UMLAL:64 位无符号数乘加指令。

1. 32 位乘法指令(MUL)

1) 汇编语法格式

```
MUL{cond}{S} Rd,Rm,Rs
```

{cond}:两个助记字符表示的条件,如表 8.2 所列。

{S}:如果 S 存在,设定条件码。

Rd、Rm、Rs :R15 之外的通用寄存器,Rd 与 Rm 必须是不同的寄存器。

2) 功能

Rd = Rm × Rs。根据定点乘法规则,Rm × Rs 的乘积应当是一个 64 位乘积,Rd 中存放的是 64 位乘积的低 32 位。指令中的操作数可以是有符号的 2 的补码或无符号整数。有符号 32 位操作数乘法和无符号 32 位操作数乘法,运算的结果,高 32 位不同,低 32 位相同。因为这些指令只能产生乘积的低 32 位,可以用于有符号和无符号的乘法。例如,观察操作数 A 与操作数 B 的乘法:

操作数 A	操作数 B	结果
0xFFFFFFF6	0x00000014	0xFFFFFF38

如果认为操作数是有符号,则操作数 A 中的数是 -10,操作数 B 中的数是 20,相乘的结果是 -200,表示为有符号的十六进制为 0xFFFFFF38。

如果认为操作数是无符号,则操作数 A 中的数是 4294967286,操作数 B 中的数是 20,相乘的结果是 85899345720,表示为无符号的十六进制为 0x13FFFFFF38,最低 32 位也是 0xFFFFFF38。

3) 对 CPSR 标志位的影响

对 CPSR 的标志影响受指令中{S}选项的控制,没有{S}时,CPSR 的标志不受影响;有{S}选项时,对 CPSR 的标志的影响如下。

(1) N(负)标志,根据运算结果设定,N 等于运算结果的 31 比特位。

(2) Z(零)标志,根据运算结果设定,仅当运算结果为 0 时,Z = 1。

(3) C(进位)标志,不确定。

(4) V(溢出)标志,不受影响。

4) 指令周期

MUL 指令占用(1S + mI)个周期,其中,m 与乘数的数值大小与格式有关,S 和 I 分别定义为连续周期(S 周期)和内部周期(I 周期)。

例如:MUL　　R1,R2,R3　　　　　　;R1 = R2 × R3(低 32 位)

2. 32 位乘加指令(MLA)

1) 汇编语法格式

```
MLA{cond}{S} Rd,Rm,Rs,Rn
```

2) 功能

Rd = Rm × Rs + Rn。Rm × Rs 乘积的低 32 位与 Rn 相加,其和存放在 Rd 中。

3）对 CPSR 标志位的影响

对 CPSR 的标志影响受指令中{S}选项的控制，没有{S}时，CPSR 的标志不受影响；有{S}选项时，对 CPSR 标志位产生影响见上述 1 中 3）的内容。

4）指令周期

MLA 指令占用[1S + (m + 1)I]个周期，其中，m 与乘数的数值大小与格式有关，S 和 I 分别定义为连续周期（S 周期）和内部周期（I 周期）。

例如：

```
MLA R1,R2,R3,R4              ;R1 = R2 × R3(低 32 位) + R4
```

3. 64 位有符号乘法指令（SMULL）

1）汇编语法格式

```
SMULL{cond}{S} RdLo,RdHi,Rm,Rs
```

2）功能

RdHi,RdLo = Rm × Rs，将两个 32 位数相乘得到一个 64 位的结果，结果的低 32 位写入 RdLo，高 32 位写入 RdHi。

3）对 CPSR 标志位的影响

对 CPSR 的标志影响受指令中{S}选项的控制，没有{S}时，CPSR 的标志不受影响；有{S}选项时，对 CPSR 标志位产生影响。

4）指令周期

SMULL 指令占用[1S + (m + 1)I]个周期，其中，m 与乘数的数值大小与格式有关，S 和 I 分别定义为连续周期（S 周期）和内部周期（I 周期）。

例如：

```
SMULL    R1,R2,R3,R4    ;R2,R1  = R3 × R4
```

4. 64 位有符号乘加指令（SMLAL）

1）汇编语法格式

```
SMLAL{cond}{S} RdLo,RdHi,Rm,Rs
```

2）功能

RdHi,RdLo = Rm × Rs + RdHi,RdLo，将两个 32 位数相乘得到一个 64 位的乘积，再与一个 64 位数 RdHi,RdLo 相加，得到一个 64 位和，和的低 32 位写入 RdLo，高 32 位写入 RdHi。

3）对 CPSR 标志位的影响

对 CPSR 的标志影响受指令中{S}选项的控制，没有{S}时，CPSR 的标志不受影响；有{S}选项时，对 CPSR 标志位产生影响。

4）指令周期

SMLAL 指令占用[1S + (m + 2)I]个周期，其中，m 与乘数的数值大小与格式有关，S 和 I 分别定义为连续周期（S 周期）和内部周期（I 周期）。

例如：

```
SMLAL    R1,R2,R3,R4     ;R2,R1  = R3 × R4 + R2,R1
```

5. 64 位无符号乘法指令（UMULL）

1）汇编语法格式

```
UMULL{cond}{S} RdLo,RdHi,Rm,Rs
```

2）功能

RdHi,RdLo = Rm × Rs,将两个32位无符号数相乘得到一个64位的结果,结果低32位写入RdLo,高32位写入RdHi。

3）对CPSR标志位的影响

对CPSR的标志影响受指令中{S}选项的控制,没有{S}时,CPSR的标志不受影响;有{S}选项时,对CPSR标志位产生影响。

4）指令周期

UMULL指令占用[1S+(m+1)I]个周期,其中,m与乘数的数值大小与格式有关,S和I分别定义为连续周期(S周期)和内部周期(I周期)。

例如:

```
UMULL    R1,R2,R3,R4     ;R2,R1 =R3×R4
```

6. 64位无符号乘加指令(UMLAL)

1）汇编语法格式

```
UMLAL{cond}{S} RdLo,RdHi,Rm,Rs
```

2）功能

RdHi,RdLo = Rm×Rs+RdHi,RdLo,将两个32位无符号数相乘得到一个64位的乘积,再与RdHi,RdLo相加得到一个64位和,和低32位写入RdLo,高32位写入RdHi。

3）对CPSR标志位的影响

对CPSR的标志影响受指令中{S}选项的控制,没有{S}时,CPSR的标志不受影响;有{S}选项时,对CPSR标志位产生影响。

4）指令周期

UMLAL指令占用[1S+(m+2)I]个周期,其中,m与乘数的数值大小与格式有关,S和I分别定义为连续周期(S周期)和内部周期(I周期)。

例如:

```
UMLAL    R1,R2,R3,R4     ;R2,R1 =R3×R4 +R2,R1
```

8.3.4 加载32位操作数的"伪指令"

由于ARM寄存器都是32位的,ARM处理器的最大寻址空间也是32位的,因此,在编程过程中经常需要为通用寄存器加载一个32位常数,为PC加载一个32位地址。但在ARM指令系统中,没有支持这种操作的指令,尽管在前面介绍的数据处理指令中有"MOV Rn,OP2",OP2可以是一个32位立即数,但对32位立即数的取值有严格的限制,不可以是一个任意的32位立即数(见8.3.2小节关于"OP2是立即数的取值规定")。为了解决这个问题,汇编器支持一种"伪指令",可以为包括R15在内的通用寄存器加载一个任意的32位数。这种"伪指令"不是一般意义的"伪指令",不仅在汇编过程中起作用,而且通过汇编可以产生一组ARM指令来实现"伪指令"的功能,相当于一组可执行指令。

1. 指令的汇编语法格式

```
LDR{cond} Rn, =[expr 或 label-expr]
```

{cond}:两个助记字符表示的条件,如表8.2所列。

Rn:通用寄存器,包括R15。

expr:32位常数。

label - expr：程序中的一个地址标号。

2. 功能

Rn = [expr 或 label - expr]，为通用寄存器加载一个 32 位常数或地址标号。

例如：

```
    LDR    R0, =0xc100000        ;为 R0 加载一个 32 位数:0xc100000
    LDR    pc, =HandlerEINT0     ;为 PC 加载一个地址标号:HandlerEINT0
    LDR    pc, =HandlerEINT1     ;为 PC 加载一个地址标号:HandlerEINT1
    LDR    pc, =HandlerEINT2     ;为 PC 加载一个地址标号:HandlerEINT2
    …
HandlerEINT0
    …
    SUBS   pc,r14_irq,#4         ;从中断异常服务程序中返回
HandlerEINT1
    …
    SUBS   pc,r14_irq,#4         ;从中断异常服务程序中返回
HandlerEINT2
    …
    SUBS   pc,r14_irq,#4         ;从中断异常服务程序中返回
```

8.3.5 加载与存储指令

ARM 微处理器访问存储器时，使用专门的加载/存储指令，加载指令用于读存储器，实现数据从存储器到寄存器的传送；存储指令用于写存储器，实现数据从寄存器到存储器的传送。常用的加载存储指令如下：

(1) LDR：字数据加载指令。

(2) LDRB：字节数据加载指令。

(3) LDRH：半字数据加载指令。

(4) LDRSB：有符号字节数据加载指令。

(5) LDRSH：有符号半字数据加载指令。

(6) STR：字数据存储指令。

(7) STRB：字节数据存储指令。

(8) STRH：半字数据存储指令。

加载与存储指令可以有条件执行，也可以无条件执行，各种条件如表 8.2 所列。

1. 存储器的寻址方式

加载与存储指令对存储器的寻址方式比较丰富，支持基址寻址，也支持基址 ± 变址寻址。规定基址存放在通用寄存器中，变址可以是一个立即数，也可以是一个寄存器，也可以是经过移位的寄存器。存储器的寻址方式在指令中以“[ ]”内的内容来表示，具体形式如下。

1) 基址寻址

[Rn]：Rn 为通用寄存器，其中，Rn 内容为存储器地址。

2) 基址 ± 变址，变址为立即数的寻址方式

[Rn, <#±expression>]

Rn:通用寄存器。

expression:立即数,取值范围:字/字节加载/存储,12 位无符号数,0 ~ 4095;半字加载/存储,8 位无符号数,0 ~ 255。

存储器地址 = Rn ± expression(字节)。

3) 基址 ± 变址,变址为寄存器/经过移位的寄存器的寻址方式

(1) 字/字节加载/存储,支持变址为寄存器或经过移位的寄存器,格式如下:

[Rn,{+/-}Rm{,<shift>}]

Rn、Rm:通用寄存器。

shift:对 Rm 的移位方式与移位量。有效的移位方式为 LSL、LSR、ASR、ROR,移位量为无符号 8 位数,取值范围:0 ~ 255。

{ }:表示可选择。

< >:表示必选。

(2) 半字加载/存储,仅支持变址为寄存器,不支持经过移位的寄存器。格式如下:

[Rn,{+/-}Rm]

Rn、{+/-}、Rm :通用寄存器。

根据上述规定,下例的寻址方式是合法的。

[R1]:存储器地址 = R1。

[R1,#8]:存储器地址 = R1 + 8。

[R1,# - 8]:存储器地址 = R1 - 8。

[R1,R2]:存储器地址 = R1 + R2。

[R1, - R2]:存储器地址 = R1 - R2。

[R1,R2,LSL#2]:存储器地址 = R1 + R2 × 4,不支持半字加载/存储。

[R1, - R2,LSR#2]:存储器地址 = R1 - R2 ÷ 4,不支持半字加载/存储。

2. 基址寄存器的自动调整

加载与存储指令支持访问完存储器后,自动调整基址寄存器,具体调整方式如下。

1) 字/字节加载/存储

[Rn, <# +/- expression>]{!}:Rn = Rn ± expression。

[Rn,{+/-}Rm{, <shift>}]{!}:Rn = Rn ± Rm(或经过移位的 Rm)。

[Rn], <# +/- expression>:Rn = Rn ± expression。

[Rn],{+/-}Rm{, <shift>}:Rn = Rn ± Rm(或经过移位的 Rm),Rn 与 Rm 必须是不同的寄存器。

2) 半字加载/存储

[Rn, <# +/- expression>]{!}:Rn = Rn ± expression。

[Rn,{+/-}Rm]{!}:Rn = Rn ± Rm。

[Rn], <# +/- expression>:Rn = Rn ± expression。

[Rn],{+/-}Rm:Rn = Rn ± Rm。Rn 与 Rm 必须是不同的寄存器。

根据上述规定,下例调整基址寄存器的方式是合法的。

[R1,#8]!:R1 = R1 + 8。

[R1,# - 8]!:R1 = R1 - 8。

[R1,R2]!:R1 = R1 + R2。

[R1, -R2]!:R1 = R1 - R2。

[R1,R2,LSL#2]!:R1 = R1 + R2 ×4,不支持半字加载/存储。

[R1, -R2,LSR#2]!:R1 = R1 - R2 ÷4,不支持半字加载/存储。

[R1],#8:R1 = R1 +8。

[R1],#-8: R1 = R1 -8。

[R1],R2:R1 = R1 + R2。

[R1], -R2:R1 = R1 - R2。

[R1],R2,LSL#2:R1 = R1 + R2 ×4,不支持半字加载/存储。

[R1], -R2,LSR#2:R1 = R1 - R2 ÷4,不支持半字加载/存储。

3. 存储器边界地址的要求

(1) 字节数据加载/存储时,对存储器的边界地址没有要求。

(2) 半字数据加载/存储时,存储器的边界地址必须是半字地址,即地址总线[0]位必须是“0”。否则,无法正确加载/存储数据。

(3) 字数据加载/存储时,存储器的边界地址必须是字地址,即地址总线[1:0]位必须是“00”。否则,无法正确加载/存储数据。

4. 使用 R15

建议不要用 R15 作为基址或变址寄存器,使用 R15 有复杂的要求,容易出错。

5. 字数据加载指令(LDR)

1) 汇编语法格式

```
LDR{cond}{T} Rd, <Address>
```

{cond}:两个助记字符表示的条件,如表 8.2 所列。

{T}:在基址寻址,访问完存储器后自动调整基址寄存器的的模式下,允许有此项存在,该项存在,将强制按照非特权模式访问存储器。在变址寻址模式中,不允许有 T。

Rd:目的寄存器,用于存放加载数据的通用寄存器。

<Address>:寻址方式和自动调整基址方式,可以是下列几种格式之一。

(1) [Rn]:基址寻址,不调整基址寄存器。

(2) [Rn, <#expression>]{!}:基址加变址寻址(变址为立即数),读完存储器后,根据寻址方式调整基址寄存器。

(3) [Rn,{+/-}Rm{, <shift>}]{!}:基址加变址寻址(变址为寄存器或经过移位的寄存器),读完存储器后,根据寻址方式调整基址寄存器。

(4) [Rn], <#expression>:基址寻址,读完存储器后,根据立即数调整基址寄存器。

(5) [Rn],{+/-}Rm{, <shift>}:基址寻址,读完存储器后,根据变址寄存器或经过移位的变址寄存器调整基址寄存器。

Rn:基址寄存器,用于存放基址的通用寄存器。

Rm:变址寄存器,用于存放偏移量的通用寄存器。

<shift>:表示对 Rm 的移位方式和移位量,见本小节寻址方式部分。

{!}:表示读完存储器后,根据寻址方式调整基址寄存器。

+/-:表示“+”或“-”。

{ }:表示可选项。

< >:表示必选项。

2）功能

按指令中规定的寻址方式,将存储器指定地址中的字数据加载到 Rd 中,同时按照指令中规定的方式调整基址寄存器。

3）指令周期

LDR 指令占用 1S + 1N + 1I 个周期,LDR PC 指令占用 2S + 2N + 1I 个增强周期。这里,S、N、I 分别定义为连续周期(S 周期)、非连续周期(N 周期)、内部周期(I 周期)。

例如:

```
LDR    R1,[R2]                  ;从存储器地址为 R2 的单元中,加载一个字数据到 R1
LDR    R1,[R2,#16]              ;从存储器地址为(R2 +16)的单元中,加载一个字数据
                                ;到 R1
LDR    R1,[R2,R3,LSL#2]         ;从存储器地址为(R2 +R3 ×4)的单元中,加加载一个
                                ;字数据到 R1
```

6. 字节数据加载指令(LDRB)

1）汇编语法格式

LDR{cond}B{T} Rd, <Address>

2）功能

按指令中规定的寻址方式,将存储器指定地址中的字节数据加载到 Rd 中,字节数据存放到 Rd 的低 8 位,Rd 中的高 24 位用“0”填充。同时按照指令中规定的方式调整基址寄存器。

3）指令周期

LDRB 指令占用 1S + 1N + 1I 个周期,这里,S、N、I 分别定义为连续周期(S 周期)、非连续周期(N 周期)、内部周期(I 周期)。

例如:

```
LDREQB     R1,[R2,#4]       ;若 Z =1,则从存储器地址为(R2 +4)的单元中,
                            ;加载一个字节数据到 R1
LDRB       R1,[R2,R3]!      ;从存储器地址为(R2 +R3)的单元中,加载一个
                            ;字节数据到 R1,调整基址寄存器 R2 =R2 +R3
LDRB       R1,[R2],R3       ;从存储器地址为 R2 的单元中,加载一个字节数
                            ;据到 R1,调整基址寄存器 R2 =R2 +R3
```

7. 半字数据加载指令(LDRH)

1）汇编语法格式

LDR{cond}H Rd, <Address>

2）功能

按指令中规定的寻址方式,将存储器指定地址中的半字数据加载到 Rd 中,半字数据存放到 Rd 的低 16 位,Rd 中的高 16 位用 0 填充。同时按照指令中规定的方式调整基址寄存器。

3）指令周期

LDRH 指令占用 1S + 1N + 1I 个周期,这里,S、N、I 分别定义为连续周期(S 周期)、非连续周期(N 周期)、内部周期(I 周期)。

例如:

```
LDRH    R1,[R2]           ;从存储器地址为 R2 的单元中,加载一个半字数据到 R1
```

```
LDRH    R1,[R2,#4]      ;从存储器地址为(R2 +4)的单元中,加载一个半字数据到 R1
LDRH    R1,[R2,-R3]!    ;从存储器地址为(R2 -R3)的单元中,加载一个半字数据到 R1,调整
                         基址寄存器 R2 =R2 -R3
```

8. 有符号字节数据加载指令(LDRSB)

1）汇编语法格式

```
LDR{cond}SB Rd,<Address>
```

2）功能

按指令中规定的寻址方式,将存储器指定地址中的有符号字节数据加载到 Rd 中,有符号字节数据存放到 Rd 的低 8 位,Rd 中的高 24 位用[7]位,即符号位填充。同时按照指令中规定的方式调整基址寄存器。

3）指令周期

LDRSB 指令占用 1S+1N+1I 个周期,这里,S、N、I 分别定义为连续周期(S 周期)、非连续周期(N 周期)、内部周期(I 周期)。

例如:

```
LDRSB   R1,[R2]         ;从存储器地址为 R2 的单元中,加载一个有符号字节数据到 R1
LDRSB   R1,[R2,#4]      ;从存储器地址为(R2 +4)的单元中,加载一个有符号字节数据到 R1
LDRSB   R1,[R2],R3      ;从存储器地址为 R2 的单元中,加载一个有符号字节数据到 R1,调整
                         基址寄存器 R2 =R2 +R3
```

9. 有符号半字数据加载指令(LDRSH)

1）汇编语法格式

```
LDR{cond}SH Rd,<Address>
```

2）功能

按指令中规定的寻址方式,将存储器指定地址中的有符号半字数据加载到 Rd 中,有符号半字数据存放到 Rd 的低 16 位,Rd 中的高 16 位用[15]位,即符号位填充。同时按照指令中规定的方式调整基址寄存器。

3）指令周期

LDRSB 指令占用 1S+1N+1I 个周期,这里,S、N、I 分别定义为连续周期(S 周期)、非连续周期(N 周期)、内部周期(I 周期)。

例如:

```
LDRSH   R1,[R2]         ;从存储器地址为 R2 的单元中,加载一个有符号半字数据到 R1
LDRSH   R1,[R2,#4]!     ;从存储器地址为(R2 +4)的单元中,加载一个有符号半字数据到
                         R1,调整基址寄存器 R2 =R2 +4
LDRSH   R1,[R2,R3]!     ;从存储器地址为(R2 +R3)的单元中,加载一个有符号半字数据到
                         R1,调整基址寄存器 R2 =R2 +R3
```

10. 字数据存储指令(STR)

1）汇编语法格式

```
STR{cond}{T} Rd,<Address>
```

{cond}:两个助记字符表示的条件,如表 8.2 所列。

{T}:与 LDR 指令相同。

Rd:源寄存器,通用寄存器,用于存放需要存储的字数据。

<Address>:与 LDR 指令相同。

2）功能

按指令中规定的寻址方式，将源寄存器中的字数据，存储到指定地址的存储器单元中，同时按照指令中规定的方式调整基址寄存器。

3）指令周期

STR 指令占用 2N 个周期，N 定义为非连续周期（N 周期）。

例如：

```
STR     R1,[R2],#4              ;将 R1 中的字数据存储到地址为 R2 的存储器单元中，同时调整基
                                 址寄存器 R2 = R2 + 4
STREQ   R1,[R2,#16]!            ;若 Z = 1，则将 R1 中的字数据存储到地址为(R2 + 16)的存储器单
                                 元中，同时调整基址寄存器 R2 = R2 + 16
STR     R1,[R2,R3,LSR#2]        ;将 R1 中的字数据存储到地址为(R2 + R3 ÷ 4)的存储器单元中
```

11. 字节数据存储指令（STRB）

1）汇编语法格式

STR{cond}B{T} Rd, <Address>

2）功能

按指令中规定的寻址方式，将源寄存器中的字节数据，存储到指定地址的存储器单元中，同时按照指令中规定的方式调整基址寄存器。

3）指令周期

STRB 指令占用 2N 个周期，N 定义为非连续周期（N 周期）。

例如：

```
STRNEB R1,[R2,#4]               ;若 Z = 0，则将 R1 中的字节数据存储到地址为(R2 + 4)存储器单
                                 元中
STRB   R1,[R2,#4]!              ;将 R1 中的字节数据存储到地址为(R2 + 4)存储器单元中，然后调
                                 整基址寄存器 R2 = R2 + 4
STRB   R1,[R2],R3               ;将 R1 中的字节数据存储到地址为 R2 存储器单元中，然后调整基
                                 址寄存器 R2 = R2 + R3
```

12. 半字数据存储指令（STRH）

1）汇编语法格式

STR{cond}H Rd, <Address>

2）功能

按指令中规定的寻址方式，将源寄存器中的半字数据，存储到指定地址的存储器单元中，同时按照指令中规定的方式调整基址寄存器。

3）指令周期

STRH 指令占用 2N 个周期，这里 N 非连续周期（N 周期）。

例如：

```
STRH    R1,[R2],#-4             ;将 R1 中的半字数据存储到地址为 R2 的存储器单元中，然后调整
                                 基址寄存器 R2 = R2 - 4
STRH    R1,[R2,#-4]             ;将 R1 中的半字数据存储到地址为(R2 - 4)的存储器单元中
STRH    R1,[R2],-R3             ;将 R1 中的半字数据存储到地址为 R2 的存储器单元中，然后调整
                                 基址寄存器 R2 = R2 - R3
```

以下举例说明数据存储/加载指令的应用。

【例 8.1】将存放在数据存储器中地址为 0xC200000 开始的 100 个字数据，传送到地

址为 0xC210000 开始的 100 个字单元。

```
      IDR     R1,=0xc200000         ;源数据首地址进入基址指针 R1
      IDR     R2,=0xc210000         ;目的数据首地址进入基址指针 R2
      MOR     R3,#100               ;数据量进入 R3
L1    ldr     R0,[R1],#4            ;加载一个源数据,将基址指针指向下一个源数据
      STR     R0,[R2],#4            ;存储一个数据,将基址指针指向下一个要存储的单元数据
      SUBS    R3,R3,#1              ;调整数据量
      BNE     L1                    ;若未传送完,则继续
      END
```

【例 8.2】找出存储在数据存储器中,地址为 0xC200000 开始的 16 个字节数据中的最大数,存放在 R0 中。

```
      LDR     R1,=0xc200000         ;存放数据首地址存入基址指针 R1
      LDRB    R0,[R1],#1            ;加载第一个字节至 R0,认定 R0 总是存放最大数,调整基址
                                     指针
      MOV     R2,#16 -1             ;需要比较的数据量存放在 R2
L1    LDRB    R3,[R1],#1            ;加载需要比较的数至 R3,调整基址指针
      CMP     r0,r3                 ;两数比较
      BHI     L2                    ;若 R0 > R3,则转去 L2,准备向下比较
      MOV     R0,R3                 ;若 R0 < R3,则 R0←R3
L2    SUBS    R2,R2,#1              ;调整需要比较的数据量
      BNE     L1                    ;若未完成比较,转去 L1 继续比较
      END
```

【例 8.3】将存储在数据存储器中,地址为 0xC200000 开始的 16 个字节数据从小到大加以排序,小数在前,大数在后。

本例的编程算法:

(1) 16 个数,相邻两数依次比较,若存放在低地址数小于存放在高地址数,则存放位置不变;若存放在低地址数大于或等于存放在高地址数,则两数存放位置互换,同时令 R4 = 1,记录出现过相邻两数互换。

(2) 当完成一轮 16 个数两两比较,出现过两数互换(R4 = 1),说明不能保证完成从小到大排序。

(3) 当完成一轮 16 个数两两比较,未出现两数互换(R4 = 0),说明已经完成从小到大排序。

```
L1      ldr     R1,=0x0c200000      ;存数的首地址存入基址指针 R1
        MOV     R2,#16 -1           ;数的个数存入 R2
        MOV     R4,#0               ;R4 存标志,0:16 数存数位置未经过交换;1:16 数存数
                                     位置经过交换;
        LDRB    R0,[R1],#1          ;将存放在最低地址数取出,存入 R0,R1 = R1 +1
L2      LBDR    R3,[R1],#1          ;将相邻一数取出,存入 R3,R1 = R1 +1
        CMP     R0,R3               ;相邻两数比较
        BLS     L3                  ;若 R0 < R3,转 L3 处
        STRB    R0,[R1,# -1]        ;若 R0 ≥ R3,则相邻两数交换位置
        STRB    R3,[R1,# -2]
        MOV     R4,#1               ;记录发生过两数交换
```

```
        B       L4              ;转 L4,准备接着两数比较
L3      MOV     r0,r3           ;R3 内容送入 R0
L4      SUBS    r2,r2,#1        ;调整将要比较的数的个数
        BNE     L2              ;若本轮 16 数未比较完,则转 L2 继续
        CMP     R4,#0           ;查验本轮 16 数比较过程中,是否发生过两数位置交换
        BNE     L1              ;若发生过两数位置交换,则重做一轮 16 数依次比较
        END
```

8.3.6 批量数据加载与存储指令

本指令可以有条件执行,也可以无条件执行,各种条件如表 8.2 所示。

批量数据加载/存储指令用于加载(LDM)或存储(STM)一组寄存器内容,加载与存储对应的存储器是一片连续的存储器单元。支持所有的堆栈模式,满堆栈、空堆栈、递减堆栈、递增堆栈,可以高效恢复和存储有关的寄存器以及大块存储器数据移动。

1. 对寄存器要求

(1) 指令能使当前一组寄存器中的任何一部分或全部寄存器进行数据传送(非用户模式下的程序也能使用户模式下的寄存器和存储器之间传送数据)。唯一的限制是不能没有寄存器。

(2) 无论何时,只要 R15 被存储到存储器中,其值是 STM 指令的地址加 12。

(3) 在任何 LDM 或 STM 指令中,不能使用 R15 做基址寄存器。

(4) 如果基址寄存器也包含在被存储的一组寄存器中时,情形是比较复杂的,建议不要出现这种情况。在应用过程中,一般选择 R13 作为基址寄存器,在堆栈操作中,R13 称做堆栈指针。

2. 寻址方式

传送的存储器地址由基址寄存器 Rn、空堆栈/满堆栈方式、递增堆栈/递减堆栈方式确定。寄存器按照从最低到最高的顺序传送,如果寄存器中有 R15 的话,则总被最后传送。最低的寄存器也将被存储到最低地址的存储单元中,或从最低地址的存储单元中加载。通过图解的方法观察,当 Rn = 0x1000,要求改变后的基址写回基址寄存器,R1、R5、R7 的存储过程。图 8.6 ~ 图 8.9 显示了寄存器存储的顺序、使用的地址及指令执行完后 Rn 的值。

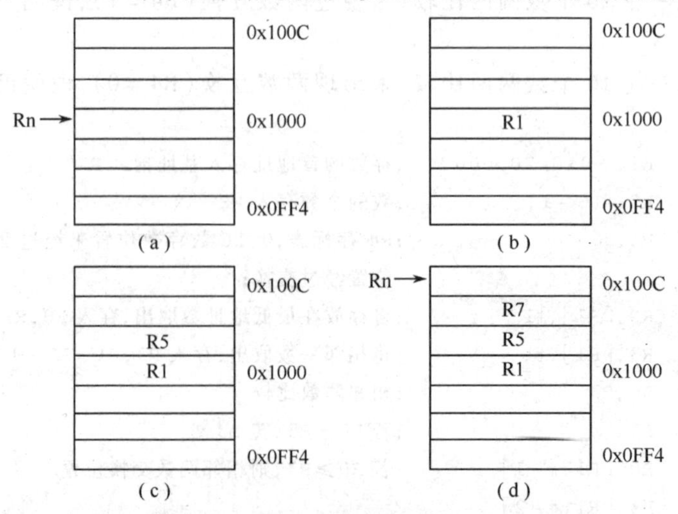

图 8.6 过后递增(空递增)的寻址方式

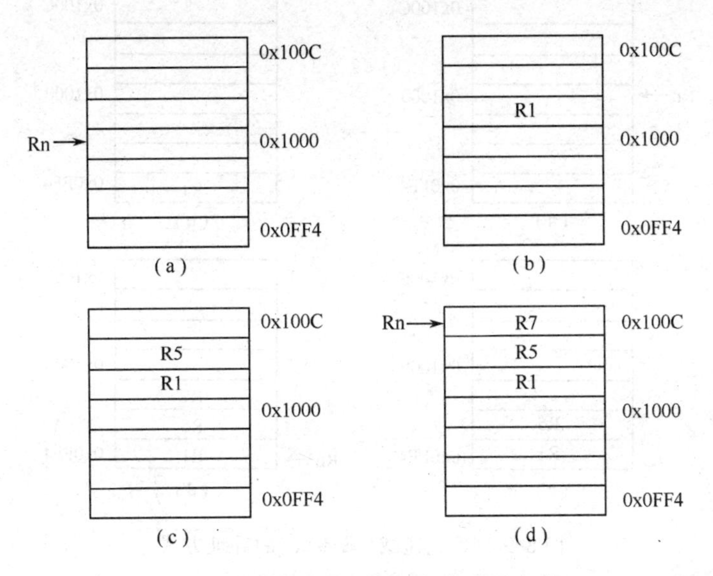

图 8.7　预先递增(满递增)的寻址方式

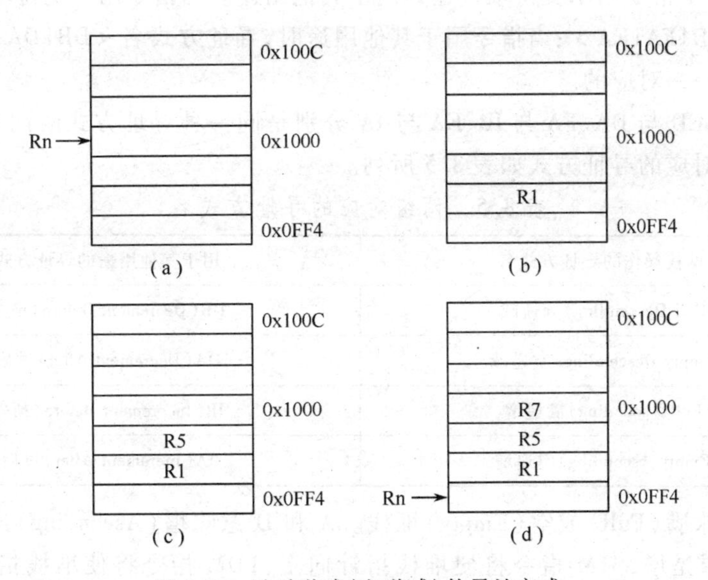

图 8.8　过后递减(空递减)的寻址方式

在不需要将改变后的基址写回基址寄存器所有的情况下,Rn 将保持其初始值。

3. 批量数据加载指令(LDM)

1）汇编语法格式

```
LDM{cond} <FD|ED|FA|EA|DB|DA|IB|IA> Rn{!},<Rlist>{^}
```

{cond}:两个助记字符表示的条件,如表 8.2 所示。

Rn:基址寄存器,通用寄存器,一般选用 R13,不得选用 R15。

<Rlist>:寄存器列表和包含在{　}中的寄存器范围(如{R0,R2 - R7,R10})。

{!}:如果此项存在,则加载后调整基址寄存器,否则不调整。

{^}:如果此项存在,且 R15 包含在寄存器列表中,则 SPSR 复制到 CPSR。

<FD|ED|FA|EA|DB|DA|IB|IA>:寻址方式名,对每一种寻址方式有不同的汇编

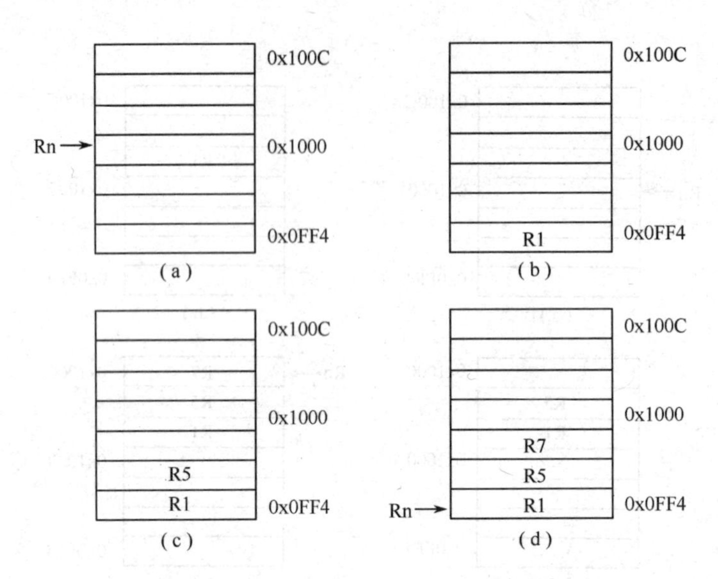

图 8.9 预先递减(满递减)的寻址方式

助记方式,取决于指令用于支持堆栈还是用于其他用途。当指令用于支持堆栈时,寻址方式名为 <FD|ED|FA|EA>;当指令用于其他用途时,寻址方式名 <DB|DA|IB|IA> 两组寻址方式名是一一对应的。

FD 与 DB、ED 与 DA、FA 与 IB、EA 与 IA 分别是同一种寻址方式的两种不同的助记符。两组相互对应的寻址方式如表 8.5 所列。

表 8.5 两组对应的寻址方式名

用于堆栈操作的寻址方式名	用于其他用途的寻址方式名
FD(Full Descending)满递减	DB(Decrement Before)预先减
ED(Empty Descending)空递减	DA(Decrement After)过后减
FA(Full Ascending)满递增	IB(Incerement Before)预先增
EA(Empty Ascending)空递增	IA(Inerement After)过后增

F 和 E 意味满(Full)或空(Empty)堆栈。A 和 D 意味增(Ascending)或减(Descending)堆栈。如果是增,STM 指令将使堆栈指针向上,LDM 指令将使堆栈指针向下,反之亦然。

如果 LDM 指令不是用于堆栈操作,IA、IB、DA、DB 用于控制过后增、预先增、过后减、预先减操作。

2) 功能

从一片连续的存储器中,加载一组寄存器。常用于出栈操作。

3) 指令周期

LDM 指令占用 nS+1N+1I 个周期,LDM PC 指令占用(n+1)S+2N+1I 个增强周期。这里,S、N、I 分别定义为连续周期(S 周期)、非连续周期(N 周期)、内部周期(I 周期)。这里 n 是被传送的字的数量。

例如:

```
LDMFD SP!,{R0 - R2}          ;按满递减方式,出栈 3 个寄存器 R0、R1、R2
```

```
LDMFD SP!,{R15}      ;R15 ←(SP),CPSR 不变
LDMFD SP!,{R15}^     ;R15 ←(SP),CPSR < SPSR_mode(仅允许在特权模式下进行)
LDMED SP!,{R0 - R3,R15}  ;按空递减方式,出栈 5 个寄存器 R0、R1、R2、R3、;R15
```

4. 批量数据存储指令(STM)

1) 汇编语法格式

```
STM{cond} < FD |ED |FA |EA |DB |DA |IB |IA > Rn{!},<Rlist>{^}
```

{cond}:两个助记字符表示的条件,见表 8.2。

Rn:基址寄存器,通用寄存器,一般选用 R13,不得选用 R15。

<Rlist>:寄存器列表和包含在{ }中的寄存器范围(例如:{R0,R2 - R7,R10})

{!}:如果此项存在,则调整基址寄存器,否则不调整。

{^}:如果此项存在,允许在特权模式下强制传送用户模式下一组寄存器。

<FD|ED|FA|EA|DB|DA|IB|IA>:寻址方式名,同 LDM 指令相同。

2) 功能

从一片连续的存储器中,存储一组寄存器。常用于进栈操作。

3) 指令周期

STM 指令占用(n - 1)S + 2N 个增强周期,这里,S、N 分别定义为连续周期(S 周期)、非连续周期(N 周期),n 是被传送的字的数量。

例如:

```
STMIA R0,{R0 - R15}       ;存储所有的寄存器
STMFD R13,{R0 - R14}^     ;用户模式下寄存器进栈(仅允许在特权模式下进行)
STMED SP!,{R0 - R3,R14}   ;因 R0 ~ R3 用做工作寄存器、R14 用于子程序返回,所以需要进栈
                          保护;
```

8.3.7 数据交换指令

本指令可以有条件执行,也可以无条件执行,各种条件如表 8.2 所列。

数据交换指令用于在一个寄存器和外部存储器之间进行一个字节/字数据的交换。这条指令实现对存储器先读紧跟着写的两个操作,在两个操作完成之前,处理器不能被中断,存储器管理器不能将这两个操作分开。

数据交换指令中存储器地址由基址寄存器(Rn)中的内容确定,处理器首先读存储器地址单元中的内容,将其存储到目的寄存器(Rd)中,然后将源寄存器(Rm)中的内容写到该地址单元。源寄存器、目的寄存器可以是同一个寄存器。

1. 字数据交换指令(SWP)

1) 汇编语法格式

```
<SWP>{cond}Rd,Rm,[Rn]
```

{cond}:两个助记字符表示的条件,如表 8.2 所列。

Rn:基址寄存器,用于存放存储器地址,除 R15 之外的通用寄存器。

Rd:目的寄存器,用于存放从存储器读取的字数据,除 R15 之外的通用寄存器。

Rm:源寄存器,用于存放将要写到存储器中的字数据,除 R15 之外的通用寄存器。Rd 与 Rm 可以是同一个寄存器

2) 功能

SWP 指令用于将基址寄存器(Rn)所指向的存储器中的字数据传送到目的寄存器

(Rd)中,同时将源寄存器(Rm)中的字数据传送到基址寄存器(Rn)所指向的存储器中。显然,当源寄存器(Rm)和目的寄存器(Rd)为同一个寄存器时,指令交换该寄存器和存储器的内容。

3）指令周期

数据交换指令占用1S+2N+1I个增强周期,这里,S、N、I分别定义为连续周期(S周期)、非连续周期(N周期)、内部周期(I周期)。

例如:

```
SWP    R0,R1,[R2]    ;以 R2 中的内容为存储器地址加载 R0,将 R1 存储到 R2 间址的单元
SWPEQ  R0,R0,[R1]    ;若 Z=1,则将 R1 间址单元的字数据与 R0 中的字数据交换
```

2. 字节数据交换指令(SWPB)

1）汇编语法格式

```
<SWP>{cond}B Rd,Rm,[Rn]
```

2）功能

SWPB指令用于将基址寄存器(Rn)所指向的存储器中的字节数据传送到目的寄存器(Rd)中,目的寄存器的高24清“0”。同时将源寄存器(Rm)中的字节数据传送到基址寄存器(Rn)所指向的存储器中。显然,当源寄存器(Rm)和目的寄存器(Rd)为同一个寄存器时,指令交换该寄存器和存储器的内容。

3）指令周期

数据交换指令占用1S+2N+1I个增强周期,这里,S、N、I分别定义为连续周期(S周期)、非连续周期(N周期)、内部周期(I周期)。

例如:

```
SWPB    R0,R1,[R2]    ;以 R2 中的内容为存储器地址加载 R0,将 R1 存储到 R2 间址的单元
```

8.3.8 程序状态寄存器访问指令

本指令可以有条件执行,也可以无条件执行,各种条件如表8.2所列。

这些指令允许访问CPSR、SPSR寄存器。MRS指令允许将CPSR或SPSR_<mode>中的内容复制到一个通用寄存器中,MSR指令允许将一个通用寄存器中的内容复制到CPSR或SPSR_<mode>中。

MSR指令也允许将一个立即数或寄存器中的内容仅复制到CPSR或SPSR_<mode>条件码标志位而不是控制位。在这种情况下,指定的寄存器中仅有最高4位或指定的32位立即数的最高4位被复制到相关PSR中的高4位。

ARM7TDMI支持4条访问程序状态寄存器的指令。

1. 操作数的限制

(1) 在用户模式下,CPSR中的控制位被保护不允许改变,只有条件码可以改变。在其他特权模式下,可以改变CPSR中的除T标志和保留位外的其他内容。

(2) 不要利用软件改变CPSR中的T标志位,如果发生了这种情况,处理器将进入一个不可预知的状态。

(3) 被访问的SPSR寄存器取决于处理器当时的模式,例如,SPSR_fiq只有处理器在FIQ模式下才能被访问。

(4) 不得用R15作为源寄存器或目的寄存器。

(5) 不要试图在用户模式下访问 SPSR,因为在用户模式下,没有这样的寄存器存在。

2. 程序状态寄存器到通用寄存器的数据传送指令(MRS)

1) 汇编语法格式

```
MRS{cond} Rd,<psr>
```

<psr>: CPSR, SPSR 中的所有各位。

2) 功能

MRS 指令用于将程序状态寄存器的内容传送到通用寄存器中。该指令一般用在以下几种情况:

(1) 当需要改变程序状态寄存器的内容时,可用 MRS 将程序状态寄存器的内容读入通用寄存器,修改后再写回程序状态寄存器。

(2) 当在异常处理或进程切换时,需要保存程序状态寄存器的值,可先用该指令读出程序状态寄存器的值,然后保存。

3) 指令周期

指令占用 1S 周期,S 定义为连续周期(S 周期)。

例如:

```
MRS    R0,CPSR          ;传送 CPSR 的内容到 R0
MRS    R0,SPSR          ;传送 SPSR 的内容到 R0
```

3. 通用寄存器到程序状态寄存器的数据传送指令(MSR)

1) 汇编语法格式

```
MSR{cond} <psr> ,Rm
```

2) 功能

MSR 指令用于将操作数的内容传送到程序状态寄存器。在特权模式下,Rm 中的所有各位都传送到程序状态寄存器。在用户模式下,仅有 Rm 中的最高 4 位都传送到程序状态寄存器最高 4 位,即标志位。

3) 指令周期

指令占用 1S 周期,S 定义位连续周期(S 周期)。

例如:

```
MSR    CPSR,R0          ;传送 R0 的内容到 CPSR,特权模式下实现全部传送,用户模式下,仅
                        ;传送高 4 位
MSR    SPSR,R0          ;传送 R0 的内容到 SPSR,特权模式下实现全部传送
```

4. 通用寄存器高 4 位到程序状态寄存器的数据传送指令

1) 汇编语法格式

```
MSR{cond} <psrf>,Rm
```

<psrf> :CPSR_flg 或 SPSR_flg

2) 功能

仅有通用寄存器的高 4 位被传送到程序状态寄存器的高 4 位,本指令用于修改程序状态寄存器中的标志位。

3) 指令周期

指令占用 1S 周期,S 定义位连续周期(S 周期)。

例如:

```
MSR    CPSR_flg,R0     ; CPSR[31:28] ← R0[31:28]
```

```
MSR    SPSR_flg,R0    ; SPSR[31:28] ← R0[31:28]
```

5. 32 位立即数中高 4 位到程序状态寄存器的数据传送指令

1）汇编语法格式

MSR{cond} <psrf>,<#expression>

指令中符号的含义：

<#expression>：必须是 8 位域表达的数。

2）功能

仅有立即数的高 4 位被传送到程序状态寄存器地高 4 位，用于修改程序状态寄存器中的标志位。

3）指令周期

指令占用 1S 周期，S 定义位连续周期（S 周期）。

例如：

```
MSR    CPSR_flg,#0x30000000 ;CPSR[31:28] ←0x3(将 C、V 置“1”;将 N、Z 清“0”)
```

（1）在用户模式下，下述指令实现的操作：

```
MSR    CPSR,Rm                ; CPSR[31:28] ← Rm[31:28]
MSR    CPSR_flg,Rm            ; CPSR[31:28] ← Rm[31:28]
MSR    CPSR_flg,#0xA0000000
                              ; CPSR[31:28] ← 0xA (置“1” N,C; 清“0” Z,V)
MRS    Rd,CPSR                ; Rd[31:0] ← CPSR[31:0]
```

（2）在特权模式下，下述指令实现的操作：

```
MSR    CPSR,Rm                ; CPSR[31:0] ← Rm[31:0]
MSR    CPSR_flg,Rm            ; CPSR[31:28] ← Rm[31:28]
MSR    CPSR_flg,#0x50000000
                              ; CPSR[31:28] ← 0x5 (将 Z,V 置“1”;将 N,C 清“0”)
MSR    SPSR,Rm                ; SPSR_<mode>[31:0] ← Rm[31:0]
MSR    SPSR_flg,Rm            ; SPSR_<mode>[31:28] ← Rm[31:28]
MSR    SPSR_flg,#0xC0000000
                              ; SPSR_<mode>[31:28] ←0xC (将 N,Z 置“1”;将 C,V;
                              清“0”)
MRS    Rd,SPSR                ; Rd[31:0] ← SPSR_<mode>[31:0]
```

注意：在 ARM7TDMI 微处理器中，PSR 中只有 12 个比特位被定义（N,Z,C,V,I,F,T,M[4:0]），其余的位保留做将来版本的处理器使用。为了最大程度保证 ARM7TDMI 微处理器程序和未来处理器程序的兼容性，必须遵守下述规则：

（1）在改变 PSR 的数值时，保留位必须被保护。

（2）检查 PSR 的状态时，程序不要依赖保留位的特定值，因为在将来的处理器中，它们也许被读做“0”或“1”。

当修改任何一个 PSR 的控制位时，应该采用读—修改—写策略，包括利用 MRS 指令将 PSR 中的内容传输到一个通用寄存器，仅修改相关的比特位，然后利用 MSR 指令将修改后的数值传送到 PSR 寄存器。

例如：下述指令实现工作模式修改。

```
MRS    R0,CPSR                ;复制 CPSR 到 R0
BIC    R0,R0,#0x1F            ;模式位清“0”
```

```
ORR    R0,R0,#NEW_MODE        ;选择新的模式位
MSR    CPSR,R0                ;将经修改的模式写回到CPSR
```

当目的仅仅是修改一个PSR中的条件码标志,可以将数值直接写到标志位不会影响控制位,下面的指令N、Z、C、V置"1"。

```
MSR    CPSR_flg,#0xF0000000    ;不管以前的状态,将4个条件标志位置"1",不影响任何
                               控制位
```

8.3.9 协处理器指令

本指令可以有条件执行,也可以无条件执行,各种条件如表8.2所列。

ARM微处理器可支持多达16个协处理器,用于各种协处理操作,在程序执行的过程中,每个协处理器只执行针对自身的协处理指令,忽略ARM处理器和其他协处理器的指令。

ARM的协处理器指令主要有3类,用于ARM处理器初始化协处理器的数据处理指令、ARM处理器的寄存器和协处理器的寄存器之间传送数据指令、协处理器的寄存器和存储器之间传送数据指令。ARM协处理器指令包括以下5条:

(1) CDP:协处理器数据操作指令。

(2) LDC:协处理器数据加载指令。

(3) STC:协处理器数据存储指令。

(4) MCR:ARM处理器寄存器到协处理器寄存器的数据传送指令。

(5) MRC:协处理器寄存器到ARM处理器寄存器的数据传送指令。

1. 协处理器数据操作指令(CDP)

1) 汇编语法格式

```
CDP{cond} p#,<expression1>,cd,cn,cm{,<expression2>}
```

p# :协处理器的编号。

<expression1>:协处理器操作码。

cd:作为目的寄存器的协处理器寄存器。

cn、cm:存放操作数的协处理器寄存器。

<expression2>:协处理器信息。

2) 功能

用于ARM处理器通知协处理器执行特定的操作。

3) 指令周期

协处理器数据操作指令占用1S+bI个增强周期,这里,b是协处理器在忙-等待循环中消耗的周期数。S和I分别定义为连续周期(S周期)和内部周期(I周期)。

例如:

```
CDP    P1,10,C1,C2,C3          ;要求1号协处理器使用C2、C3中数据执行10号操作,
                                操作的结果放在C1中
CDPEQ P2,5,C1,C2,C3,2          ;如果Z=1,要求2号协处理器使用C2、C3中数据执行5
                                号(2类)操作,操作的结果放在C1中
```

2. 协处理器数据加载指令(LDC)

1) 汇编语法格式

```
LDC {cond}{L} p#,cd,<Address>
```

{L}:本项存在,执行长传送(多字传送);不存在,执行短传送(单字传送)。

p#:协处理器编号。

cd:存放加载数据的协处理器寄存器。

< Address >:存储器的寻址方式,类似数据处理指令中 OP2 的寻址方式,支持如下几种寻址方式。

① [Rn]:基址寻址,不调整基址寄存器。

② [Rn, <#{+/-}expression>]{!}:基址加变址寻址,偏移量为"expression",expression 为 8 位无符号数左移 2 位获得。加载后根据寻址方式调整基址寄存器。

③[Rn], <#{+/-}expression>:基址寻址,加载后根据"expression"调整基址寄存器,expression 为 8 位无符号数左移 2 位获得。

④ {!}:加载后根据寻址方式调整基址寄存器。

⑤ Rn:一个有效的 ARM7TDMI 寄存器。

注意:如果 Rn 是 R15,则汇编器将从偏移量中减去 8 以允许 ARM7TDMI 流水线操作。

2) 功能

根据指令中规定的寻址方式将存储器中 1 个字或多个字数据加载到协处理器寄存器。

3) 指令周期

指令占用(n-1)S +2N+bI 个增强周期,这里,n 为传送字的数量。b 为协处理器在忙-等待循环中消耗的周期数。S、N 和 I 分别定义为连续周期(S 周期),非连续周期(N 周期),和内部周期(I 周期)。

例如:

```
LDC P1,C2,(R1,#-4)   ;从地址为(R1-4)存储器单元加载一个字数据到协处理器 1 的 C2 寄存器
```

3. 协处理器数据存储指令(STC)

1) 汇编语法格式

```
STC {cond}{L} p#,cd,<Address>
```

2) 功能

根据指令中规定的寻址方式将协处理器寄存器中的字数据存储到存储器中。

3) 指令周期

指令占用(n-1)S +2N+bI 个增强周期,这里,n 为传送字的数量。b 为协处理器在忙-等待循环中消耗的周期数。S、N 和 I 分别定义为连续周期(S 周期),非连续周期(N 周期),和内部周期(I 周期)。

例如:

```
STCEQ    P2,C3,[R5,#24]!          ;若 Z=1,则将协处理器 2 的 C3 寄存器存储到地址为
                                   (R5+24)的存储器单元,调整基址寄存器 R5=R5+24
```

4. ARM 微处理器寄存器到协处理器寄存器传送指令(MCR)

1) 汇编语法格式

```
MCR{cond} p#,<expression1>,Rd,cn,cm{,<expression2>}
```

Rd:ARM7TDMI 的一个寄存器。

2) 功能

协处理器根据 ARMTDMI 微处理器寄存器中的数据完成规定的操作,并将操作结果存放到协处理器寄存器。例如要求将 ARM7TDMI 寄存器中的 32 位定点数在协处理器中

被转变为浮点数。

3）指令周期

指令占用1S +bI+ 1C 个增强周期，这里 b 为协处理器在忙—等待循环中消耗的周期数，S、I 和 C 分别定义为连续周期（S 周期）、内部周期（I 周期）和协处理器寄存器传送周期（C 周期）。

例如：

```
MCR P6,0,R4,C5,C6                ;要求6号协处理器对R4执行0号操作,将结果放到C6。
```

5. 协处理器寄存器到 ARM 微处理器寄存器传送指令（MRC）

1）汇编语法格式

```
MRC{cond} p#,<expression1>,Rd,cn,cm{,<expression2>}
```

2）功能

协处理器根据协处理器寄存器中的数据完成规定的操作，并将操作结果存放到 ARM 微处理器寄存器。例，要求在协处理器中，将一个浮点数转变为32位整数，然后结果传送到 ARM7TDMI 寄存器。

3）指令周期

MRC 指令占用1S +(b+1)I+ 1C 个增强周期，这里，S、I 和 C 分别定义为连续周期（S 周期）、内部周期（I 周期）和协处理器寄存器传送周期（C 周期）。这里 b 为协处理器在忙－等待循环中消耗的周期数。

例如：

```
MRCEQ p3,9,R3,c5,c6,2              ;若Z=1,则要求3号协处理器对c5、c6执行9号(2类)
                                    操作,将结果传送到R3
```

8.3.10 异常产生指令

ARM 微处理器所支持的异常产生指令有两条，软件中断指令（SWI）与断点中断指令（BKPT）。

1. 软件中断指令（SWI）

1）汇编语法格式

```
SWI{cond} <expression>
```

<expression>：24位的立即数。

2）功能

SWI 指令用于产生软件中断，以便用户程序能调用操作系统的系统例程。操作系统在 SWI 的异常处理程序中提供相应的系统服务，指令中24位的立即数指定用户程序调用系统例程的类型，相关参数通过通用寄存器传递，当指令中24位的立即数被忽略时，用户程序调用系统例程的类型由通用寄存器 R0 的内容决定，同时，参数通过其他通用寄存器传递。

3）指令周期

软件中断指令占用2S+1N 个增强周期，这里，S、N 分别定义为连续周期（S 周期）、非连续周期（N 周期）。

例如：

```
SWI    0x02                       ;该指令调用操作系统编号为02的系统例程
```

2. 断点中断指令(BKPT)

1)汇编语法格式

```
BKPT    16位的立即数
```

2)功能

BKPT 指令产生软件断点中断,可用于程序的调试。

思考题及习题

1. 写出5条指令,每条指令就源操作数而言,其寻址方式分别为寄存器寻址、多寄存器寻址、立即数寻址、寄存器间接寻址、基址变址寻址。

2. 说明转移指令“B　L1”中的标号L1,在当前指令的什么范围内有效。

3. 说明转移指令“BX　R0”的转移范围,R0取何值可转移到ARM指令处、R0取何值可转移到THUMB指令处。

4. 编程实现:若R0=0,则转移到标号L0处;若R0=1,则转移到标号L1处;若R0=2,则转移到标号L2处,否则不转移。

5. 除了转移指令“B、BX”外,还有什么指令可实现程序的转移,举例说明。

6. 编程实现:100+101+102+…+200,其和存于R0。

7. 如何实现128位数的减法,举例说明。

8. 将存储器中起始地址Ml处的4个字数据移动到地址M2处。

9. 有4个单字节数分别存放在R0~R3中,编程实现:4数相乘,其积存放在R4中。

10. 编程实现:R0中的高24位[31:8]保持不变,低8位[7:0]设置为0xB。

11. 编程实现:从存储器中起始地址Ml处的100个字节数据中,找出一个最小数存放在R0中。

12. 编程实现:将存储器中起始地址Ml处的100个字节数据,从大到小加以排序,大数在前,小数在后。

13. 说明以下两条指令实现的功能:

```
MOV     PC,R3
MOVS    PC,R3
```

14. 参考CPSR寄存器中各标志位的含义,使处理器工作于系统模式。

15. 编程实现:将CPSR中的标志位修改为:N=0,Z=1,C=0,V=1,CPSR中的其他各位保持不变。

第9章 编程基础

本章介绍 ARM 程序设计的一些基本知识,包括 ARM 编译器所支持的常用的汇编语言伪指令、汇编语言的语句格式、汇编语言的程序结构等。同时简要介绍了 C/C + + 和汇编语言的混合编程方法,给出相关程序范例,使初学者更快、更好了解嵌入式系统的编程。

9.1 汇编语言的伪指令

ARM 汇编语言源程序通常由指令、伪指令和宏指令组成。伪指令与指令系统中指令不同,没有相对应的操作码,所完成的操作称为伪操作。ARM 源程序中的宏指令也是通过伪操作定义的。

伪指令在源程序中主要完成汇编程序各种准备工作,仅在汇编过程中起作用,一旦汇编结束,伪指令的使命就完成了。

在 ARM 的汇编程序中,有符号定义(Symbol Definition)伪指令、数据定义(Data Definition)伪指令、汇编控制(Assembly control)伪指令及其他伪指令。

9.1.1 符号定义伪指令

符号定义伪指令用于定义 ARM 汇编程序中的变量、对变量进行赋值以及定义寄存器的别名等操作。基于 ARM 编译器的符号定义伪指令:GBLA、GBLL 和 GBLS;LCLA、LCLL 和 LCLS;SETA、SETL、SETS;RLIST。

1. GBLA、GBLL 、GBLS

GBLA、GBLL 和 GBLS 伪指令用于定义一个 ARM 程序中的全局变量,并将其初始化。其中:

GBLA 伪指令用于定义一个全局的数字变量,并初始化为“0”;

GBLL 伪指令用于定义一个全局的逻辑变量,并初始化为 F(假);

GBLS 伪指令用于定义一个全局的字符串变量,并初始化为空字符串“”。

伪指令语法格式:

GBLA (或 GBLL 或 GBLS) variable

其中:variable 为用户定义的全局变量名,该全局变量名在其作用范围内必须唯一,全局变量的作用范围为包含该变量的源程序。

使用示例:

```
GBLA  test1      ;定义一个全局的数字变量,变量名为 test1,其初始值为“0”
GBLL  test2      ;定义一个全局的逻辑变量,变量名为 test2,其初始值为假
GBLS  test3      ;定义一个全局的字符串变量,变量名为 test3,其初始值为“”
```

2. LCLA、LCLL、LCLS

LCLA、LCLL 和 LCLS 伪指令用于定义一个 ARM 程序中的局部变量,并将其初始化。

其中：

LCLA 伪指令用于定义一个局部的数字变量，并初始化为“0”；

LCLL 伪指令用于定义一个局部的逻辑变量，并初始化为 F(假)；

LCLS 伪指令用于定义一个局部的字符串变量，并初始化为空字符串“”。

伪指令语法格式：

```
LCLA(或 LCLL 或 LCLS) variable
```

其中：variable 为用户定义的局部变量名，在其作用范围内必须唯一，局部变量的作用范围为包含该局部变量的源程序使用。

使用示例：

```
LCLA v_data        ;声明一个局部的数字变量,变量名为 v_data,初始值为“0”
LCLL logic         ;声明一个局部的逻辑变量,变量名为 logic,初始值为“假”
LCLS str           ;定义一个局部的字符串变量,变量名为 str,初始值为“”
```

3. SETA、SETL 和 SETS

伪指令 SETA、SETL、SETS 用于给一个已经定义的全局变量或局部变量赋值。

其中：

SETA 伪指令用于给一个数字变量赋值；

SETL 伪指令用于给一个逻辑变量赋值；

SETS 伪指令用于给一个字符串变量赋值。

伪指令语法格式：

```
变量名 SETA(SETL 或 SETS) 表达式
```

其中：语句中变量名为已经定义的全局变量或局部变量，表达式为将要赋给变量的值。

使用示例：

```
LCLA        variable5                  ;声明一个局部的数字变量,变量 variable5
variable5  SETA     0xEE              ;将该变量赋值为 0xEE
GBLS        variable7                  ;声明一个全局字符串变量,变量名为 variable7
variable7  SETS“semaphone”            ;将该变量赋值“semaphone”
```

4. RLIST

RLIST 伪指令可用于对一个通用寄存器列表定义名称，使用该伪指令定义的名称可在 ARM 指令 LDM/STM 中使用。在 LDM/STM 指令中，列表中的寄存器访问次序为根据寄存器的编号由低到高，而与列表中的寄存器排列次序无关。

伪指令语法格式：

```
name      RLIST {reglist}
```

其中：name 要定义的寄存器列表的名称；reglist 为通用寄存器列表。

将寄存器列表取名后，可在 ARM 指令 LDM/STM 中通过该名称访问寄存器列表。

使用示例：

```
LoReg RLIST{R0 - R7  }                ;将寄存器列表名称定义为 LoReg
…
STMFD      SP!,LoReg                  ;列表中的寄存器进栈保护
…
```

9.1.2 数据定义伪指令

数据定义伪指令一般用于为特定的数据分配存储单元，同时可完成已分配存储单元

的初始化。该类伪指令通常有定义定点数据的 DCB、DCW(DCWU)、DCD(DCDU)和定义浮点数据的 DCFD(DCFDU)、DCFS(DCFSU)以及以字节为单位分配存储单元的 DCQ(DCQU)、SPACE、MAP 和 FIELD。

1. DCB

DCB 伪指令用于分配一片连续的字节存储单元并用伪指令中指定的数据初始化。DCB 也可用"="代替。一般可以用来定义数据报表或字符串。

伪指令语法格式:

```
{label}    DCB   expr {, expr }…
```

其中:label 为数据起始地址标号;expr 表达式可以为 0~255 的数值或字符串,内存分配的字节数由 expr 表达式个数决定。

使用示例:

```
Stri    DCB  "Null string"     ;分配一片连续的字节存储单元并初始化
```

2. DCW、DCWU

DCW 伪指令用于分配一片连续半字存储单元,并用伪指令中指定的 expr 表达式初始化。用 DCW 分配的存储单元需要半字对齐的。DCWU 具有 DCW 同样的功能,但用 DCWU 分配的存储单元并不严格半字对齐。

伪指令语法格式:

```
{label} DCW(DCWU)  expr {, expr }…
```

其中:label 为数据起始地址标号;expr 表达式可以为数字表达式,其取值范围为 -32768~65535。

使用示例:

```
Data1  DCW  -592,12,6756        ;分配一片连续的半字存储单元并初始化
```

3. DCD、DCDU

DCD(DCDU)伪指令用于分配一片连续的字存储单元并用伪指令中指定的 expr 表达式初始化。DCD(DCDU)一般用来定义数据表格或其他常数,DCD 也可用"&"代替。DCD 分配的字存储单元是字对齐的,DCDU 分配的字存储单元并不严格字对齐。

伪指令语法格式:

```
{label}     DCD(或 DCDU)    expr {, expr }…
```

其中:label 为数据起始地址标号;expr 表达式可以为数字表达式或程序标号。

使用示例:

```
Data1  DCD  4,5,6   ;分配 3 个连续的字存储单元并初始化为 4、5、6
```

4. DCFD、DCFDU

DCFD 伪指令用于为双精度的浮点数分配一片连续的字存储单元,并用伪指令中指定的表达式初始化。每个双精度的浮点数占据两个字单元。DCFD 伪指令分配的字存储单元需要字对齐的。DCFDU 具有 DCFD 同样的功能,但分配的内存不需要严格字对齐。

伪指令语法格式:

```
{label}     DCFD(或 DCFDU)    fpliteral
```

其中:label 为数据起始地址标号; fpliteral 为双精度浮点数的表达式。

使用示例:

```
DATA1  DCFD 2E115, -5E7  ;分配一片连续的字存储单元并初始化为;指定的双精度数
```

5. DCFS、DCFSU

DCFS 伪指令用于为单精度的浮点数分配一片连续的字存储单元,并用伪指令中指定的表达式初始化。每个单精度的浮点数占据一个字单元,DCFS 伪指令分配的字存储单元需要字对齐的,DCFSU 具有 DCFS 同样的功能,但分配的内存不需要严格字对齐。

伪指令语法格式:

```
{label}  DCFS(或 DCFSU)  fpliteral
```

其中:label 为数据起始地址标号;fpliteral 为单精度浮点数的表达式。

使用示例:

```
Fdata1   DCFS 2E5,-3E-4 ;分配一片连续的字存储单元并初始化为指定的单精度数
```

6. DCQ、DCQU

DCQ 伪指令用于分配一片以 8 个字节为单位的连续存储区域并用伪指令中指定的表达式初始化,用 DCQ 分配的存储单元需要字对齐的。DCQU 具有 DCQ 同样的功能,但用 DCQU 分配的存储单元并不需要严格字对齐。

伪指令语法格式:

```
{label}  DCQ(或 DCQU)    expr {,expr}…
```

其中:{label}为内存块起始地址标号;expr 为初始化的数据表达式。

使用示例:

```
Datate  DCQU 1234           ;分配一片连续的存储单元并初始化为指定的值。
```

7. SPACE

SPACE 伪指令用于分配一片连续的存储区域并初始化为"0"。SPACE 也可用"%"代替。

伪指令语法格式:

```
{label}    SPACE    expr
```

其中:label 为数据块起始地址标号;expr 表达式为所要分配的内存字节数。

使用示例:

```
DataBuf    SPACE  100        ;分配连续 100B 空间并初始化为"0"
```

8. MAP

MAP 伪指令用于定义一个结构化的内存表的首地址。MAP 也可用"^"代替。

伪指令语法格式:

```
MAP 表达式{,基址寄存器}
```

其中:表达式可以为程序中的标号或数学表达式,基址寄存器为可选项,当基址寄存器选项不存在时,表达式的值即为内存表的首地址,当该选项存在时,内存表的首地址为表达式的值与基址寄存器的和。MAP 伪指令通常与 FIELD 伪指令配合使用来定义结构化的内存表。

使用示例:

```
MAP 0x100,R0  ;定义结构化内存表首地址的值为 0x100 +R0
```

9. FILED

FIELD 伪指令用于定义一个结构化内存表中的数据域。FILED 也可用"#"代替。FIELD 伪指令常与 MAP 伪指令配合使用来定义结构化的内存表。MAP 伪指令定义内存表的首地址,FIELD 伪指令定义内存表中的各个数据域,并可以为每个数据域指定一个标号供其他的指令引用。注意,MAP 和 FIELD 伪指令仅用于定义数据结构,并不实际分配

存储单元。

伪指令语法格式：

```
{label} FIELD expr
```

其中：expr 表达式的值为当前数据域在内存表中所占的字节数。

使用示例：

```
MAP 0x100            ;定义结构化内存表首地址的值为 0x100
A FIELD 16           ;定义 A 的长度为 16 字节,位置为 0x100
B FIELD 32           ;定义 B 的长度为 32 字节,位置为 0x110
S FIELD 256          ;定义 S 的长度为 256 字节,位置为 0x130
```

9.1.3 汇编控制及其他常用伪指令

汇编控制(Assembly Control)伪指令用于控制汇编程序的汇编流程,常用的有条件汇编控制伪指令 IF、ELSE 和 ENDIF,重复汇编控制伪指令 WHILE、WEND,宏定义伪指令 MACRO、MEND；从宏定义跳出伪指令 MEXIT；其他常用伪指令，有 AREA、ALIGN、CODE16、CODE32、END、EQU、ENTRY、EXPORT(或 GLOBAL)、IMPORT、GET、INCLUDE。

1. IF、ELSE、ENDIF

IF、ELSE、ENDIF 伪指令类似于 C 语言的 if 条件语句,不同的是加“ENDIF”结束指令。

伪指令语法格式：

```
IF   逻辑表达式
     指令序列 1
ELSE
     指令序列 2
ENDIF
```

当 IF 后面的逻辑表达式为真,则执行指令序列 1；否则执行指令序列 2。值得注意的是 ELSE 及指令序列 2 可以没有,此时,当 IF 后面的逻辑表达式为真,则执行指令序列 1；否则继续执行后面的指令。IF、ELSE、ENDIF 伪指令可以嵌套使用。

2. WHILE、WEND

WHILE 和 WEND 伪指令能根据条件的成立与否决定是否循环执行某个指令序列。

伪指令语法格式：

```
WHILE    逻辑表达式
         指令序列
WEND
```

当 WHILE 后面的逻辑表达式为真,则执行指令序列,该指令序列执行完毕后,再判断逻辑表达式的值,若为真则继续执行,一直到逻辑表达式的值为假。WHILE、WEND 伪指令可以嵌套使用。

3. MACRO、MEND

MACRO 和 MEND 伪指令用于宏定义,MACRO 标志宏定义的开始,MEND 标志宏定义的结束,用 MACRO、MEND 伪指令可以将一段代码定义为一个整体,称为宏指令,然后就可以在程序中通过宏指令多次调用该段代码。

伪指令语法格式：

```
MACRO
$标号    宏名    $参数1, $参数2,……
指令序列
MEND
```

$标号在宏指令被展开时,标号会被替换为用户定义的符号。宏指令可以使用一个或多个参数,当宏指令被展开时,这些参数被相应的值替换。

宏指令的使用方式和功能与子程序有些相似,子程序可以提供模块化的程序设计、节省存储空间并提高运行速度。但在使用子程序结构时需要保护现场,从而增加了系统的开销,因此,在代码较短且需要传递的参数较多时,可以使用宏指令代替子程序。

对于子程序代码比较短,而需要传递的参数比较多的情况下可以使用宏汇编技术,首先要用 MACRO 和 MEND 伪指令定义宏,包括定义宏和定义体代码,在宏定义体(包含在 MACRO 和 MEND 之间的指令序列)的第一行应声明宏的原型(包含宏名、所需的参数),然后就可以在汇编程序中通过宏名来调用该指令序列。在源程序被编译时,汇编器将宏调用展开,用宏定义中的指令序列代替程序中的宏调用,并将实际参数的值传递给宏定义中的形式参数。MACRO、MEND 伪指令可以嵌套使用。

使用示例:

```
  MACRO                      ;宏定义开始
  $label   exem   $p1        ;宏名称为 exem,有一个参数$p1,宏的标号$label 可用于构造宏定
                              义体内的其他标号名称
  $label.loop1               ;$label.loop1 为宏定义体的内部标号
  BGE     $label.loop1
  $label.loop2               ;$label.loop2 为宏定义体的内部标号
  BL      $p1                ;参数$p1 为一个子程序的名称
  BGT     $label.loop2
  MEND
  ;-------------在程序中调用该宏-------------------
  ABC   exem   subr1         ;通过宏的名称 exem 调用宏,其中宏的标号为 ABC,参数为 subr1
  ;-------------程序被汇编后,宏展开的结果------------------
ABCloop1                     ;用标号$label 实际值 ABC 代替$label 构成标号
                             ;ABCloop1
  BGE     ABCloop1
ABCloop2
  BL      subr1              ;参数$p1 的实际值为 subr1
  BGT     ABCloop2
```

4. MEXIT

MEXIT 用于从宏定义中跳转出去。

伪指令语法格式:

```
MEXIT
```

5. AREA

AREA 伪指令用于定义一个代码段或数据段。

伪指令语法格式:

```
AREA 段名  属性1,属性2,……
```

其中:如果段名以数字开头,则该段名需用“|”括起来,如|1_test|。属性字段表示该代码段或数据段的属性。在 ARM 程序中多个属性用逗号分隔。常用的属性如下:

(1) CODE 属性:用于定义代码段,默认为 READONLY;

(2) DATA 属性:用于定义数据段,默认为 READWRITE;

(3)READONLY 属性:指定本段为只读,代码段默认为 READONLY;

(4) READWRITE 属性:指定本段为可读可写,数据段的默认属性为 READWRITE;

(5) ALIGN 属性:使用方式为 ALIGN 表达式,在默认时,ELF(可执行连接文件)的代码段和数据段是按字对齐的,表达式的取值范围为 0~31,相应的对齐方式为 $2^{表达式}$;

(6) COMMON 属性:该属性定义一个通用的段,不包含任何的用户代码和数据,各源文件中同名的 COMMON 段共享同一段存储单元。

使用示例:

```
AREA    Example,CODE,READONLY       ;该伪指令定义了一个代码段,段名为;Example,属性
                                    ;为只读
…                                   ;指令序列
```

6. ALIGN

ALIGN 伪指令可通过添加填充字节的方式,使当前位置满足一定的对齐方式。

伪指令语法格式:

```
ALIGN    {表达式{,偏移量}}
```

表达式的值用于指定对齐方式,取值为 $2^{表达式}$。如果没有指定表达式,则当前位置对齐到下一个字的位置,偏移量也为一个数字表达式,若使用该字段,则当前位置的对齐方式为 $2^{表达式}$ + 偏移量。

使用示例:

```
AREA  Example,CODE,READONLY,ALIEN=3        ;指定后面的指令是 8 字节对齐
…                                          ;指令序列
END
```

7. CODE16、CODE32

若在汇编源程序中同时包含 ARM 指令和 THUMB 指令时,可用 CODE16 或 CODE32 伪指令通知编译器其后的指令序列为 16 位的 THUMB 指令或 32 位的 ARM 指令,但 CODE16 或 CODE32 只通知编译器其后指令的类型,并不能对处理器进行状态的切换。要进行状态切换,可以使用 BX 指令操作。

伪指令语法格式:

```
CODE16(或 CODE32)
```

使用示例:

```
AREA    Example,CODE,READONLY
…
CODE32                    ;通知编译器其后的指令为 32 位的 ARM 指令
LDR R0,Thumbstar+1        ;将跳转地址放入寄存器 R0
BX R0                     ;程序跳转到新的位置执行,并将处理器切换到 Thumb 工作状态
…
CODE16                    ;通知编译器其后的指令为 16 位的 Thumb 指令
MOV R0,#10
```

```
…
END                     ;程序结束
```

8. ENTRY

ENTRY 伪指令用于指定汇编程序的入口点。在一个完整的汇编程序中至少要有一个 ENTRY(也可以有多个),但在一个源文件里最多只能有一个 ENTRY(可以没有)。

伪指令语法格式:

```
ENTRY
```

使用示例:

```
AREA    Example,CODE,READONLY
ENTRY                   ;指定应用程序的入口点
…
```

9. END

END 伪指令用于通知编译器已经到了源程序的结尾。每一个汇编源文件均要使用一个 END 伪指令,指示本程序结束。

伪指令语法格式:

```
END
```

使用示例:

```
AREA Example,CODE,READONLY
…
END                     ;指定应用程序的结尾,表示本程序结束
```

10. EQU

EQU 伪指令用于为程序中的常量、标号等定义一个等效的字符名称,类似于 C 语言中的#define。其中,EQU 可用"*"代替。

伪指令语法格式:

```
name EQU expr{,expr }
```

其中:name 为 EQU 伪指令定义的字符名称;expr 为等效的字符名称;{,expr }为数据类型。当 expr 表达式为 32 位的常量时,可以用类型指定表达式的数据类型,可以有 3 种类型:CODE16、CODE32 和 DATA。

使用示例:

```
ABCD     EQU   80               ;定义标号 ABCD 的值为 80
PLLCON   EQU   OxEO1FC080       ;定义寄存器 PLLCON 地址为 OxEO1FC080
Addr     EQU   0x76,CODE32      ;定义 Addr 值为 0x76,该处为 32 位的 ARM 指令
```

11. EXPORT(或 GLOBAL)

EXPORT 伪指令用于在程序中声明一个全局的标号,该标号可在其他的文件中引用。EXPORT 可以用 GLOBAL 代替。

伪指令语法格式:

```
EXPORT(或 GLOBAL)  标号  {[WEAK]}
```

其中:标号在程序中区分大小写;[WEAK]选项声明其他的同名标号优先于该标号被引用。

使用示例:

```
AREA  Example,CODE,READONLY
```

```
EXPORT   initstart          ;声明一个可全局引用的标号 initstart
…
END
```

12. IMPORT

IMPORT 伪指令告诉编译器要使用的标号不是在当前源文件中定义的，而是在其他的源文件中定义，在当前源文件中可能引用该标号，而且无论当前源文件是否引用该标号，该标号均会被加入到当前源文件的符号表中。

伪指令语法格式：

```
IMPORT  标号  {[WEAK]}
```

其中：标号在程序中区分大小写；[WEAK]选项表示当所有的源文件都没有定义这样一个标号时，编译器也不给出错误信息，在多数情况下将该标号置“0”，若该标号为 B 或 BL 指令引用，则将 B 或 BL 指令置为 NOP 操作。

使用示例：

```
AREA  Example,CODE,READONLY
IMPORT   Main               ;通知编译器当前文件要引用 Main,但 Main
                            ;在其他源文件中定义
…
END
```

13. GET(或 INCLUDE)

GET 伪指令用于将一个源文件包含到当前的源文件中，并将被包含的源文件在当前位置进行汇编处理。可以使用 INCLUDE 代替 GET，使用方法与 C 语言中的“include” 相似。GET 伪指令只能用于包含源文件，包含目标文件需要使用 INCBIN 伪指令。

伪指令语法格式：

```
GET(或 INCLUDE) 文件名
```

使用示例：

```
AREA Example,CODE,READONLY
GET a1.s                    ;通知编译器当前源文件包含源文件 a1.s
GET C:\a2.s                 ;通知编译器当前源文件包含源文件 C:\a2.s
…
END
```

另外，还有用于给一个寄存器定义别名的 RN、用于给一个局部变量定义作用范围的 ROUT、用于包含不被汇编的文件的 INCBIN 以及用于禁止浮点指令的 NOFP 等常用伪指令。由于篇幅所限，详细的内容请查相关资料。

对于 ARM 汇编器所支持的伪指令，除了我们上述介绍的常用的伪指令以外，它还支持报告伪指令，如用于断言错误 ASSERT，用于汇编诊断信息显示 INFO，用于设置列表选项 OPT，用于插入标题 TTL 和 SUBT 等，详细的内容请查相关手册。

9.2 ARM 汇编程序设计

9.2.1 汇编语言程序中的文件格式

ARM 源程序文件可以使用任意文本编辑器编写程序代码，一般地，ARM 源程序文件名的后缀名如表9.1所列。在一个项目中,至少有一个汇编源文件或C程序文件,可以有多个汇编文件或C程序文件,或者C程序文件和汇编文件的组合。

表9.1 ARM源程序文件名的后缀名

程序	文件名	程序	文件名
汇编	*.S	C文件	*.C
引入文件	*.INC	头文件	*.H

9.2.2 汇编语言的语句格式

在汇编语言程序设计中,标号必须在一行的顶格书写,其后面不要添加":",其他指令不要顶格书写。ARM汇编器对指令助记符大小写敏感,每一条指令的助记符书写时要字母大小写一致,在ARM汇编程序中,一条ARM指令、伪指令、寄存器名可以全部用大写字母、或全部用小写字母,但不允许在一条指令中大、小写混用。同时,如果一条语句太长,可将该长语句分为若干行来书写,在行的末尾用"\"表示下一行与本行为同一条语句。程序注释一定要使用";",注释内容由";"开始,到此行结束,注释可以在一行的顶格书写。另外,源程序中允许有空行,适当地插入空行可以提高源代码地可读性。

ARM(Thumb)汇编语言的语句格式为

[标号] <指令或伪指令 |条件 |S> [;注释]

应用举例如:

(1) 正确的例子:

```
        Str1       SETS  "My string1."          ;设置字符串变量 Str1
        USR_STACK  EQU    64                    ;定义常量
STAR    LDR        R0, =0x1123456
        MOV        R1,#0
```

(2) 错误的例子:

```
        START      MOV  R0,#1
ABC:    MOV        R2,#3
loop    Mov        R2,#3
        B          Loop
```

在上面错误的例子中,第一条语句的标号"START"应当顶格写;第二条语句标号ABC后不能带":";第三条语句指令中大小写混合;第四条语句标号不一致,且大小写不一致,无法跳转到Loop。

9.2.3 汇编语言程序中常用的符号

在汇编语言程序设计中,符号可以代表地址、变量和数字常量,当符号代表地址时又称为标号(label)。符号的命名可以由编程者决定,但并不是任意的,必须遵循以下的约定:

(1) 符号由大小写字母、数字以及下划线组成。

(2) 局部标号以数字开头,其他的符号都不能以数字开头。

(3) 符号区分大小写,且符号中的所有字符都是有意义的。

(4) 符号在其作用范围内必须唯一,即在其作用范围内不可有同名的符号。

(5) 程序中的符号名不能与系统内部变量或系统预定义及保留的符号相同。

(6) 符号名通常不要与指令指令助记符或伪指令同名。

1. 程序中的变量

程序中的变量是指其值在程序的运行过程中可以改变的量。ARM 汇编程序所支持的变量有数字变量、逻辑变量和字符串变量,程序中变量的值在汇编处理过程中可能会发生变化,但变量的类型在程序中是不能改变的。

数字变量用于在程序的运行中保存数字值,数字变量的取值范围为数字常量和数字表达式所能表示的数值的范围。

逻辑变量用于在程序的运行中保存逻辑值,逻辑值只有两种取值情况:真{TRUE}或假{FALSE}。

字符串变量用于在程序的运行中保存一个字符串,但注意字符串的长度不应超出字符串变量所能表示的范围。

在 ARM(THUMB)汇编语言程序设计中,可使用 GBLA、GBLL、GBLS 伪指令声明全局变量,并且可使用 SETA、SETL 和 SETS 对其进行初始化。

2. 程序中的常量

程序中的常量是指其值在程序的运行过程中不能被改变的量。ARM 汇编程序所支持的常量有数字常量、字符串常量和逻辑常量。

数字常量一般为 32 位的整数,当作为无符号数时,其取值范围为 $0 \sim 2^{32}-1$;当作为有符号数时,其取值范围为 $-2^{31} \sim 2^{31}-1$。数字常量一般用十进制、十六进制两种表达方式,比如 12 代表十进制,0x3456 代表十六进制。

字符串常量为一个固定的字符串,通常由双引号及中间字符串组成,一般用于程序运行时的信息提示。

逻辑常量只有两种取值情况:真{TRUE}或假{FALSE}。

3. 汇编时的变量替换

如果在数字变量前面有一个代换操作符“$”,编译器会将该数字变量的值转换为十六进制的字符串,并将该十六进制的字符串代换“$”后的数字变量。

如果在逻辑变量前面有一个代换操作符“$”,编译器会将该逻辑变量代换为它的取值(真或假)。

如果在字符串变量前面有一个代换操作符“$”,编译器会将该字符串变量的值代换“$”后的字符串变量。

使用示例:

```
LCLS T1                              ;定义局部字符串变量 T1 和 T2
LCLS T2
T1 SETS “you?”
T2 SETS “How are $T1”                ;字符串变量 S2 的值为“How are you?”
```

9.2.4 ARM 汇编程序中的表达式

在汇编语言程序设计中也经常使用各种表达式,表达式一般由变量、常量、运算符和

括号构成。常用的表达式有数字表达式、逻辑表达式和字符串表达式,在一个表达式中各种元素的优先级顺序遵循如下规则:

(1) 括号内的表达式优先级最高。

(2) 相邻的单目运算符的运算顺序由右到左,且单目运算符的优先级高于其他运算符。

(3) 优先级相同的双目运算符的运算顺序由左到右。

1. 字符串表达式

字符串表达式一般由字符串常量、字符串变量、运算符以及括号构成。字符串最大长度为512B,最小长度为0。下面介绍一些常用的字符串表达式的组成元素。

(1) CHR 运算符。CHR 运算符将 0 ~ 255 之间的整数转换为一个字符,其语法格式如下:

```
:CHR:整数
```

(2) LEN 运算符。LEN 运算符返回字符串的长度(字符数),其语法格式如下:

```
:LEN:字符串表达式
```

(3) CC 运算符。CC 运算符用于将两个字符串连接成一个字符串,其语法格式如下:

```
源字符串 1:CC:源字符串 2           ;将源字符串 2 连接到字符串 1 后面
```

(4) STR 运算符。STR 运算符将一个数字表达式或逻辑表达式转换为一个字符串。对于数字表达式,STR 运算符将其转换为一个以十六进制组成的字符串;对于逻辑表达式,STR 运算符将其转换为字符串 T 或 F,其语法格式如下:

```
:STR:数字表达式或逻辑表达式
```

(5) LEFT 和 RIGHT 运算符。LEFT 运算符返回某个字符串左端的一个子串,RIGHT 运算符返回某个字符串右端的一个子串。其语法格式如下:

```
源字符串:LEFT(或 RIGHT):整数(表示要返回的字符个数)
```

2. 数字表达式

数字表达式由数字常量、数字变量、数字运算符和括号构成。与数字表达式相关的运算符如下:

(1) 按位逻辑运算符。按位逻辑运算符包括 与“AND”、或“OR”、非“NOT”及异或“EOR”等运算。其用法与 C 语言相同,其格式不同。如:

```
a:AND:b                        ;a 和 b 按位作逻辑与的操作
```

(2) 算术运算符。算术运算符包括加、减、乘、除和取余数运算,分别用“+”、“-”、“×”、“/”及“MOD”表示。其用法与 C 语言相似。如:

```
5:MOD:3                        ;5 除以 3 的余数
A+B                            ;A 与 B 的和
```

(3) 移位运算符。移位运算符包括循环左移“ROL”、循环右移“ROR”、逻辑左移“SHL”及逻辑右移“SHR”运算。其用法与汇编语言类似。如:

```
0x55:SHL:2                     ;将 0x55 逻辑左移 2 位
```

3. 逻辑表达式

逻辑表达式由逻辑量、逻辑运算符和括号构成,其表达式的运算结果为真或假。与逻辑表达式相关的运算符如下有等于号“=”、大于号“>”、小于号“<”、大于等于号“>=”、小于等于“<=”、不等于号“/=”或“<>”、逻辑与“LAND”、逻辑或“LOR”、逻辑非“LNOT”及逻辑异或“LEOR”运算符。其用法与C语言类似,其格式不同。

例如:

```
a  < > b                        ;a 不等于 b
a:LAND:b                        ;a 和 b 作逻辑与的操作。
```

4. 基于寄存器和基于程序计数器(PC)的表达式

基于寄存器的表达式表示了某个寄存器的值加上(或减去)一个表达式。基于PC的表达式表示了PC的值加上(或减去)一个表达式。基于PC的表达式通常由程序中的标号与一个数字表达式组成。相关的运算符包括“BASE”“INDEX”等。BASE运算符返回基于寄存器的表达式中寄存器的编号;INDEX运算符返回基于寄存器的表达式中相对于其基址寄存器的偏移量。其语法格式如下:

```
:BASE(或 INDEX):表达式(与寄存器相关的表达式)
```

5. 其他常用运算符

(1) ? 运算符。? 运算符返回某代码行所生成的可执行代码的长度,例如:

```
? X                             ;返回定义符号 X 的代码行所生成的可执行代码的字节数。
```

(2) DEF 运算符。DEF 运算符判断是否定义某个符号,例如:

```
:DEF:X                          ;如果符号 X 已经定义,则结果为真,否则为假。
```

9.2.5 汇编语言的程序结构

ARM汇编程序设计通常采用分段式设计,一个ARM源程序至少需要一个代码段,大的程序可以包含多个代码段及数据段。段是相对独立的指令或数据序列,具有特定的名称。段可以分为代码段和数据段,代码段的内容为执行代码,数据段存放代码运行时需要用到的数据。ARM汇编程序经过编译链接处理后生成一个可执行的映象文件,该文件通常包括一个或多个只读属性的代码段、零个或多个包含初始化数据的可读写属性的数据段、零个或多个不包含初始化数据的可读写属性的数据段。

连接器根据一定的规则将各个段安排到存储器中的相应位置,源程序中段之间的相对位置与执行的映象文件中段之间的相对位置并不一定相同。

汇编语言源程序的基本结构如下:

```
AREA  Hello,CODE,READONLY             ;声明代码段 Hello
ENTRY                                 ;程序入口(调试用)
START    MOV  R7,#10
         MOV  R6,#5
         ADD  R6,R6,R7                ;R6 = R6 + R7
         END
```

在汇编语言程序中,用AREA伪指令定义一个段,并说明所定义段的相关属性,本例定义一个名为Hello的代码段,属性为只读。ENTRY伪指令标志程序的入口点,接下来为指令序列,程序的末尾为END伪指令,该伪指令告诉编译器源文件的结束。每一个汇编程序段都必须有一条END伪指令,指示代码段的结束,否则编译会有警告。

在ARM汇编语言程序中,一般是通过BL指令来实现子程序的调用,即在程序中使用“BL 子程序名”语句,可完成子程序的调用。

BL指令在执行时完成如下操作:将子程序的返回地址存放在连接寄存器LR中,同时将PC指向子程序的入口点,当子程序执行完毕需要返回调用处时,只需要将存放在

LR 中的返回地址重新复制给 PC 即可。在调用子程序的同时,也可以完成参数的传递和从子程序返回运算的结果,通常可以使用寄存器 R0 ~ R3 完成。

使用 BL 指令调用子程序的汇编语言源程序如下:

```
AREA Hello,CODE,READONLY          ;声明代码段 Hello
ENTRY                             ;程序入口(调试用)
START   MOV  R7,#10
        MOV  R6,#5
        ADD  R6,R6,R7             ;R6 = R6 + R7
        BL   DLEAY
        …
DLEAY   …
        MOV  PC,LR                ;子程序执行完后,将 LR 中的返回地址
                                  ;复制到 PC
        …
        END
```

9.2.6 C/C + + 与汇编语言的混合编程

在应用系统的程序设计中,若所有的编程任务均用汇编语言来完成,其工作量是可想而知的,同时,不利于系统升级或应用软件移植,事实上,ARM 体系结构支持 C/C + + 以及与汇编语言的混合编程。在一个完整的程序设计的中,除了初始化部分用汇编语言完成以外,其主要的编程任务一般都用 C/C + + 完成。ARM 微处理器的存储空间很大,达 4GB,完全有存储空间支持使用高级语言编程。同时,使用高级语言编程可大大缩短程序的开发时间,代码的移植也比较方便,程序的重复使用率提高,程序架构清晰易懂,管理较为容易。汇编语言与 C/C + + 的混合编程通常有以下几种方式:

(1) 在 C/C + + 代码中嵌入汇编程序。

(2) 汇编程序、C/C + + 程序间的相互调用。

在 C/C + 与汇编语言的混合编程中,必须遵守一定的调用规则,即 ARM、THUMB 过程调用标准(ARM/Thumb Procedure Call Standard,ATPCS),它规定了一些子程序间调用的基本规则,如子程序调用过程中的寄存器的使用规则,堆栈的使用规则,参数的传递规则等,应用时可查阅相关资料。

1. 在 C/C + + 代码中嵌入汇编程序

在 C 程序嵌入汇编程序,可以实现一些高级语言没有的功能,提高程序执行效率。使用的是标准的 C 语言,ARM 的开发环境实际上就是嵌入了一个 C 语言的集成开发环境,只不过这个开发环境和 ARM 的硬件紧密相关。

嵌入汇编程序的例子如下所示,其中,enable_IRQ 函数为开放 IRQ 中断。

```
_inline   viod  enable_IRQ(void)
{
    Int tmp;
_asm                              ;嵌入汇编代码
    {
    MRS   R0,CPSR                 ;读取 CPSR 的值
```

```
    BIC   R0,R0.#0x80    ;将 IRQ 中断禁止位 I 清零,即开放 IRQ 中断
    MSR   CPSR_c,R0      ;设置 CPSR 的值
    }
}
```

2. 汇编程序和 C/C + + 程序间的相互调用

C 程序和 ARM 汇编程序之间相互调用必须遵守 ATPCS 准则。使用 ADS 的 C 语言编译器编译的 C 语言子程序满足用户指定的 ATPCS 类型,对于汇编语言来说,完全要依赖用户保证各个子程序遵循 ATPCS 的规则。具体来说,汇编语言子程序必须满足下面 3 个条件:

(1) 在子程序编写时,必须遵守相应的 ATPCS 规则。

(2) 堆栈的使用要遵守相应的 ATPCS 规则。

(3) 在汇编编译器中使用 - atpcs 选项。

ATPCS 规定了在子程序调用时的一些基本规则,包括各寄存器的使用规则及其相应的名称,堆栈的使用规则,参数传递的规则,详细内容请查阅相关资料。

1) C 程序调用汇编程序

汇编程序的编程要遵循 ATPCS 规则,保证程序调用时参数的正确传递。在汇编程序中要使用 EXPORT 伪指令声明本子程序,使其他程序可以调用此子程序;在 C 语言程序中使用 extern 关键字声明外部函数(声明要调用的汇编子程序),即可调用此汇编子编程。

C 语言调用汇编程序的例子如下所示,其中汇编子程序完成加法运算,使用两个参数,分别存放 R0,R1 寄存器中。

调用汇编的 C 函数:

```
#include  <stdio.h>
#define  uint8    unsigned   char
#define  uint32   unsigned   int
/*  声明外部函数,即要调用的汇编子程序   */
extern   uint32   Add (uint32 x,uint32 y);
uint32   sum;
void     main(void)
{
      sum = Add(567,145);        /* 调用汇编子程序 Add 实现加法运算 */
      While(1);
}
```

被调用汇编子程序:

```
    EXPORT  Add                    ;声明 Add,以便外部程序引用
    AREA   AddC,CODE,READONLY
    ENTRY                          ;标志程序入口
    CODE32                         ;声明 32 位 ARM 指令
Add ADD   R0,R0,R1                 ;输入参数 x 为 R0,y 为 R1
    MOV   PC,LR                    ;返回且返回值为 R0
    END
```

2）汇编程序调用 C 程序

汇编程序的编程遵循 ATPCS 规则，保证程序调用时参数的正确传递。在汇编程序中使用 IMPORT 伪指令声明将要调用的 C 程序函数。在调用 C 程序时，要正确设置入口参数，然后使用 BL 调用。

汇编程序调用 C 程序的例子如下所示，此程序使用了 4 个参数，分别使用寄存器 R0 存储第 1 个参数，R1 存储第 2 个参数，R2 存储第 3 个参数，R3 存储第 4 个参数。

汇编调用 C 子程序函数：

```
/* * * 函数 sum4()返回 4 个整数的和 * * * /
   int  sum4(int a, int b, int c, int d)
   {
      Rerurn(a + b + c + d);   //返回 4 个变量的和
   }
```

调用 C 程序的汇编程序：

```
      EXPORT  CALLSUMS
      AREA  Example,CODE,READONLY
      IMPORT  sum4                    ;声明外部标号 sum4，即 C 函数 sum4()
   CALLSUMS
      STMFD  SP!,{LR}                 ;LR 寄存器入栈
      LDR    R0,#1                    ;设置 sum5 函数入口参数，R0 为参数 a
      LDR    R1,#2                    ;R1 为参数 b
      LDR    R2,#3                    ;R2 为参数 c
      LDR    R3,#4                    ;R3 为参数 d
      BL     sum4                     ;调用 sum4()，结果保存在 R0
      LDMFD  SP!,{PC}                 ;子程序返回
      END
```

9.3 汇编程序设计举例

本节通过两个例子来说明 ARM 汇编程序设计中伪指令以及指令的用法，同时给出汇编程序的完整编程结构。

9.3.1 汇编程序实例

本汇编程序段实现 X 的 n 次方的计算，X 和 n 均为无符号的整数，通过此段程序可以对 ARM 汇编语言编程的指令和伪指令的应用有一定的了解。程序代码如下：

```
   X      EQU  9                            ;定义 X 值为 9
   n      EQU 8                             ;定义 n 值为 8
          AREA  Example,CODE,READONLY       ;声称代码段 Example
          ENTRY                             ;程序入口
          CODE32                            ;声明以下为 32 位 ARM 指令
   START LDR   SP, =0x40003f00              ;设置堆栈
          LDR  R0, =X
          LDR  R1, =n
```

```
        BL    P0W                           ;调用子程序 POW,返回值 RO
HALT  B     HALT
;----------POW 子程序----------
;入口参数:R0(底数),R1(指数)
;本程序不考虑溢出问题
POW
        STMFD  SP!,{R1,R2,LR}      ;寄存器入栈保护
        MOVS   R2,R1               ;将指数值复制到 R2,并影响条件码标志
        MOVEQ  R0,#1               ;若指数为 0,则设置 R0 =1
        BEQ    POW_END             ;若指数为 0,则返回
        CMP    R2,#1
        BEQ    POW_END             ;若指数为 1,则返回
        MOV    R1,R0               ;设置 DO_MUL 子程序入口参数 R0 和 R1
        SUB    R2,R2,#1            ;计数器 R2 = 指数值减 1
POW_L1  BL     DO_MUL              ;调用 DO_MUL 子程序
        SUBS   R2,R2,#1            ;每循环一次,计数器 R2 减 1
        BNE    POW_L1              ;若计数器 R2 不为 0,跳转到 POW_L1
POW_END LDMFD  SP!,{R1,R2,PC}      ;寄存器出栈,返回
;----------DO_MUL 子程序----------
;出口参数为 R0,为计算结果
DO_MUL  MUL    RO,R1,RO
        MOV    PC,LR
        END
```

9.3.2 基于 S3C44B0X 汇编程序实例

在这里举一个基于 S3C44B0X 的实际应用例程,供大家学习和参考。以下的汇编程序段实现:每过一定时间,通过 ARM7 微处理器的 UART0 隔 2 行发送字符串“HOW ARE YOU!”,可以通过 PC 机的超级终端接收。

```
    ULCON0      EQU     0x01d00000          ;UART 线控制器地址
    UCON0       EQU     0x01d00004          ;UART 控制器地址
    UFCON0      EQU     0x01d00008          ;UART FIFO 控制器地址
    UMCON0      EQU     0x01d0000C          ;UART Modem 控制器地址
    UTXH0       EQU     0x01d00020          ;发送数据保存器地址
    UBIRDIV0    EQU     0x01d00028          ;波特率除数寄存器地址
    UTRSTAT0    EQU     0x01d00010          ;UART 发送/接收状态寄存器地址
    PCONE       EQU     0x01D20028          ;通用 E 口配置寄存器地址
    PUPE        EQU     0x01D20030          ;通用 E 口上拉电阻配置寄存器地址
    WDTCON      EQU     0x01D30000          ;WDT 控制器地址
    AREA        T_TXD,CODE,READONLY         ;定义代码段“T_TXD”
      ENTRY                                 ;程序入口
    LDR         R13,=0x800000               ;设置堆栈指针
    BL          INIT                        ;调用初始化子程序子程序
M1
```

```
    LDR         R0, = LINE1              ;发送 1 行字符
    BL          TXD_LINE
    LDR         R1, = 0xFFFFF            ;延时
    BL          DELAY
    B           M1                       ;重复发送
    ;---------DELAY SUB.-----------
DELAY                                    ;延时子程序
    SUBS        R1,R1,#1
    BNE         DELAY
    MOV         PC,R14
    ;---------INIT SUB.-----------
INIT                                     ;初始化子程序
    LDR         R1, = WDTCON             ;关闭 WDT,以免影响程序调试
    LDR         R0, = 0x0
    STR         R0,[R1]
    LDR         R1, = PCONE              ;配置通用 I/O 口,使 PE2 为 RxD0,PE1 为 TxD0
    LDR         R0, =0x28
    STR         R0,[R1]
    LDR         R1, = PUPE               ;配置 E 口无上拉电阻
    LDR         R0, = 0xFF
    STR         R0,[R1]
    LDR         R1, = ULCON0             ;配置 UART 线控制器:正常模式,无奇偶校验,
                                         ;一个停止位,8 个数据位
    LDR         R0, = 0x03
    STR         R0,[R1]
    LDR         R1, = UCON0              ;配置 UART 控制器:RX 边沿触发,TX 电平触发,
                                         ;禁用延时中断,使用 RX 错误中断,正常操作
                                         ;模式,中断请求或表决模式
    LDR         R0, = 0x245
    STR         R0,[R1]
    LDR         R1, = UFCON0             ;配置 UART FIFO 控制器:禁用 FIFO
    LDR         R0, = 0x0
    STR         R0, [R1]
    LDR         R1, = UMCON0             ;配置 UART Modem 控制器:禁止使用 AFC
    LDR         R0, = 0x0
    STR         R0, [R1]
    LDR         R1, = UBIRDIV0           ;配置波特率,系统主频为频率 60MHz
    LDR         R0, = 0x20               ;(60000000/(16×115200) -1) = 32
    STR         R0, [R1]
    MOV         PC,LR                    ;子程序返回
;------------TXD_LINE SUB.------------
TXD_LINE                                 ;发送 1 行字符串子程序
    MOV         R4,LR                    ;保存堆栈指针
```

```
TXD_LINE1
    LDRB        R1,[R0],#1
    ANDS        R1,R1,#0xFF
    MOVEQ       PC,R4
    BL          TXD_BYTE
    B           TXD_LINE1
    ;------------TXD_BYTE SUB.------------
TXD_BYTE                                            ;发送 1 字符子程序
    MOV         R5,LR
    LDR         R3,=UTRSTAT0
    LDR         R2,[R3]
    TST         R2,#0x02
    BEQ         TXD_BYTE
    LDR         R2,=UTXH0
    STRB        R1,[R2]
    LDR         R1,=0xFFFF
    BL          DELAY
    MOV         PC,R5
    ;-------------------------------------
LINE1 DCB       "HOW ARE YOU!",&A,&A,&D,0   ;定义字符串
    END
```

思考题与习题

1. 什么是伪指令、伪操作?

2. 有哪些数据定义伪指令？有哪些符号定义伪指令？

3. 如何定义一个代码段？如何定义一个数据段？代码段与数据段各有什么属性?

4. 如何说明一个指令是 THUMB 指令还是 ARM 指令？

5. 如何说明汇编指令已经结束?

6. 如何说明汇编程序的入口?

7. 如何在程序中声明一个全局标号?

8. 使用在其他源程序中定义的标号,应如何说明?

9. 如何将另外一个原文件包含到当前源文件中?

10. 如何将另外一个目标文件或数据文件包含到当前源文件中?

11. 如何将程序中的常量、标号等定义一个等效的字符名称?

12. 基于 ARM 微处理器的嵌入式系统的软件,是否一定要包含一部分用汇编语言编写的程序?

13. 基于 ARM 微处理器的嵌入式系统的软件,通常使用哪些语言编写程序,那些部分适用那些语言编写?

14. 举例说明如何在程序中利用伪指令来定义一个完整的宏并在程序中调用。

15. 简要说明 EXPORT 和 IMPORT 的使用方法。

16. 简要说明汇编语言程序中常用的标号使用规范,并说明下列标号是否符合规范。

```
AREA  ;123_a  ;  开始_a  ;Test  ; test  ;
```

17. 为什么通常使用C语言与汇编语言混合编程，它有什么优点？

18. 利用C语言和汇编语言混合编程，完成两个字符串的比较，并返回比较结果。

19. 分析下列程序，说明第4条和第5条指令完成何功能？

```
    AREA      example1,CODE,READONLY
    ENTRY
    CODE32
    LDR      R0, =start +1
    BX      R0
    CODE16
start
    MOV      R1,#1
    END
```

第10章　ARM7微处理器——S3C44B0X

本章介绍一款具体的ARM7微处理器：S3C44B0X，该微处理器是韩国Samsung公司推出的16/32位RISC微处理器，内核为ARM7TDMI，片内集成了较多的外围电路，广泛适用于各种工业测控设备、信息家电、手持设备等领域，具有较高的性价比。目前，国内很多高校的嵌入式系统实验设备的微处理器都采用这款微处理器，深入了解S3C44B0X的内核和外围电路，对其他类型的ARM微处理器可以做到触类旁通。

10.1　S3C44B0X微处理器简介

10.1.1　微处理器特性

本节对S3C44B0X的内核与片内外围电路的性能做简单介绍，本章其他各节将对部分外围电路的工作原理、使用方法、应用场合进行详细的讨论。

(1) 微处理器内核。内核为ARM7TDMI，具有RISC体系结构，支持16位的THUMB指令和32位ARM指令。支持JTAG调试接口，支持片内集成ICE调试解决方案。内嵌32×8位硬件乘法器。具有实现低功耗的SAMBAII新型总线结构。

(2) 存储器控制器：

① 支持大/小端存储格式。

② 寻址空间：共256MB，分8组(bank)，每组寻址空间为32MB。

③ 数据总线：支持每组编程设定为8/16/32位数据总线宽度。

④ 所有组的存储器具有可编程的操作周期。

⑤ 支持外部等待信号延长总线周期。

⑥ 支持掉电时DRAM/SDRAM的自刷新模式。

(3) Cache存储器和内部SRAM：

① 片内具有8KB的统一Cache，结构为每组4通道相连。未使用的Cache可以用做SRAM。

② 对高速缓存器Cache，支持LRU(Least kecently used)算法，采用保持主存储器与Cache内容一致性的“写通”策略，写存储器具有4级深度，当Cache未命中时，采用“请求数据优先填充”技术。

(4) 时钟和电源管理：

① 最高工作频率：通过片内倍频器可使最大工作频率达到66MHz。

② 通过软件设置，可以接通或关断片内外围电路的输入时钟，以最大程度地降低功耗。

③ 支持多种省电工作模式：正常、慢速、闲置和停止模式。

正常模式：正常工作模式。

慢速模式:不经过倍频的低时钟频率模式。

闲置模式:只停止 CPU 的时钟。

停止模式:停止所有的时钟。

④ 停止模式的唤醒:外部中断或 RTC 报警中断。

(5) 中断控制器:

① 具有 30 个中断源(1 个看门狗定时器、6 个定时器、6 个 UART、8 个外部中断、4 个 DMA、2 个 RTC、1 个 ADC、1 个 I^2C、1 个 SIO)。

② 采用向量化的中断模式,中断延迟时间短。

③ 可编程选定外部中断的电平/边沿触发方式,选定优先级。

④ 对需要紧急响应的中断,可设置为 FIQ(快速)中断,优先级别高于一般中断 IRQ。

(6) 脉宽调制型(PWM)定时器:

① 5 个具有 PWM(脉宽调制)输出的 16 位定时器、1 个 16 位间隔定时器,可以基于 DMA 方式或中断方式工作。

② 输出波形的占空比、频率和中断优先级可编程确定。

③ 能产生死区。

④ 支持外部时钟源。

(7) 实时时钟(RTC):

① 可以访问完整的时钟参数:毫秒、秒、分钟、小时、日、星期、月、年。

② 时钟频率:32.768kHz。

③ 功能:定时警报,可用于唤醒 CPU;可产生时钟节拍中断。

(8) 通用 I/O 端口:

① 8 个外部中断口。

② 71 个多功能 I/O 口。

(9) 通用异步串行通信(UART):

① 2 通道通用 UART,可基于 DMA 或中断的操作。

② 支持 5 位、6 位、7 位或 8 位串行通信,波特率可编程选择。通信过程中,支持硬件握手信号。具有自测试模式。

③ 每通道有两个 32 字节 FIFO 用于发送和接收。

④ 支持 IrDA1.0(115.2kbps)红外通信方式。

⑤ 每个通道的收、发均有 32 字节的 FIFO 作为缓冲区。

(10) DMA 控制器:

① 2 通道通用 DMA 控制器,不需要 CPU 干预。

② 2 通道桥式 DMA(外设 DMA)控制器。

③ 支持多种 I/O 到存储器,存储器到 I/O,I/O 到 I/O 6 种 DMA 请求。

④ 多种 DMA 之间的优先级顺序可编程确定。

⑤ 采用猝发式传输模式以提高 FPDRAM、EDODRAM 和 SDRAM 的传输速率。

⑥ 支持在外部设备到存储器之间、存储器到外部设备之间采用 fly - by 模式。

(11) A/D 转换器:

① 8 通道 A/D 转换器,分辨率为 10 位。

② 最大转换速度:10 万次/s。

(12) LCD 控制器：

① 支持彩色/黑白/灰度 LCD 屏，最多 256 种颜色，灰度等级为 16 级。

② 支持单路扫描和双路扫描。

③ 支持虚拟显示屏功能，屏幕大小可编程选定。

④ 系统存储器用来做为显示缓存，从显示缓存中获取图像数据有专门的 DMA 方式。

(13) 看门狗定时器 WDT：

① 16 位看门狗定时器。

② 定时器超时时，可发出中断请求或输出复位信号使系统复位。

(14) I^2C 总线接口：

① 1 通道多主 I^2C 总线，可进行基于中断的操作模式。

② 可进行串行 8 位，双向数据传输，标准模式速度：100Kb/s；快速模式：400Kb/s。

(15) I^2S 总线接口：

① 1 通道音频 I^2S 总线接口，可进行基于 DMA 的操作。

② 串行，每通道 8/16 位数据传输。

③ 支持 MSB - justified 数据格式。

(16) SIO(同步串行 I/O)：

① 1 通道 SIO，可进行基于 DMA 或中断的操作。

② 可编程选择波特率。

③ 支持 8 位串行同步通信。

(17) 工作电压：内核为 2.5V；I/O 口为 3.3V。

(18) 最高工作频率：66MHz。

(19) 封装形式：160LQFP/160FBGA。

10.1.2 微处理器的引脚布置与描述

1. 引脚布置

S3C44B0X 的引脚布置如图 10.1 所示。

2. 引脚描述

引脚的功能描述如表 10.1 所列。

表 10.1 S3C44B0X 的引脚功能

信 号	输入/输出	描 述
总线控制		
OM[1:0]	输入	在复位期间，通过测试这两个引脚的上拉或下拉电阻情况，设置 S3C44B0X 测试模式和确定 BANK0 的总线宽度 00:8 位 01:16 位 10:32 位 11:测试模式
ADDR[24:0]	输出	地址总线，输出对应 BANK 的存储器地址
DATA[31:0]	输入/输出	数据总线，总线宽度可编程为 8/16/32 位
NGCS[7:0]	输出	BANK(组)片选信号，存储器地址位于哪一个 BANK，相应 BANK 的片选信号有效
nWE	输出	写允许信号，指示当前的总线周期为写周期
nWBE[3:0]	输出	写字节允许信号

（续）

信　号	输入/输出	描　述
nBE[3:0]	输出	在使用 SRAM 情况下,高字节/低字节使能信号
nOE	输出	读允许信号,指示当前的总线周期为读周期
nXBREQ	输入	总线控制请求信号,允许另一个总线控制器请求控制本地总线,BACK 信号有效指示已得到总线控制权
nXBACK	输出	指示 S3C44B0X 已挂起对本地总线的控制,允许其他总线控制器控制
nWAIT	输入	请求延长当前的总线周期,只要 nWAIT 为低,当前的总线周期不能完成
ENDIAN	输入	在复位期间,通过测试引脚的上拉或下拉电阻确定数据存储格式是小端还是大端格式 0:小端　1:大端
		DRAM/SDRAM/SRAM
nRAS[1:0]	输出	行地址选通信号
nCAS[3:0]	输出	列地址选通信号
nSRAS	输出	SDRAM 行地址选通信号
nSCAS	输出	SDRAM 列地址选通信号
nSCS[1:0]	输出	SDRAM 片选信号
DQM[3:0]	输出	SDRAM 数据屏蔽信号
SCLK	输出	SDRAM 时钟信号
SCKE	输出	SDRAM 时钟允许信号
		LCD 控制单元
VD[7:0]	输出	LCD 数据总线
VFRAM	输出	LCD 帧信号
VM	输出	变换行、列的电压极性
VLINE	输出	LCD 行信号
VCLK	输出	LCD 时钟信号
		定时器/脉宽调制
TOUT[4:0]	输出	定时器输出信号[4:0]
TCLK	输入	外部时钟信号输入
		中断控制单元
EINT[7:0]	输入	外部中断请求信号
		DMA
nXDREQ[1:0]	输入	外部 DMA 请求信号
nXDACK[1:0]	输出	外部 DMA 应答信号
		UART
RxD[1:0]	输入	UART 接收数据输入
TxD[1:0]	输出	UART 发送数据
nCTS[1:0]	输入	UART 清除发送输入信号
nRTS[1:0]	输出	UART 请求发送输出信号

（续）

信　号	输入/输出	描　述
		I^2C - BUS
I^2CSDA	输入/输出	I^2C 总线数据
I^2CSCL	输入/输出	I^2C 总线时钟
		I^2S - BUS
I^2S LRCK	输入/输出	I^2S 总线通道时钟选择
I^2S DO	输出	I^2S 总线串行数据输出
I^2S DI	输入	I^2S 总线串行数据输入
I^2S CLK	输入/输出	I^2S 总线串行时钟
CODECLK	输出	CODEC 系统时钟
		SIO
SIORXD	输入	SIO 接收数据输入
SIOTXD	输出	SIO 发送数据输出
SIOCK	输入/输出	SIO 时钟信号
SIORDY	输入/输出	当 DMA 完成 SIO 操作时的握手信号
		ADC
AIN[7:0]	模拟输入	ADC 模拟信号输入[7:0]
AREFT	模拟输入	ADC 参考电压高端输入
AREFB	模拟输入	ADC 参考电压低端输入
AVCOM	模拟输入	ADC 参考电压地
		通用 I/O 口
P[70:0]	输入/输出	通用 I/O 口(一些口只有输出模式)
		复位与时钟
nRESET	ST	复位信号,nRESET 会挂起正在运行程序,使 S3C44B0X 进复位状态。上电稳定后,nRESET 必须保持低电平至少 4 个 MCLK 时钟周期
OM[3:2]	输入	OM[3:2]确定时钟源:00:外接晶体振荡器(XTAL0,EXTAL0),使用倍频器;01:外部时钟输入,使用倍频器 10,11:芯片测试模式
EXTCLK	输入	当 OM[3:2] =01 时,选择外部时钟源,不用时必须接高(3.3V)
XTAL0	模拟输入	系统时钟内部振荡线路的晶体输入脚,不用时必须接高(3.3V)
EXTAL0	模拟输出	外接晶体振荡器作为系统时钟源时,时钟信号输出脚,它是 XTAL0 的反相输出信号,不用时必须悬空
PLLCAP	模拟输入	外接 PLL 倍频器回路滤波电容(700pF)引脚
XTAL1	模拟输入	外接 RTC 时钟的晶体输入脚
EXTAL1	模拟输出	RTC 时钟的晶体输出脚,它是 XTAL1 的反相输出信号
CLKout	输出	Fout 或 Fpllo 时钟输出信号
		JTAG 测试逻辑
nTRST	输入	TAP 控制器复位信号,nTRST 在 TAP 启动时复位 TAP 控制器,若使用 debugger,必须连接一个 10kΩ 上拉电阻,否则 nTRST 必须为低电平
TMS	输入	TAP 控制器模式选择信号,控制 TAP 控制器的状态时序,必须连接一个 10kΩ 上拉电阻

（续）

信　号	输入/输出	描　述
TCK	输入	TAP 控制器时钟信号，提供 JTAG 逻辑的时钟信号源，必须连接一个 10kΩ 上拉电阻
TDI	输入	TAP 控制器数据输入信号，是测试指令和数据的串行输入脚，必须接一个 10kΩ 上拉电阻
TDO	输出	TAP 控制器数据输出信号，是测试指令和数据的串行输出脚
		电源
VDD	电源	S3C44B0X 内核逻辑电源(2.5V)
VSS	电源	S3C44B0X 内核逻辑地
VDDIO	电源	S3C44B0X I/O 口电源(3.3V)
VSSIO	电源	S3C44B0X I/O 地
RTCVDD	电源	RTC 电源(2.5V 或 3V，不支持 3.3V，如果不使用 RTC，这个引脚必须连接到规定的电源端)
VDDADC	电源	ADC 电源(2.5V)
VSSADC	电源	ADC 地

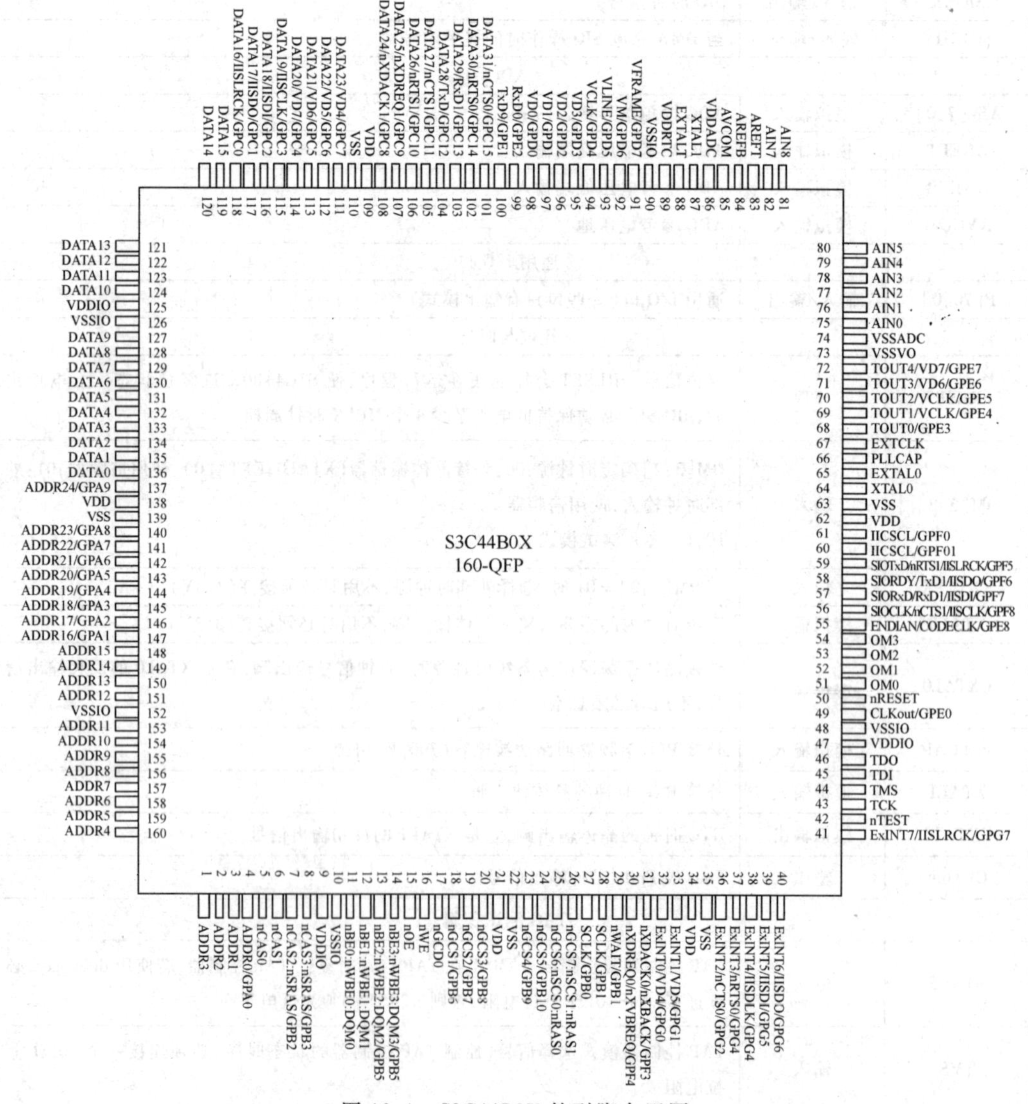

图 10.1　S3C44B0X 的引脚布置图

10.2 存储器控制器

S3C44B0X 内部没有数据存储器和程序存储器,必须在外部扩展。存储器控制器用于配置外部存储器、配置访问外部存储器必要的控制时序。S3C44B0X 的存储空间总共为256MB,按大小平均分为 8 个 BANK(组),为 BANK0、BANK1、BANK2、BANK3、BANK4、BANK5、BANK6、BANK7,每 BANK 的存储空间为 32MB。支持以组为单位,对存储器类型、数据总线宽度、存取时序进行配置,在设计应用系统的存储器时,可以根据应用系统选用的存储器的具体型号,配置与之相适应的存储器类型、数据总线宽度、存取时序等参数,从而实现与各种类型存储器接口。另外,S3C44B0X 没有外部 I/O 地址空间,在一个具体的应用系统中,任何外部 I/O 设备,必须配置在 8 个组空间,也需要根据具体的外部 I/O 设备的数据宽度、访问时序进行相应的参数配置。

10.2.1 存储空间分布

复位后 S3C44B0X 存储器映射如图 10.2 所示,其中,BANK0 ~ BANK5 存储区的起始地址与寻址空间是固定的;BANK6 存储区的起始地址是固定的,寻址空间是可编程配置的;BANK7 存储区的寻址空间、起始地址、结束地址是可以编程配置的,但受控于 BANK6 存储空间的配置,如表 10.2 所列。

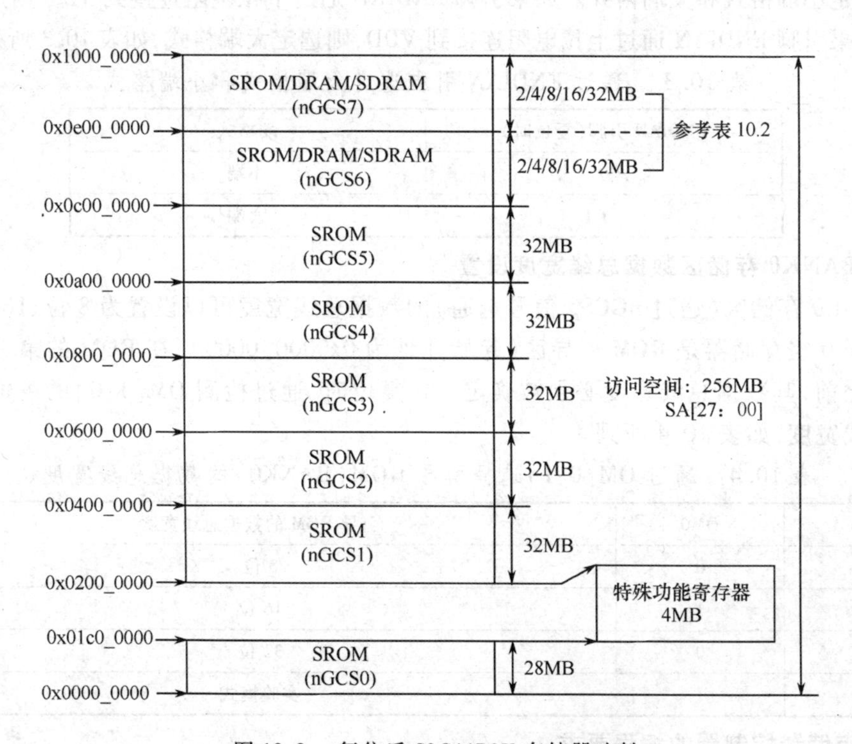

图 10.2 复位后 S3C44B0X 存储器映射

表 10.2　BANK6、BANK7 的地址

地址	2MB	4MB	8MB	16MB	32MB
Bank6					
起始地址	0xC000000	0xC000000	0xC000000	0xC000000	0xC000000
结束地址	0xC1FFFFF	0xC3FFFFF	0xC7FFFFF	0xCFFFFFF	0xDFFFFFF
Bank7					
起始地址	0xC200000	0xC400000	0xC800000	0xD000000	0xE000000
结束地址	0xC3FFFFF	0xC7FFFFF	0xCFFFFFF	0xDFFFFFF	0xFFFFFFF
注：①BANK6、BANK7 存储器必须有相同大小的存储空间，可以选择 2MB、4MB、8MB、16MB 或 32MB。 ②7BANK 存储器的起始地址为 BANK6 存储器结束地址邻接的下一地址					

10.2.2　BANK 0 的配置

S3C44B0X 的存储器存储格式分大端格式与小端格式，BANK 0 的数据总线可以设置为 8 位/16 位/32 位，这些设置必须在程序运行之前确定。系统复位之后，立即自动进入 BANK0 存储区运行，因此，BANK0 存储区的大端格式和小端格式设定及数据总线宽度设定无法通过软件设置实现，只能靠上电复位期间查看部分引脚状态（高/低电平）确定。

进入 BANK0 存储区运行程序时，应立即通过软件对其他 BANK 区的数据总线宽度、访问控制时序加以设置。设置时应根据具体的硬件配置进行。

1. 小端格式和大端格式设置

当复位信号 nRESET 为低电平时，通过检测 S3C44B0X 的 ENDIAN 引脚的高/低电平状态，来确定小端格式和大端格式。如果引脚 ENDIAN 通过下拉电阻连接到 VSS，则选定小端格式；如果引脚 ENDIAN 通过上拉电阻连接到 VDD，则选定大端格式，如表 10.3 所列。

表 10.3　通过 ENDIAN 引脚选定大端格式和小端格式

ENDIAN 引脚（复位时）	端格式
0	小端
1	大端

2. BANK0 存储区数据总线宽度设置

BANK0 存储区（通过 nGCS0 信号选通）的数据总线宽度可以设置为 8 位、16 位或 32 位。由于 0 组存储器是 ROM 引导区（起始地址为 0x0000_0000），在 ROM 的第一个单元被访问之前，其数据总线宽度必须被确定。在复位时，通过检测 OM[1:0]的逻辑电平确定其总线宽度，如表 10.4 所列。

表 10.4　通过 OM[0:1]选择引导 ROM（BANK0）的数据总线宽度

OM1	OM0	引导 ROM 的数据总线宽度
0	0	8 位
0	1	16 位
1	0	32 位
1	1	实验模式

3. 存储器控制器的编程要求

S3C44B0X 共有 13 个存储器控制寄存器，用于外接各种类型的存储器时，进行相应

的参数配置使用。13 个寄存器必须使用 STMIA 指令进行编程配置,例如:

```
        LDR     R0, = SMRDATA
        LDMIA   R0,{R1 - R13}
        LDR     R0, =0x01c80000     ;BWSCON 地址
        STMIA   R0,{R1 - R13}
SMRDATA DATA
        DCD     0x22221210          ;BWSCON 设置
        DCD     0x00000600          ;GCS0 设置
        DCD     0x00000700          ;GCS1 设置
        DCD     0x00000700          ;GCS2 设置
        DCD     0x00000700          ;GCS3 设置
        DCD     0x00000700          ;GCS4 设置
        DCD     0x00000700          ;GCS5 设置
        DCD     0x0001002a          ;GCS6 设置,EDO DRAM(Trcd =3、Tcas =2、Tcp =1、
                                    ;CAN =10bit)
        DCD     0x0001002a          ;GCS7 设置,EDO DRAM
        DCD     0x00960000 +953     ;刷新设置,(REFEN =1、TREFMD =0、Trp =3、Trc =5、
                                    ;Tchr =3)
        DCD     0x0                 ;Bank 空间设置,32MB/32MB
        DCD     0x20                ;MRSR 6(CL =2)
        DCD     0x20                ;MRSR 7(CL =2)
```

10.2.3 存储器的硬件接口

1. SROM/DRAM/SDRAM 型存储器的地址总线接口

与 3 种类型存储器接口时,地址总线连接如表 10.5 所列。从表中可见,当外接存储器的数据总线宽度为 8 位时,S3C44B0X 的地址总线 AB[24:0]与存储器的地址总线 AB[24:0]从低到高一一对应连接;当外接存储器的数据总线宽度为 16 位时,S3C44B0X 的地址总线 AB[24:1]与存储器的地址总线 AB[23:0]从低到高一一对应连接;当外接存储器的数据总线宽度为 32 位时,S3C44B0X 的地址总线 AB[24:2]与存储器的地址总线 AB[22:0]从低到高一一对应连接。

表 10.5　数据总线宽度为 8/16/32 位的地址总线接口

存储器地址引脚	S3C44B0X 地址引脚 (8 位数据总线)	S3C44B0X 地址引脚 (16 位数据总线)	S3C44B0X 地址引脚 (32 位数据总线)
A0	A0	A1	A2
A1	A1	A2	A3
A2	A2	A3	A4
A3	A3	A4	A5
…	…	…	…

2. SDRAM 型存储器存储空间的配置

SDRAM 类型的存储器只允许配置在 BANK6 或 BANK7,根据 SDRAM 不同的结构,SDRAM 的 BANK 地址连接如表 10.6 所列。与 SDRAM 的硬件接口连线方式与其结构特点有关,结构特点包括存储容量、数据总线宽度、存储器结构。

表 10.6 SDRAM 的 BANK 地址配置

BANK 大小	数据总线宽度	单个器件大小	存储器结构	Bank 地址
2MB	×8	16Mb	(1M×8×2B)×1	A20
	×16		(512K×16×2B)×1	
4MB	×8	16Mb	(2M×4×2B)×2	A21
	×16		(1M×8×2B)×2	
	×32		(512K×16×2B)×2	
8MB	×16	16Mb	(2M×4×2B)×4	A22
	×32		(1M×8×2B)×4	
	×8	64Mb	(4M×8×2B)×1	
	×8		(2M×8×4B)×1	A[22:21]
	×16		(2M×16×2B)×1	A22
	×16		(1M×16×4B)×1	A[22:21]
	×32		(512K×32×4B)×1	
16MB	×32	16Mb	(2M×4×2B)×8	A23
	×8	64Mb	(8M×4×2B)×2	
	×8		(4M×4×4B)×2	A[23:22]
	×16		(4M×8×2B)×2	A23
	×16		(2M×8×4B)×2	A[23:22]
	×32		(2M×16×2B)×2	A23
	×32		(1M×16×4B)×2	A[23:22]
	×8	128Mb	(4M×8×4B)×1	
	×16		(2M×16×4B)×1	
32MB	×16	64Mb	(8M×4×2B)×4	A24
	×16		(4M×4×4B)×4	A[24:23]
	×32		(4M×8×2B)×4	A24
	×32		(2M×8×4B)×4	A[24:23]
	×16	128Mb	(4M×8×4B)×2	
	×32		(2M×16×4B)×2	
	×8	256Mb	(8M×8×4B)×1	
	×16		(4M×16×4B)×1	

3. ROM 型存储器的接口

S3C44B0X 与 8 位 ROM 型存储器的接口、8 位 ROM×2 型存储器的接口、8 位 ROM×4 型存储器的接口、16 位 ROM 型存储器的接口分别如图 10.3～图 10.6 所示。

4. SRAM 型存储器的接口

S3C44B0X 与 16 位 SRAM 型存储器的接口、16 位 SRAM×2 型存储器的接口分别如图 10.7、图 10.8 所示。

5. DRAM 型存储器的接口

S3C44B0X 与 16 位 DRAM 型存储器的接口、16 位 DRAM×2 型存储器的接口分别如图 10.9、图 10.10 所示。

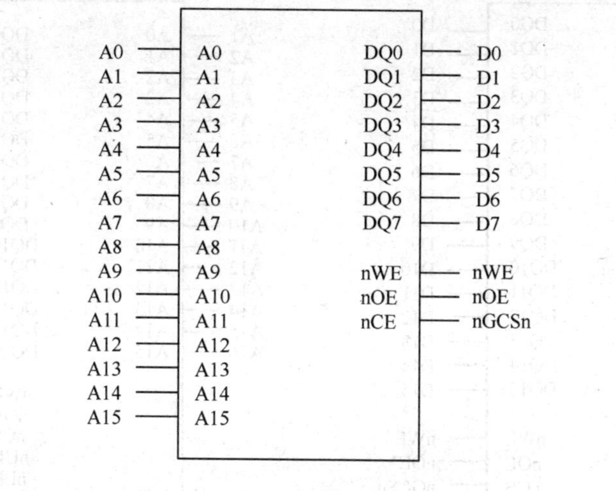

图 10.3 8 位 ROM 型存储器的接口

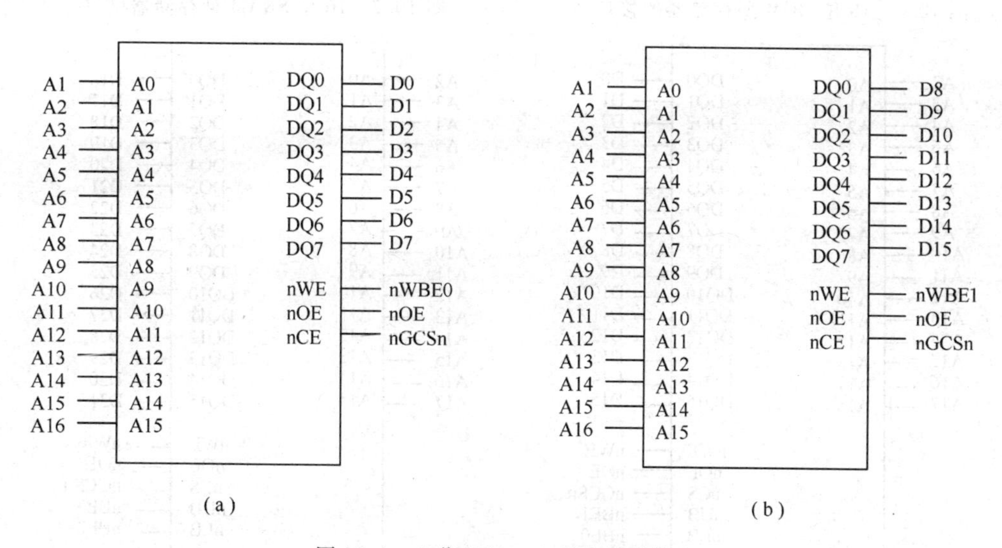

图 10.4 8 位 ROM ×2 型存储器接口

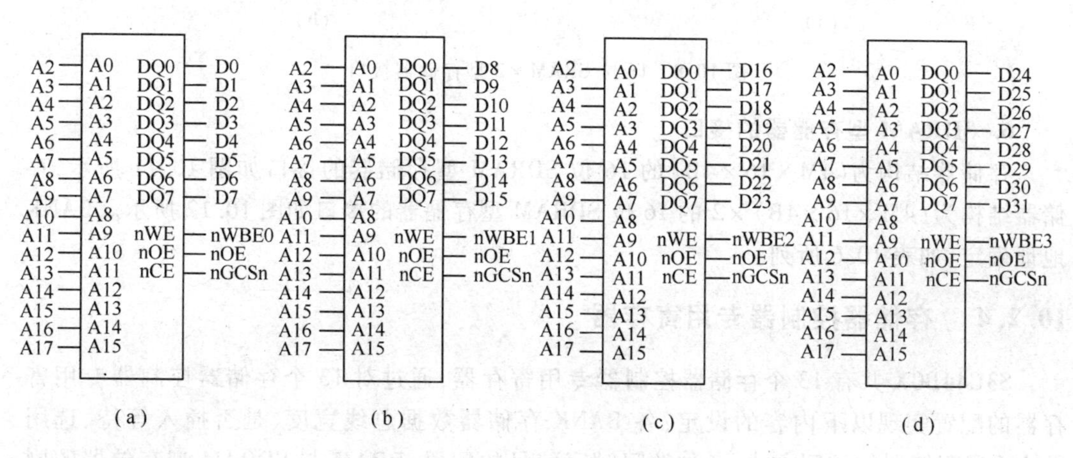

图 10.5 8 位 ROM ×4 型存储器接口

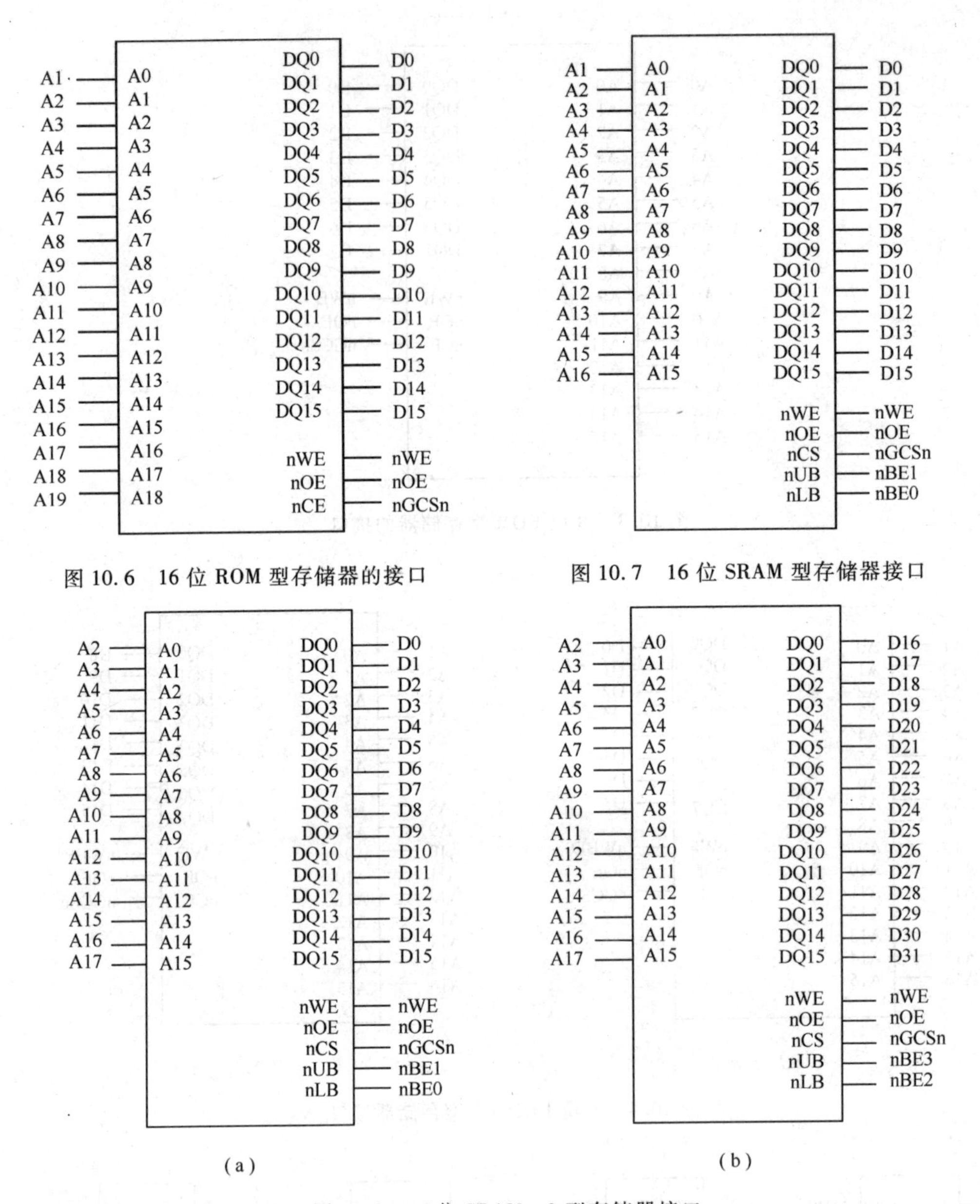

图 10.6　16 位 ROM 型存储器的接口

图 10.7　16 位 SRAM 型存储器接口

(a)　　(b)

图 10.8　16 位 SRAM ×2 型存储器接口

6. SDRAM 型存储器的接口

存储器结构为(4M ×16 ×4B)的 16 位 SDRAM 型存储器的接口如图 10.11 所示,存储器结构为(4M ×16 ×4B) ×2 的 16 位 SDRAM 型存储器的接口如图 10.12 所示。BANK 地址确定,如表 10.6 所列。

10.2.4　存储器控制器专用寄存器

S3C44B0X 共有 13 个存储器控制器专用寄存器,通过对 13 个存储器控制器专用寄存器的配置实现以下内容的设定:各 BANK 存储器数据总线宽度、是否插入等待、选用 SRAM 型存储器的访问方式、各种访问时序信号的配置、DRAM 与 SDRAM 型存储器的刷新控制等。

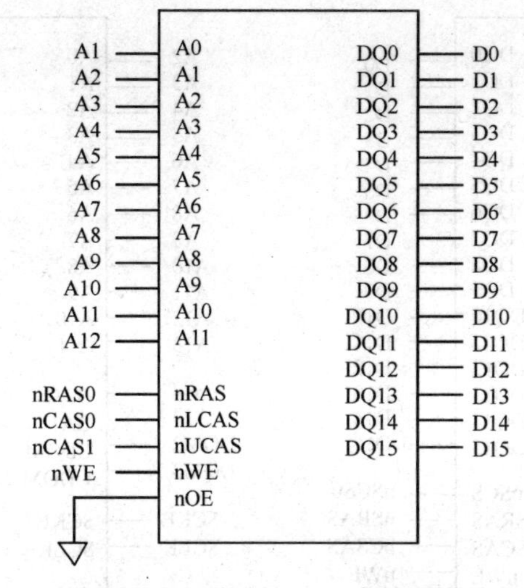

图 10.9　16 位 DRAM 型存储器接口

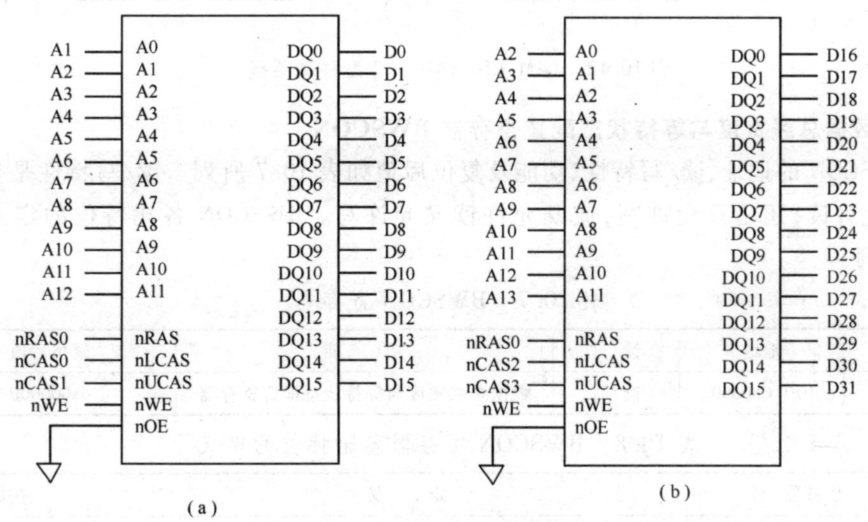

图 10.10　16 × 2 型存储器接口

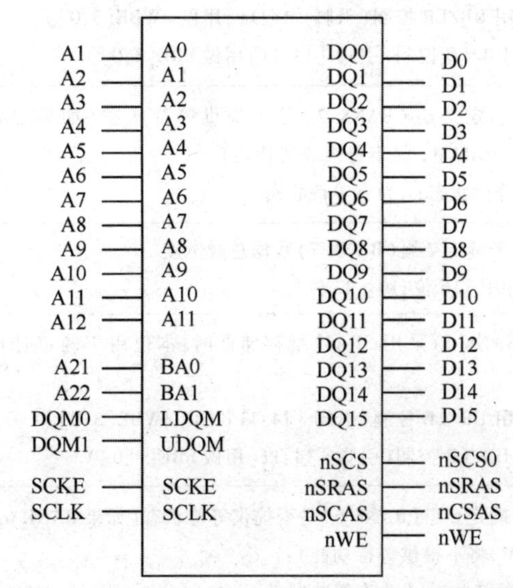

图 10.11　16 位 SDRAM(4M × 16,4BANK)型存储器接口

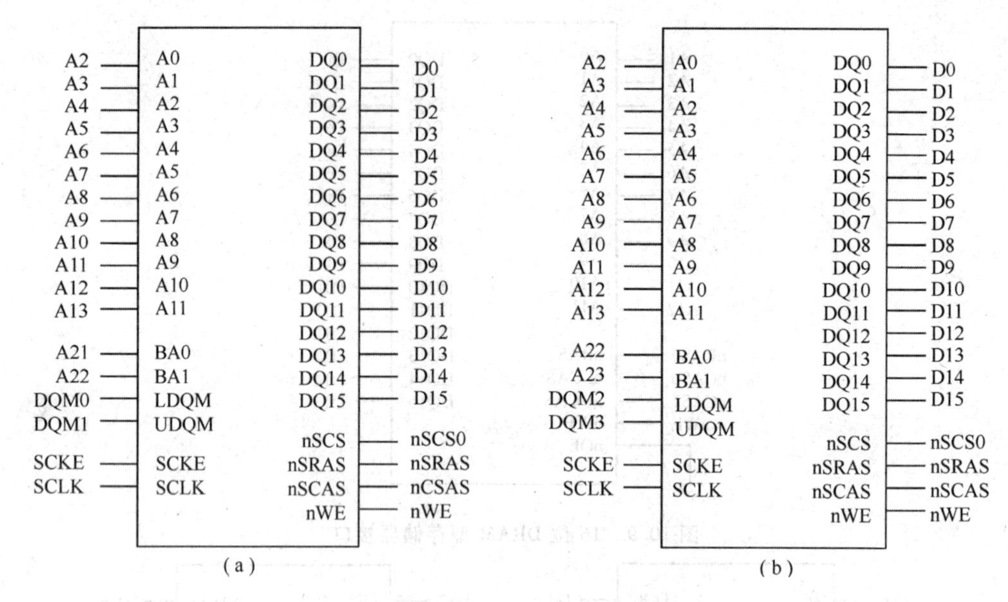

图 10.12 (4M×16×4B)×2 型存储器接口

1. 数据总线宽度与等待状态配置寄存器 BWSCON

BWSCON 的地址、读/写特性、功能及复位后值如表 10.7 所列。读/写特性是指该寄存器只允许读,还是只允许写,或既允许读又允许写。BWSCON 各比特位的定义如表 10.8 所列。

表 10.7 BWSCON 寄存器

寄存器	地址	读/写	功 能	复位后值
BWSCON	0x01C80000	读/写	数据总线宽度与等待状态配置寄存器	0x000000

表 10.8 BWSCON 寄存器各比特位的定义

BWSCON	比特位	定 义	初始状态
ST7	[31]	当 7 组(BANK 7)采用 SRAM 型存储器时,本位用于确定是否使用 UB/LB 控制: 0 为不使用 UB/LB 控制(引脚 [14:11]用做 nWBE[3:0]); 1 为使用 UB/LB 控制(引脚 [14:11]用做 nBE[3:0])	0
WS7	[30]	本位用于确定 7 组(BANK 7)是否提供等待状态(如果 BANK 7 配置了 DRAM 或 SDRAM,将不提供等待功能): 0 为没有等待状态;1 为有等待状态	0
DW7	[29:28]	这两位用于确定 7 组(BANK 7)数据总线宽度 00 = 8 位;01 = 16 位;10 = 32 位	0
ST6	[27]	当 6 组(BANK 6)采用 SRAM 型存储器时,本位用于确定是否使用 UB/LB 控制: 0 为不使用 UB/LB 控制(引脚 [14:11]用做 nWBE[3:0]); 1 为使用 UB/LB 控制(引脚 [14:11]用做 nBE[3:0])	0
WS6	[26]	本位用于确定 6 组(BANK 6)是否提供等待状态(如果 BANK 6 配置了 DRAM 或 SDRAM,将不提供等待功能): 0 为没有等待状态;1 为有等待状态	0

（续）

BWSCON	比特位	定　义	初始状态
DW6	[25:24]	这两位用于确定 6 组(BANK 6)数据总线宽度: 00 = 8 位;01 = 16 位;10 = 32 位	0
ST5	[23]	当 5 组(BANK 5)采用 SRAM 型存储器时,本位用于确定是否使用 UB/LB 控制: 0 为不使用 UB/LB 控制(引脚[14:11]用做 nWBE[3:0]); 1 为使用 UB/LB 控制(引脚 [14:11]用做 nBE[3:0])	0
WS5	[22]	本位用于确定 5 组(BANK 5)是否提供等待状态: 0 为没有等待状态;1 为有等待状态	0
DW5	[21:20]	这两位用于确定 5 组(BANK 5)数据总线宽度: 00 = 8 位;01 = 16 位;10 = 32 位	0
ST4	[19]	当 4 组(BANK 4)采用 SRAM 型存储器时,本位用于确定是否使用 UB/LB 控制: 0 为不使用 UB/LB 控制(引脚 [14:11]用做 nWBE[3:0]); 1 为使用 UB/LB 控制(引脚 [14:11]用做 nBE[3:0])	0
WS4	[18]	本位用于确定 4 组(BANK 4)是否提供等待状态; 0 为没有等待状态;1 为有等待状态	0
DW4	[17:16]	这 2 位用于确定 4 组(BANK 4)数据总线宽度: 00 = 8 位;01 = 16 位;10 = 32 位	0
ST3	[15]	当 3 组(BANK 3)采用 SRAM 型存储器时,本位用于确定是否使用 UB/LB 控制: 0 为不使用 UB/LB 控制(引脚 [14:11]用做 nWBE[3:0]); 1 为使用 UB/LB 控制(引脚 [14:11]用做 nBE[3:0])	0
WS3	[14]	本位用于确定 3 组(BANK 3)是否提供等待状态 0 为没有等待状态;1 为有等待状态	0
DW3	[13:12]	这 2 位用于确定 3 组(BANK 3)数据总线宽度: 00 = 8 位;01 = 16 位;10 = 32 位	0
ST2	[11]	当 2 组(BANK 2)采用 SRAM 型存储器时,本位用于确定是否使用 UB/LB 控制: 0 为不使用 UB/LB 控制(引脚 [14:11]用做 nWBE[3:0]); 1 为使用 UB/LB 控制(引脚 [14:11]用做 nBE[3:0])	0
WS2	[10]	本位用于确定 2 组(BANK 2)是否提供等待状态: 0 为没有等待状态;1 为有等待状态	0
DW2	[9:8]	这 2 位用于确定 2 组(BANK 2)数据总线宽度: 00 = 8 位;01 = 16 位;10 = 32 位	0
ST1	[7]	当 1 组(BANK 1)采用 SRAM 型存储器时,本位用于确定是否使用 UB/LB 控制: 0 为不使用 UB/LB 控制(引脚 [14:11]用做 nWBE[3:0]); 1 为使用 UB/LB 控制(引脚 [14:11]用做 nBE[3:0])	0

（续）

BWSCON	比特位	定　　义	初始状态
WS1	[6]	本位用于确定1组(BANK 1)是否提供等待状态： 0为没有等待状态;1为有等待状态	0
DW1	[5:4]	这2位用于确定1组(BANK 4)数据总线宽度; 00=8位;01=16位;10=32位	0
DW0	[2:1]	指示0组(BANK 0)数据总线宽度(只读) 00=8位;01=16位;10=32位。· 数据总线宽度由OM[1:0]引脚的逻辑电平决定	—
ENDIAN	[0]	指示大/小端存储格式(只读):0为小端;1为大端。大/小端存储格式由EN-DIAN引脚的逻辑电平决定	—
注:①存储器控制器中的各种主时钟对应着总线时钟。例如DRAM与SRAM中的MCLK同总线时钟一样,SDRAM中的SCLK也同总线时钟一样。对存储器控制器来说,1个时钟指的是一个总线时钟。 ②BE[3:0]信号是nWBE[3:0]信号和nOE信号的逻辑与			

2. BANK0～BANK5配置寄存器

从BANK0～BANK5,各有一个配置寄存器用于配置存储器的访问时序。应当根据所配置的存储器的类型及存储器对访问时序信号的具体要求进行各时序信号的配置。各配置寄存器名、地址、读/写特性、功能、复位值如表10.9所列。从BANKCON0～BANK-CON5,6个寄存器的定义是一样的,寄存器各比特位的定义如表10.10所列。

表10.9　BANK0～BANK5控制寄存器

寄存器	地址	读/写	功　　能	复位值
BANKCON0	0x01C80004	读/写	Bank 0配置寄存器	0x0700
BANKCON1	0x01C80008	读/写	Bank 1配置寄存器	0x0700
BANKCON2	0x01C8000C	读/写	Bank 2配置寄存器	0x0700
BANKCON3	0x01C80010	读/写	Bank 3配置寄存器	0x0700
BANKCON4	0x01C80014	读/写	Bank 4配置寄存器	0x0700
BANKCON5	0x01C80018	读/写	Bank 5配置寄存器	0x0700

表10.10　BANKn寄存器的定义

BANKCONn	比特位	定　　义	复位后值
T_{acs}	[14:13]	从地址建立到nGCSn信号有效之间的时间： 00=0时钟　　01=1时钟 10=2时钟　　11=4时钟	00
T_{cos}	[12:11]	从nGCS信号有效到nOE信号有效之间的时间： 00=0时钟　　01=1时钟 10=2时钟　　11=4时钟	00
T_{acc}	[10:8]	存取周期： 000=1时钟　　001=2时钟 010=3时钟　　011=4时钟 100=6时钟　　101=8时钟 110=10时钟　　111=14时钟	111

（续）

BANKCONn	比特位	定　义	复位后值
T_{och}	[7:6]	从 nOE 信号无效到 nGCS 信号无效之间的时间： 00 = 0 时钟　　01 = 1 时钟 10 = 2 时钟　　11 = 4 时钟	00
T_{cah}	[5:4]	nGCSn 信号无效后，地址保持时间： 00 = 0 时钟　　01 = 1 时钟 10 = 2 时钟　　11 = 4 时钟	00
T_{pac}	[3:2]	页模式下页存取周期： 00 = 2 时钟　　01 = 3 时钟 10 = 4 时钟　　11 = 6 时钟	00
PMC	[1:0]	页模式配置： 00 = 1 数据　　01 = 4 数据 10 = 8 数据　　11 = 16 数据	00
注：BANKCONn 表示 BANKCON0 ~ BANKCON5 6 个寄存器中的任何一个			

表 10.10 中各时序信号的意义如图 10.13 所示。

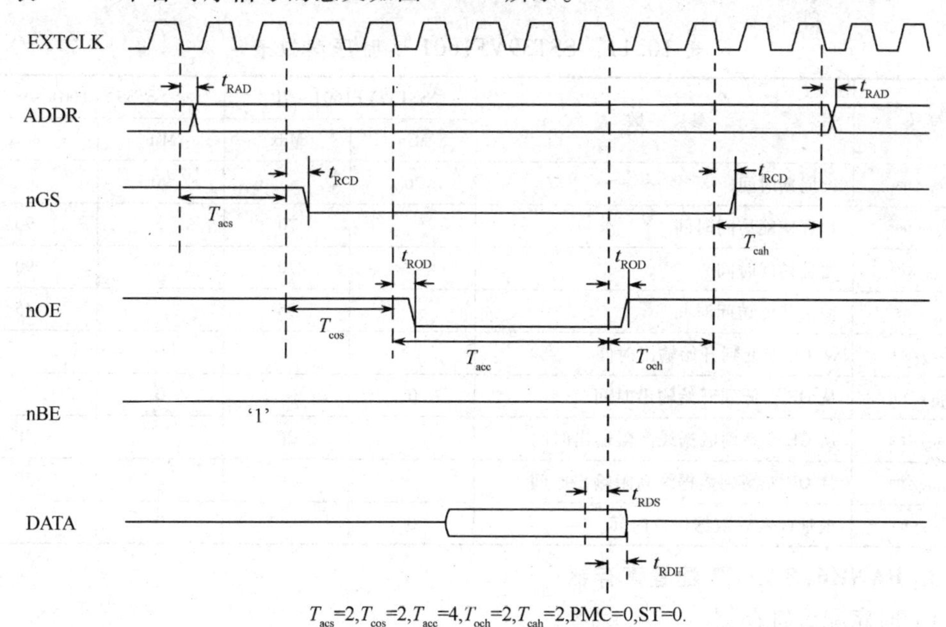

图 10.13　ROM/SRAM 的读时序

根据图 10.3 ~ 图 10.8 可知，nGCS 用于存储器的片选信号，nOE 用于存储器输出的使能信号，ADDR 是存储器的地址信号，当选定一款存储器后，可以通过查看该存储器的数据手册，得到 ADDR、nGCS、nOE 3 个信号的时序关系数据，根据查到的数据配置表 10.10 中的各时序参数。

例如，存储容量为 2M 字节的 FLASH 型 ROM SST39VF1601 的读时序如图 10.14 所示，图上各参数如表 10.11 所列，从图 10.14 可见，需要配置的 4 个参数 T_{acs}（从地址建立到 CE#有效期间的时间）、T_{cos}（从 CE#信号有效到 OE#信号有效期间的时间）、T_{och}（从 OE

#信号无效到 CE#信号无效期间的时间)、T_{cah}(从 CE#信号无效到地址保持期间的时间),没有明确的规定,对这 4 个参数可以采用复位后确定值。参数 T_{acc}(存取周期)对应图中的 T_{RC},根据表 10.11,T_{RC} 最小为 70ns,当系统时钟为 64MHz 时,1 个时钟周期为 1/64 = 15.6ns,T_{acc} 最小应配置为 5 个时钟周期。稳妥起见,可以配置为 6 个时钟周期,但不宜太多,否则会影响运行速度。

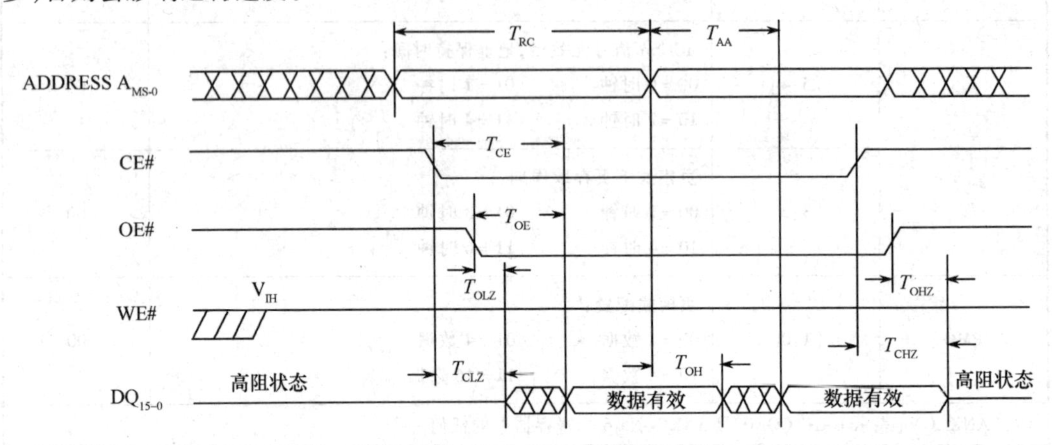

图 10.14 SST39VF1601 读时序

表 10.11 SST39VF1601 读时序参数表

符号	参数	SST39VF1601 - 70		SST39VF1601 - 90	
		Min	Max	Min	Max
T_{RC}/ns	读周期时间	70		90	
T_{CE}/ns	片选使能访问时间		70		90
T_{AA}/ns	地址访问时间		70		90
T_{OE}/ns	输出使能访问时间		35		45
T_{CZZ}/ns	从 CE 变低到开始输出时间			0	
T_{OLZ}/ns	从 OE 变低到开始输出时间	0		0	
T_{CHZ}/ns	从 CE 变高到数据线高阻输出时间		20		30
T_{OHZ}/ns	从 OE 变高到数据线高阻输出时间		20		30
T_{OH}/ns	地址改变后数据保持时间	0		0	

3. BANK6、BANK7 配置寄存器

1) 时序配置寄存器

由于第 BANK6、BANK7 存储器不仅可以配置 ROM、SRAM,而且可以配置 DRAM、SDRAM,所以这两组存储器的配置寄存器多一些,内容也比 BANK0 ~ BANK5 复杂一些。这两组配置寄存器名、地址、读/写特性、功能、复位值如表 10.12 所列。BANKCON6 与 BANKCON7 两个寄存器的定义是一样的,寄存器各比特位的定义如表 10.13 所列。

表 10.12 BANK6/BANK7 寄存器

寄存器	地址	读/写	功能	复位后值
BANKCON6	0x01C8001C	读/写	Bank 6 配置寄存器	0x18008
BANKCON7	0x01C80020	读/写	Bank 7 配置寄存器	0x18008

表 10.13　BANKCONn 的定义

BANKCONn	比特位	定义	初始状态
MT	[16:15]	这 2 位用于选择第 BANK6、BANK7 存储器的类型： 00 = ROM 或 SRAM　01 = FP DRAM 10 = EDO DRAM　11 = SDRAM	11
ROM 或 SRAM 型存储器[MT = 00](15 位)			
T_{acs}	[14:13]	从地址建立到 nGCS 信号到来之间的时间： 00 = 0 时钟　01 = 1 时钟　10 = 2 时钟　11 = 4 时钟	00
T_{cos}	[12:11]	从片选信号建立到 nOE 到来的时间： 00 = 0 时钟　01 = 1 时钟　10 = 2 时钟　11 = 4 时钟	00
T_{acc}	[10:8]	存取周期： 000 = 1 时钟　001 = 2 时钟　010 = 3 时钟　011 = 4 时钟 100 = 6 时钟　101 = 8 时钟 110 = 10 时钟 111 = 14 时钟	111
T_{och}	[7:6]	从 nOE 信号无效到 nGCS 信号无效之间的时间： 00 = 0 时钟　01 = 1 时钟　10 = 2 时钟　11 = 时钟	00
T_{cah}	[5:4]	nGCSn 信号无效后，地址保持时间： 00 = 0 时钟　01 = 1 时钟　10 = 2 时钟　11 = 4 时钟	00
T_{pac}	[3:2]	页模式下页存取周期： 00 = 2 时钟　01 = 3 时钟　10 = 4 时钟　11 = 6 时钟	00
PMC	[1:0]	页模式配置： 00 = 普通(1 数据)　01 = 连续访问 4 数据 10 = 连续访问 8 数据　11 = 连续访问 16 数据	00
FP DRAM 或 EDO DRAM 型存储器[MT = 01]或[MT = 10](6 位)			
T_{rcd}	[5:4]	从 RAS 到 CAS 的延迟： 00 = 1 时钟　01 = 2 时钟　10 = 3 时钟　11 = 4 时钟	00
T_{cas}	[3]	CAS 脉冲宽度　0 = 1 时钟　1 = 2 时钟	0
T_{cp}	[2]	CAS 预充　0 = 1 时钟　1 = 2 时钟	0
CAN	[1:0]	列地址数： 00 = 8 位　01 = 9 位　10 = 10 位　11 = 11 位	00
SDRAM 型存储器[MT = 11](4 位)			
T_{rcd}	[3:2]	RAS 到 CAS 之间的延迟： 00 = 2 时钟　01 = 3 时钟　10 = 4 时钟	10
SCAN	[1:0]	列地址线： 00 = 8 位　01 = 9 位　10 = 10 位	00

2）BANK6、BANK7 存储器类型匹配

BANK6、BANK7 存储器类型的配置是相互关联的，表 10.14 列出了支持和不支持的存储器类型配置。

表 10.14 BANK6、BANK7 存储器配置

BANK	支持				不支持	
BANK7	SROM	DRAM	SDRAM	SROM	SDRAM	DRAM
BANK6	DRAM	SROM	SROM	SDRAM	DRAM	SDRAM
注:SROM 指 ROM 或 SRAM 类型的存储器						

3）刷新控制寄存器

当配置了 DRAM 或 SDRAM 型存储器时,必须对刷新方式进行配置。刷新方式配置寄存器名、地址、读/写特性、功能、复位值如表 10.15 所列。其各比特位的定义如表 10.16 所列。

表 10.15 刷新控制寄存器

寄存器名	地址	读/写	功 能	复位值
REFRESH	0x01C80024	读/写	DRAM/SDRAM 刷新控制寄存器	0xac0000

表 16.16 刷新控制寄存器的定义

REFRESH	比特位	定 义	初始状态
REFEN	[23]	DRAM/SDRAM 刷新使能: 0 = 禁止 1 = 使能(自刷新或 CBR/自动刷新)	1
TREFMD	[22]	DRAM/SDRAM 刷新模式: 0 = CBR/自动刷新 1 = 自刷新 在自刷新时,DRAM/SDRAM 控制信号被驱动到适当程度	0
T_{rp}	[21:20]	DRAM/SDRAM RAS 预充时间: DRAM:00 = 1.5 时钟 01 = 2.5 时钟 10 = 3.5 时钟 11 = 4.5 时钟 SDRAM:00 = 2 时钟 01 = 3 时钟 10 = 4 时钟 11 = 不支持	10
T_{rc}	[19:18]	SDRAM RC 最小时间 00 = 4 时钟 01 = 5 时钟 10 = 6 时钟 11 = 7 时钟	11
T_{chr}	[17:16]	CAS 保持时间(DRAM): 00 = 1 时钟 01 = 2 时钟 10 = 3 时钟 11 = 4 时钟	00
保留	[15:11]	未使用	0000
刷新计数器	[10:0]	DRAM/SDRAM 刷新记数值。请参考关于 DRAM 刷新控制器总线优先级部分: 刷新周期 = $(2^{11}$ - 刷新记数值 + 1)/MCLK 例:如果刷新周期是 15.6μs,而 MCLK 是 60MHz,则: 刷新记数值 = $2^{11} + 1 - 60 \times 15.6 = 1113$	0

4）BANK6、BANK7 容量配置寄存器(BANKSIZE)

BANK6、BANK7 存储器容量可根据需要配置,通过配置 BANKSIZE 寄存器实现。寄存器的地址、读/写特性、复位值如表 10.17 所列。其各比特位的定义如表 10.18 所列。

表 10.17 BANKSIZE 寄存器

寄存器	地址	读/写	功 能	复位值
BANKSIZE	0x01C80028	读/写	BANK 容量配置寄存器	0x0

表 10.18 BANKSIZE 的定义

BANKSIZE	比特位	定 义	初始状态
SCLKEN	[4]	仅在 SDRAM 存取周期里产生 SCLK,这一特性将减小功耗,推荐设置 1。 0 = 普通 SCLK　　1 = 减小功耗的 SCLK	0
保留	[3]	未使用	0
BK76MAP	[2:0]	6 组/7 组(BANK6/7)存储器容量: 000 = 32M/32M　　100 = 2M/2M 101 = 4M/4M　　110 = 8M/8M 111 = 16M/16M	000

5) SDRAM 模式寄存器设定寄存器(MRSR)

当 BANK6、BANK7 配置了 SDRAM 时,MRSR 用于配置一些写入控制参数。寄存器名、地址、读/写特性如表 10.19 所列,系统复位后,寄存器中的数值是不确定的。其各比特位的定义如表 10.20 所列。

表 10.19 MRSR 寄存器

寄存器	地址	读/写	功能	复位后值
MRSRB6	0x01C8002C	读/写	BANK6 模式寄存器设定寄存器	xxx
MRSRB7	0x01C80030	读/写	BANK7 模式寄存器设定寄存器	xxx

表 10.20 MRSR 寄存器定义

MRSR	比特位	定 义	初始状态
保留	[11:10]	未使用	—
WBL	[9]	写猝发长度(Write burst length);推荐设置 0	x
TM	[8:7]	测试模式:00 为模式寄存器设置;01、10、11 为保留	xx
CL	[6:4]	CAS 延迟: 000 = 1 时钟　010 = 2 时钟 011 = 3 时钟　其他保留	xxx
BT	[3]	猝发类型(Burst type):0 为连续(推荐);1 为不用	x
BL	[2:0]	猝发长度(Burst length):000 为 1;其他为不用	xxx
注:当代码在 SDRAM 中运行时,MRSR 寄存器不能重新配置			

注意:

(1) 所有 13 个存储器控制寄存器必须使用 STMIA 指令配置。

(2) 在停止/闲置模式下,DRAM/SDRAM 必须进入自刷新模式。

10.2.5 配置 SDRAM 型存储器实例

本节介绍配置 SDRAM 型存储器的一个实例,包括硬件接口设计、存储器控制寄存器配置及编程测试。

1. 硬件接口设计

SDRAM 是嵌入式系统中普遍使用的一种数据存储器,具有很高的性价比,通常用于系统中的数据存储器和堆栈。S3C44BOX 内部有与 SDRAM 直接接口的支持,用起来很方便。ARM 系统配有片内 ICE，支持通过 JTAG 接口进行调试。通过 JTAG 接口进行调试时，需要将调试程序载入到 SDARM 中进行，因此要求 SDRAM 的容量大于程序存储器空间。图 10.15 是容量为 8MB 的 SDRAM HY57V641620 与 S3C44B0X 的硬件接口电路。

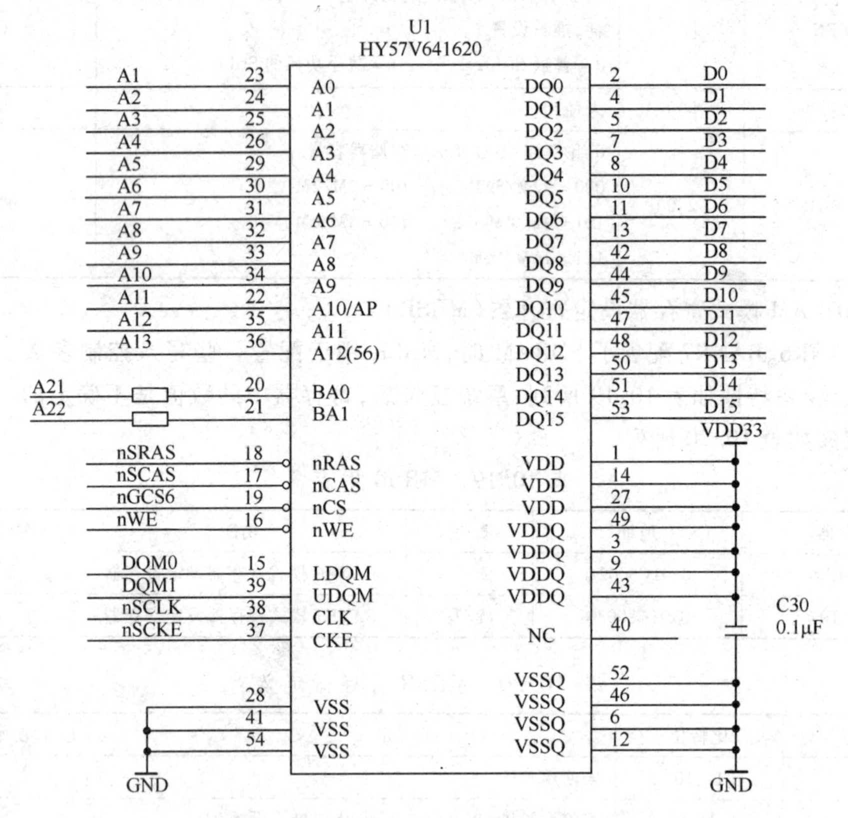

图 10.15　SDRAM HY57V641620 与 S3C44B0X 的硬件接口电路

HY57V641620 是(1M×16×4B)结构的 SDRAM，根据图 10.2 将其映射到 BANK6 存储器空间，起始地址为 0xc000000，结束地址为 0xc7fffff，以 nGCS6 作为存储器的片选信号。根据表 10.5 确定地址引脚的连接，根据表 10.6 确定 BANK 地址引脚的连接，参考图 10.11 确定其他引脚的连接。

2. 存储器控制寄存器配置

1）BWSCON 的配置

BWSCON 用于配置数据总线宽度，根据表 10.8，应将 ST、WS6、DW6 配置如下：

ST6[27]:0(6 组存储器非 SRAM 类型，应配置为 0)。

WS6[26]:0(6 组存储器为 SDRAM，无须等待状态，应配置为 0)。

DW6[25:24]:01(数据总线为 16 位)。

其他各位，在不考虑系统其他硬件的设计时，可选定初始状态为 0。根据以上各位的配置，BWSCON 应配置为 0x01000000。

2）BANKSCON6 的配置

BANKCON6 是用来配置访问 SDARM 的一些时序信号，应当根据 HY57V641620 的访问时序配置。根据表 10.13 配置如下：

MT[16:15]:11(存储器类型为 SDRAM)。

Trcd[3:2]:00(RAS 到 CAS 的延迟配置为 2 个时钟,HY57V641620 的延迟时间为 1 个时钟)。

SCAN[1:0]:00(列地址位数为 8)。

其他各位与 SDRAM 配置无关,可配置为 0。根据以上各位的配置,BANKCON6 应配置为 0x00018000。

3) REFRESH 的配置

REFRESH 是用来对 SDRAM 进行刷新控制的。根据表 10.16 配置如下:

REFEN[23]:1(SDRAM 刷新使能)。

TREFMD[22]:0(CBR/自动刷新)。

Trp[21:20]:00(SDRAM RAS 预充电时间:2 个时钟。HY57V641620 的预冲时间最小 20ns)。

Trc[19:18]:01(SDRAM RC 最小时间:5 个时钟。HY57V641620 的 RC 最小 70ns)。

Tchr[17:16]:00(DRAM 的 CAS 保持时间,与 SDRAM 无关,取复位后值)。

刷新周期为 15.625μs,主频为 64MHz。

刷新记数值[10:0] $=2^{11}+1-64\times15.625=1049=$ 0x419。

其他无关的各位配置为 0。根据以上各位的配置,REFRESH 应配置为 0x00840419。

4) BANKSIZE 的配置

BANKSIZE 用来定义 BANK 的大小和节省功耗方式,根据表 10.18 配置如下:

SCLKEN[4]:1(节省功耗方式)。

BK76MAP[2:0]:110(8MB)。

其他无关的各位配置为 0。根据以上各位的配置,BANKSIZE 应配置为 0x00000016。

5) MRSRB6 的配置

MRSRB6 的配置,主要用于配置 CAS 延迟,根据表 10.19 配置如下:

WBL[9]:0(采用推荐值)。

TM[8:7]:00(寄存器模式设置)。

CL[6:4]:010(CAS 延迟设置为 2 个时钟)。

BT[3]:0(连续猝发类型)。

BL[2:0]:0(猝发长度:1)。

其他无关的各位配置为"0"。根据以上各位的配置,MRSR 应配置为 0x00000020。

除了配置好以上 5 个寄存器外,还要将系统主频配置为 64MHz,因为 BANKCON6、REFRESH 的有关时序信号、刷新控制都是按照 64MHz 计算的。另外,调试过程中,最好将 S3C44B0X 内部的 WDT 关掉,避免影响调试。配置好以上寄存器后,就可以使用 SDRAM 了。

3. 编程测试

1) 配置存储器控制寄存器

测试映射在 BANK6 的 SDRAM 时,从需要上讲,只要配置 BWSCON、BANKCON6、REFRESH、BANKSIZE、MRSRB6 5 个寄存器即可,但 S3C44B0X 要求配置存储器控制寄存器必须使用 STMIA 指令,因此,可以参考 10.2.2 节配置的例子,将 BWSCON、BANKCON6、REFRESH、BANKSIZE、MRSRB6 5 个寄存器内容按上面讨论的内容配置,其他寄存器内容与要测试的 SDRAM 无关,可以取 10.2.2 节例子中的内容或默认复位后的配置值。

```
        LDR       R0, = SMRDATA
        LDMIA     R0, {R1 - R13}
        LDR       R0, = 0x01c80000     ;BWSCON 地址
        STMIA     R0,{R1 - R13}
SMRDATA DATA
        DCD       0x01000000           ;BWSCON
        DCD       0x00000600           ;GCS0
        DCD       0x00000700           ;GCS1
        DCD       0x00000700           ;GCS2
        DCD       0x00000700           ;GCS3
        DCD       0x00000700           ;GCS4
        DCD       0x00000700           ;GCS5
        DCD       0x00018000           ;GCS6,SDRAM(Trcd =00,SCAN = 8 位)
        DCD       W0x0001002A          ;GCS7,EDO DRAM
        DCD       0x00840419           ;Refresh(REFEN = 1,TREFMD = 0,Trp = 2,Trc = 5,
                                       ;刷新计数值 = 1049)
        DCD       0x00000016           ;Bank Size,8MB/8MB
        DCD       0x00000020           ;MRSR 6(CL = 2)
        DCD       0x20                 ;MRSR 7(CL = 2)
```

2）SDRAM 测试程序

SDRAM 作为数据存储器,主要是能够存储数据和读出数据。编制测试程序能够实现写入数据、读出数据、校验写入数据的正确性即可。

（1）写入数据测试程序。将 R2 中的内容存入以 R0 中内容为首地址的一段 SDRAM 中,存入的字节数由 R1 中的内容确定。

```
FIRST_MEM_ADDR  EQU     0xC700000              ;写入 SDRAM 的首地址
NUMBER          EQU         0x100              ;写入的字节数
VALVE           EQU         0x5a               ;写入的内容
    AREA MEM_WRITE,CODE,READONLY               ;声明一个代码段,
                                               ;段名:MEM_WRITE
        ENTRY                                  ;程序入口
        LDR         R0, = FIRST_MEM_ADDR       ;SDRAM 的首地址装入 R0
        LDR         R1, = NUMBER               ;写入的字节数装入 R1
        LDR         R2, = VALUE                ;写入的内容装入 R2
        BL          WRITE_DATA                 ;调用子程序“WRITE_DATA”
        MOV         R0,R0                      ;空操作,程序执行到此结束
WRITE_DATA
        STRB        R2,[r0],#1                 ;R2 内容存入 R0 间址单元,R0 = R0 + 1
        SUBS        R1,R1,#1                   ;R1 减 1
        BNE         WRITE_DATA                 ;若 R1≠0,则跳转
        MOV         PC,R14                     ;程序返回
        END
```

在 ADS 环境下运行以上程序,然后利用“Memory”窗口观察程序指定的一段存储区内是否写入了指定的内容。

（2）数据存储校验测试程序。向一段存储区内写入确定的一组数据，然后逐个读出该存储区数据，与写入内容比较，以测试存储器能否正确写入、读出数据。

```
FIRST_MEM_ADDR    EQU       0XC700000                ;写入 SDRAM 的首地址
NUMBER            EQU       0x100                    ;写入的字节数
    AREA MEM_WRITE_READ,CODE,READONLY                ;声明一个代码段,
                                                     ;段名:MEM_WRITE_READ
          ENTRY                                      ;程序入口
          LDR     R0, = FIRST_MEM_ADDR               ;SDRAM 的首地址装入 R0
          LDR     R1, = NUMBER                       ;写入的字节数装入 R1
          MOV     R2,#0                              ;写入的第一个内容
          BL      WRITE_DATA1                        ;调用子程序"WRITE_DATA1"
          LDR     R0, = FIRST_MEM_ADDR               ;SDRAM 的首地址装入 R0
          LDR     R1, = NUMBER                       ;读出的字节数装入 R1
          MOV     R2,#0                              ;读出的第一个内容应为 0
          BL      READ_DATA                          ;调用子程序"READ_DATA"
          MOV     R0,R0                              ;空操作,程序执行到此结束
WRITE_DATA1
          STRB    R2,[R0],#1                         ;R2 内容存入 R0 间址单元
          ADD     R2,R2,#1                           ;R2 加 1
          SUBS    R1,R1,#1                           ;R1 减 1
          BNE     WRITE_DATA1                        ;若 R1≠0,则跳转
          MOV     PC,R14                             ;程序返回
READ_DATA
          LDRB    R3,[R0],#1                         ;R0 间址单元内容读入 R3
          CMP     R2,R3                              ;R2 与 R3 内容比较
          BNE     READ_DATA1                         ;若不相等则跳转到"READ_DATA1"
          ADD     R2,R2,#1                           ;R2 加 1
          SUBS    R1,R1,#1                           ;R1 减 1
          BNE     READ_DATA                          ;若不相等则跳转到"READ_DATA"
READ_DATA1
          MOV     PC,R14                             ;程序返回
          END
```

当以上有效指令执行到第 9 行“MOV　　R0,R0”时，测试程序执行完毕，此时观察 R1 的值，若为 0，说明写入的一段内容与读出的内容一致，测试的一段存储器读/写正常。若 R1≠0，说明刚刚校验的哪个字节写入与读出内容不一致，根据 R0、R1 的值可以判断读/写不正常的哪个单元。

3）实测程序调试过程中注意的几个问题

（1）程序必须在 ADS 环境下编译，生成 ELF 格式文件后才能进行调试、运行。

（2）BANK6 的时序配置、REFRESH 的刷新配置，是在主频为 64MHz 情况下计算的。因此运行上述程序之前，必须先将主频配置为 64MHz。

（3）目标系统上电复位后，要对 SDRAM 进行初始化。因为经上电复位后，存储器控制寄存器内保留的是一组复位后的默认值，与需要的配置有所不同。因此必须首先对 SDRAM 进行初始化。所谓初始化 SDRAM，就是要设置微处理器的 SDRAM 空间以及读

写 SDRAM 的时序参数,即对上述讨论的 5 个存储器控制寄存器配置预定的参数。必须在调入 ELF 格式文件之前配置,否则,ADS 环境不能按正确格式调入 ELF 文件。可按下述方法对 SDRAM 进行初始化:

首先创建一个文本文件,内容如下:

```
setmem 0x01c80000, 0x01000000,32
setmem 0x01c8001c, 0x00018000,32
setmem 0x01c80024, 0x00840419,32
setmem 0x01c80028, 0x00000016,32
setmem 0x01c8002c, 0x00000020,32
setmem 0x01d80000,0x00048031,32
setmem 0x01d80004,0x7ff8,32
setmem 0x01d8000c,0xfff,32
setmem 0x01d30000,0x8000,32
```

文本文件的第 1 行,表示将 BWSCON 寄存器配置为一个 32 位数:0x01000000。

文本文件的第 2 行,表示将 BANKCON6 寄存器配置为一个 32 位数:0x00018000。

文本文件的第 3 行,表示将 REFRESH 寄存器配置为一个 32 位数:0x00840419。

文本文件的第 4 行,表示将 BANKSIZE 寄存器配置为一个 32 位数:0x00000016。

文本文件的第 5 行,表示将 MRSRB6 寄存器配置为一个 32 位数:0x00000020。

文本文件的第 6 至第 8 行,实现在外接晶体振荡器为 8MHz 时,系统主频设置为 64MHz,因为 SDRAM 的刷新控制参数是按主频为 64MHz 计算的,初始化一定要配置这个参数,具体的配置考虑,参见 10.3 节"时钟与电源管理"。

文本文件的第 9 行,实现关掉 WDT,调试时不希望 WDT 起作用,影响程序运行,具体的配置考虑。

在 AXD 的主窗口下选择菜单 system views - > command line interface,然后在 AXD 命令行窗口使用 ob 命令调用该文本文件,命令格式如下:

```
Debug > ob e: \mem_init. txt
```

按回车键,便完成了 SDRAM 的初始化。mem_init. txt 是上述文本文件名,假设存在 E 盘根目录下。

10.3 时钟与电源管理

S3C44B0X 内部有时钟产生器与电源管理模块,该模块的主要功能是通过软件对外接时钟信号进行升频或降频处理,以获取系统希望的时钟频率;通过软件选择断开 CPU 内核或芯片内某些外设电路的时钟信号,以达到不同程度的节电效果。

S3C44B0X 内部的时钟产生器为 CPU 及外设电路产生所需要的时钟信号,可以通过软件控制时钟发生器对每个外设模块提供或断开时钟信号,由此减少整个 S3C44B0X 的功耗。不但可以对 S3C44B0X 内部时钟信号进行控制,而且有各种电源管理方案,对于一个给定的任务,可以选择最小的功率消耗方案。

S3C44B0X 中的电源管理包括:正常模式、慢速模式、闲置模式、停止模式和用于 LCD(液晶显示器)的慢速闲置模式(SL Idle)5 种模式。

(1) 在正常模式下,时钟信号提供给 S3C44B0X 中的 CPU 和所有外设单元,当所有的外设单元接通时功率消耗是最大的。用户可以通过软件控制外设单元的工作,例如,如果不需要定时器和 DMA 时,为了减少功率消耗可以断开定时器和 DMA 的时钟信号。

(2) 慢速模式是非 PLL(锁相环:PHASE - LOCKED - LOOP)模式,直接采用外部时钟信号作为主时钟信号不经过 PLL 倍频处理。在这种情况下,功率消耗仅仅取决外部时钟的频率,PLL 自身的功率消耗被排除在外。

(3) 工作在闲置模式时,时钟信号接通所有外设单元,但不接 CPU 内核,由 CPU 内核消耗的功率被排除了。对 CPU 的任何中断请求可以将其从闲置模式中退出。

(4) 停止模式通过停止 PLL 工作来冻结 CPU 和所有外设单元的时钟信号,功率消耗仅仅取决 S3C44B0X 中的漏电流,漏电流小于 10μA,CPU 的外部中断请求可以使其退出停止模式。

(5) 在慢速闲置模式下,仅有 LCD 控制器工作,CPU 和其他外设单元的时钟信号被断开,因此,慢速闲置模式下的功率消耗小于闲置模式下的功率消耗。

10.3.1 时钟产生器

1. 时钟的产生

图 10.16 所示为时钟产生器的方框图,主时钟源来自于外部晶体或外部时钟,时钟产生器有一个振荡器(振荡放大器)和外部晶体相连接,还有一个 PLL,PLL 以振荡器的低频输出为输入,产生一个 S3C44B0X 所需要的高频时钟信号。时钟产生器有这样一个逻辑控制功能,在复位或停止模式后能产生一个稳定的时钟频率。

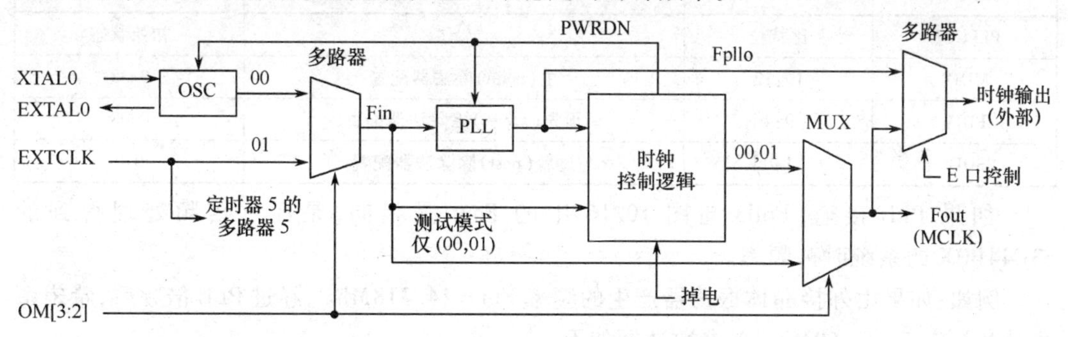

图 10.16 时钟产生器方框图

2. 时钟源选择

时钟源选择是通过 OM[3:2]两个引脚的硬件连接实现,表 10.21 说明了控制引脚(OM3、OM2)的状态与 S3C44B0X 时钟源选择之间的关系。OM[3:2]的状态,在复位信号 nRESET 的上升沿通过读 OM3、OM2 的引脚锁存在 S3C44B0X 的内部。

表 10.21 上电时时钟源的选择

OM[3:2]	时钟源	晶体驱动	PLL 启动状态	Fout
00	晶体时钟	使能	使能①	PLL 输出①
01	外部时钟	禁止	使能①	PLL 输出①
10,11	测试模式			

①尽管 PLL 在复位后立即开始启动,但在通过软件将一个有效数据写入到 PLLCON 寄存器之前,PLL 的输出不能作为 Fout,而是直接将晶体振荡器的时钟或外部时钟作为 Fout。即便使用 PLLCON 寄存器的默认值,也必须将与默认值相同的数值写到 PLLCON 寄存器中

如果 S3C44B0X 以 PLL 的输出作为时钟信号，PLL 时钟输入为 XTAL0 和 EXTAL0，那么，EXTCLK 信号可以作为定时器 5 的 TCLK 信号。

3. 锁相环 PLL

时钟产生器内部的 PLL 是这样一种电路，它能够将电路的输出信号与输入信号在频率和相位上同步。在时钟产生器的应用中，PLL 包括：电压控制振荡器（Voltage Controlled Oscillator，VCO），其作用是产生一个与输入直流电压成正比的输出频率；除法器 P，其作用是用除法器中的数值 P 去除输入频率 Fin；除法器 M，其作用是用除法器中的数值 m 去除 VCO 的输出频率，再输入到相位频率检测器（Phase Frequency Detector，PFD）；除法器 S，其作用是用除法器中的数值 S 去除 VCO 的输出频率，然后作为 PLL 模块的输出信号 Fpllo 输出；还有相位差检测器、充电泵和回路滤波器几个模块。

1）系统时钟信号频率的配置

输出时钟频率 Fpllo 和输入时钟频率 Fin 之间的关系由下式确定：

$$Fpllo = \frac{m \cdot Fin}{p \cdot 2^s} \qquad \text{要求：} 20Mhz < Fpllo < 66Mhz$$

$$m = (MDIV + 8), \quad p = (PDIV + 2), \quad s = SDIV$$

PDIV、MDIV、SDIV 是在 PLL 配置寄存器 PLLCON 中设定的参数，PLL 配置寄存器 PLLCON 的定义如表 10.22 所列。

表 10.22 PLL 配置寄存器 PLLCON 的定义

寄存器	地址	读/写	功能	复位值
PLLCON	0x01D80000	读/写	PLL 配置寄存器	0x38080
PLLCON	比特位	定义		初始状态
MDIV	[19:12]	主（main）除法器配置		0x38
PDIV	[9:4]	预先（pre－）除除法器配置		0x08
SDIV	[1:0]	过后（post）除除法器配置		0x0

如果 PLL 接通，Fpllo 与图 10.16 中的 Fout 是相同，是经过倍频处理得到的 S3C44B0X 的系统时钟频率。

例如：如果由外接晶体振荡器产生的频率 Fin＝14.318Mhz，经过 PLL 倍频后，希望系统时钟频率 Fout＝60Mhz，各参数选择如下：

$$MDIV = 59 = 0x3B, PDIV = 6 = 0x6, SDIV = 1 = 0x1$$

$$Fout = Fpllo = \frac{m \cdot Fin}{p \cdot 2^s} = \frac{(MDIV + 8) \cdot Fin}{(PDIV + 2) \cdot 2^s} - \frac{(59 + 8) \times 14.318}{(6 + 2) \times 2^1} = 59.956 \approx 60$$

编程配置如下：

```
PLLCON          EQU          0x01D80000
LDR     R0, = PLLCON
LDR     R1, = 0x3B061          ;MDIV = 59、PDIV = 6、SDIV = 1
STR     R1,[R0]
```

配置 PLLCON 参数 MDIV、PDIV、SDIV 时，应注意以下 3 点：

（1）$Fpllo \times 2^s < 170MHz$。

（2）s 值尽量大。

（3）推荐：$1MHz \leq (Fin/p) < 2MHz$。

以下部分介绍 PLL 的工作原理,包括相位差检测器、充电泵、VCO 和回路滤波器。

2) 相位差检测器

PFD 监测 Fref(图 10.17 所示的参考频率)和 Fvco(来自 VCO 和除法器 M 模块的输出信号)之间的相位差,当检测到一个相位差时,便产生一个控制信号(跟踪信号)。

3) 充电泵

充电泵能通过回路滤波器将 PFD 的控制信号转变成为与其成比例的充电电压,充电电压驱动 VCO。

4) 回路滤波器

每当 Fvco 输出与 Fref 比较时,PFD 为充电泵产生的控制信号中可能包含一个大的纹波,为了防止 VCO 过载,需要一个低通滤波器采样和滤除控制信号中的高频成分。这个滤波器是个典型的单极滤波器,由一个电阻和电容构成。

外部回路滤波器所用的电容(图 10.17 所示的电容)参数,推荐为 700pF。

5) 电压控制振荡器

回路滤波器的输出电压驱动 VCO,使得 VCO 的振荡频率随着其驱动电压的平均值变化而线性增加或减小。当 Fvco 在相位和频率上与 Fref 匹配时,PFD 停止向充电泵发送控制信号,由此稳定了回路滤波器的输入电压,VCO 的输出频率也维持不变,于是,PLL 锁住了系统的时钟频率。

6) PLL 和时钟产生器外接器件参数

在图 10.17 的电路中,回路滤波器需要外接一个电容;在图 10.18 的电路中,需要外接晶体、起振电容和电阻,4 个器件的参数:回路滤波电容,700pF ~ 820pF;外部反馈电阻,1MΩ;外部晶体频率,6MHz ~ 20MHz;外部起振电容,15pF ~ 22pF。

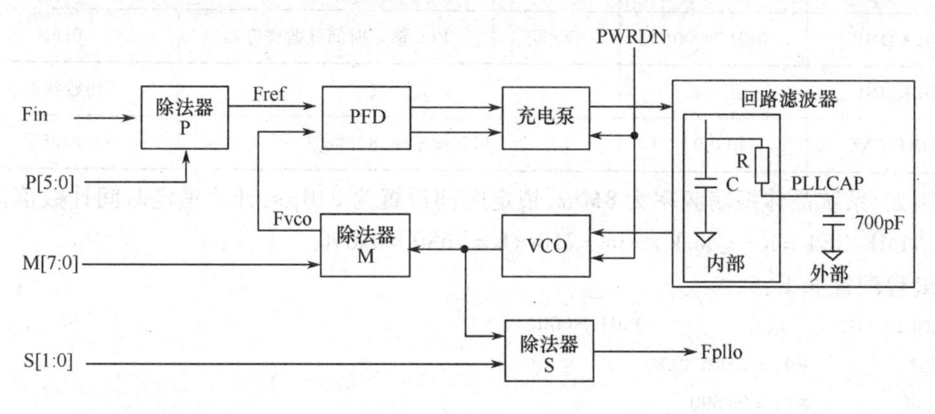

图 10.17　PLL 方框图

4. 时钟控制逻辑

时钟控制逻辑用于选择系统时钟信号,例如,选择 PLL 输出时钟 Fpllo 作为系统时钟,或者选择未经 PLL 的时钟 Fin 作为系统时钟。当 PLL 配置一个新的频率值时,PLL 在输出新的频率之前需要一段稳定时间,这段时间为 PLL 锁定时间(PLL Locking Time)。在 PLL 锁定时间没有结束之前,时钟控制逻辑禁止 Fout 输出。在上电复位时和从掉电模式中退出时,时钟控制逻辑也会进行上述控制。

1) PLL 锁定时间

PLL 锁定时间是 PLL 输出稳定所需的时间,锁定时间要大于 208μs。在系统复位后、

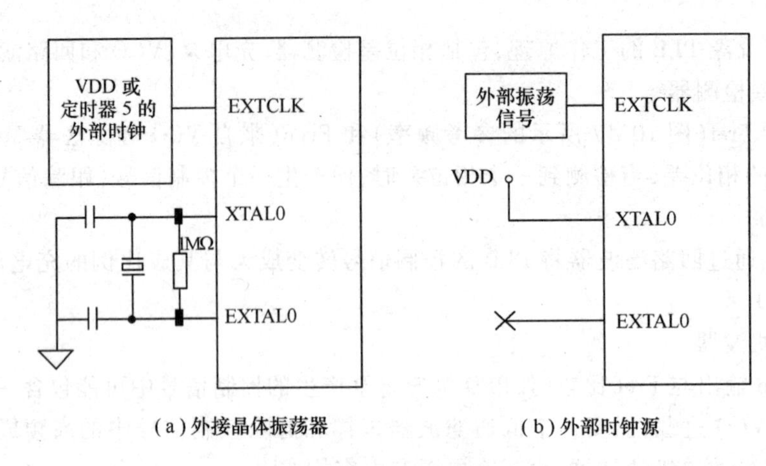

(a)外接晶体振荡器　　　(b)外部时钟源

图 10.18　主振荡器电路

从停止模式退出后和从慢速闲置模式退出后,内部控制逻辑分别自动插入锁定时间,锁定时间的长短由锁定时间计数寄存器 LOCKTIME 中设定的 LTIME CNT 参数确定。自动插入的锁定时间的计算方法如下:

$$t\_lock = (1/Fin) \times n$$

其中:t_lock 为锁定时间;n 为锁定时间计数寄存器 LOCKTIME 中设定的 LTIME CNT 数值。

锁定时间计数寄存器 LOCKTIME 的定义如表 10.23 所列。

表 10.23　锁定时间计数寄存器 LOCKTIME 的定义

寄存器	地址	读/写	功　能	复位值
LOCKTIME	0x01D8000C	读/写	PLL 锁定时间计数寄存器	0xfff
LOCKTIME	比特位	定　义		初始状态
LTIME CNT	[11:0]	PLL 锁定时间计数值		0xfff

例如,系统晶体振荡频率为 8Mhz,锁定时间设置为 210μs,计算锁定时间计数值。

LTIME CET = n = t_lock × Fin = 210 × 8 = 1680 = 0x690

编程配置如下:

```
LOCKTIME     EQU          0x01D8000C
LDR          R0, =LOCKTIME
LDR          R1, =0x690
STR          R1,[R0]
```

2）上电复位

图 10.19 说明了在上电复位期间时钟的波形,晶体振荡器在几毫秒内开始振荡,在振荡器时钟稳定后,复位信号 nRESET 释放,PLL 根据默认的配置开始工作。在上电复位后,PLL 是不稳定的,因此在利用软件重新配置 PLLCON 之前,用 Fin 直接作为 Fout 而不是用 PLL 的输出 Fpllo 作为 Fout。即便要使用复位后 PLLCON 寄存器中的默认值,也必须利用软件将与默认值相同的值写到 PLLCON 寄存器中。

只有利用软件给 PLL 配置了一个新的频率之后,PLL 为了输出这个新的频率开始锁定时间,经过锁定时间之后,PLL 的输出 Fpllo 作为 Fout。

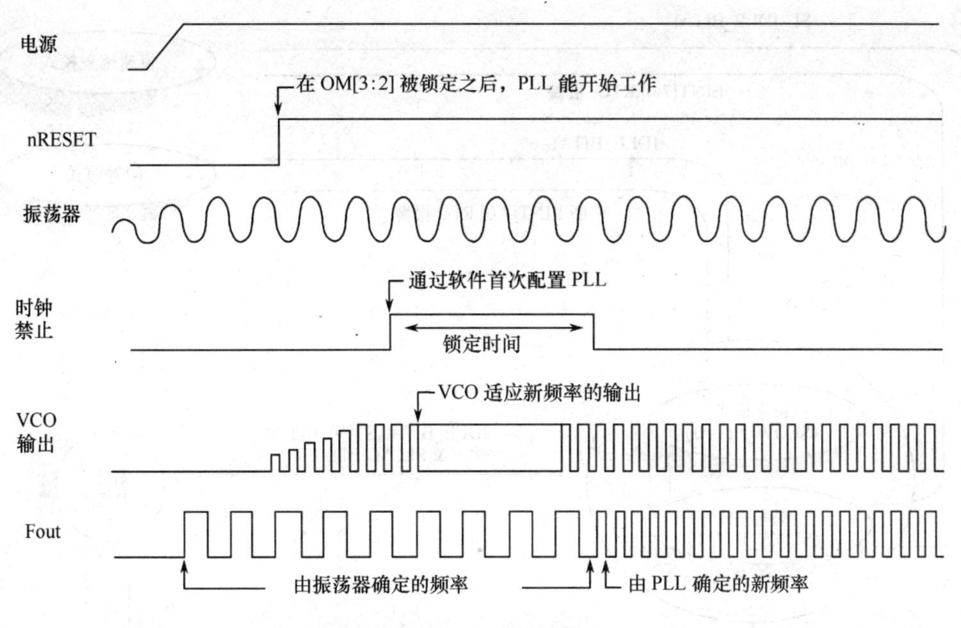

图 10.19　上电复位时序

3）正常工作模式下改变 PLL 设定

S3C44B0X 在正常模式下的运行期间，如果要通过重新配置 PLLCON 寄存器中的 PDIV、MDIV、CDIV 值改变频率，PLL 会自动插入锁定时间。在锁定时间内，不为 S3C440X 的内部模块提供时钟信号，时序如图 10.20 所示。

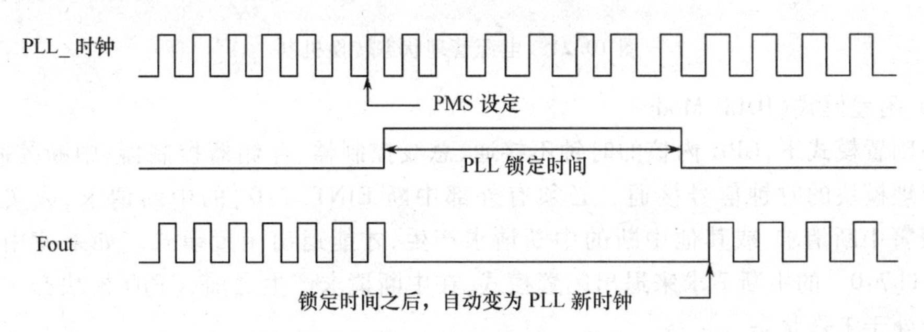

图 10.20　通过设定 PMS 值降低时钟频率的情况

10.3.2　电源管理

电源管理模块通过软件控制系统时钟，以减少 S3C44B0X 的功率消耗。控制方案与 PLL、时钟控制逻辑、外部设备时钟控制和唤醒信号（Wake-up Signal）有关。

S3C44B0X 有 5 种降低功耗的电源管理模式，以下分别介绍每一个电源管理模式。各种模式之间的转变不是任意的，允许的转变方式如图 10.21 所示。

1）正常模式（Normal Mode）

在正常模式下，所有的外设模块（通用异步串行接口、DMA、定时器等）和基本模块（CPU 核、总线控制器、存储器控制器、中断控制器和电源管理）都可以接通时钟信号工作。但为了降低功耗，除了基本模块外，每一个外设模块可以通过软件有选择的不接时钟信号。

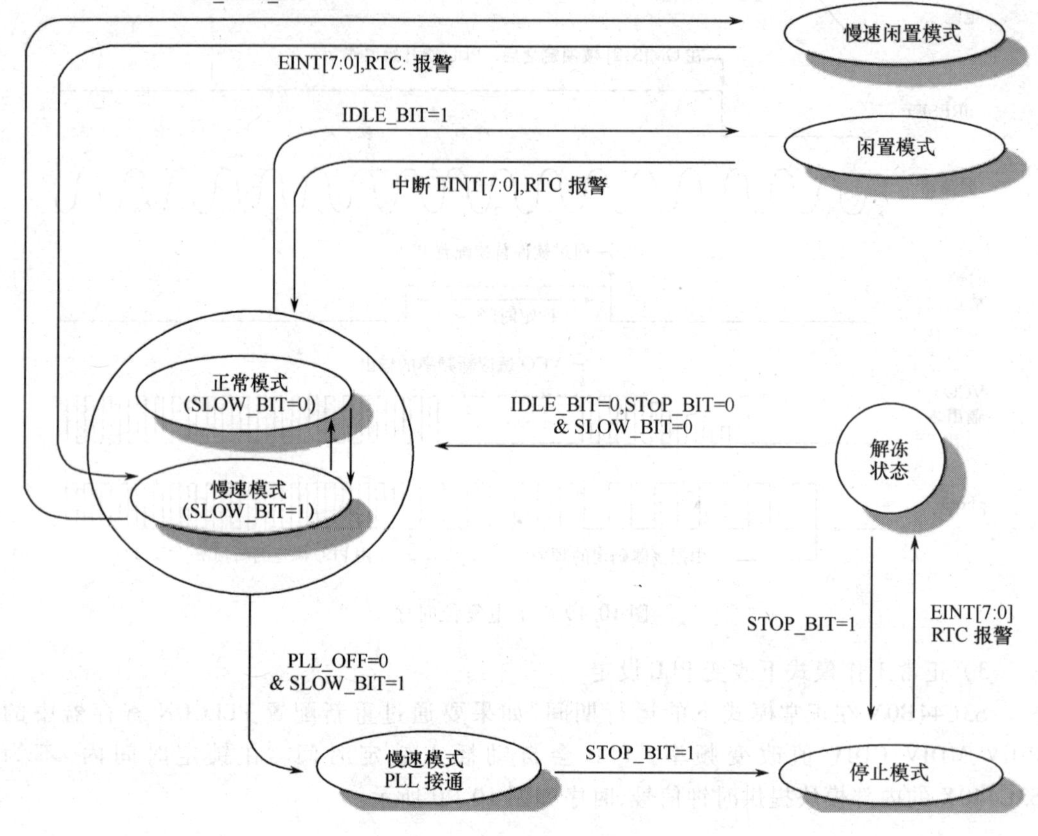

图 10.21　电源管理状态转换机制

2）闲置模式（IDLE Mode）

在闲置模式下，CPU 内核的时钟不接通，总线控制器、存储器控制器、中断控制器、和电源管理模块的时钟信号接通。必须有外部中断 EINT[7:0]的中断请求、或实时时钟 RTC 报警中断请求、或其他中断的中断请求产生，才能退出闲置模式。如果使用外部中断 EINT[7:0]的中断请求来退出闲置模式，在中断请求产生之前，GPIO 模块必须接通时钟信号处于工作状态。

3）停止模式（STOP Mode）

在停止模式下，为了最大程度的降低功率消耗，所有模块的时钟都不接通，因此 PLL 和振荡电路也停止工作。从停止模式只能退出到解冻模式，即不能从停止模式直接退回到正常模式，如图 10.21 所示。为了从停止模式中退出，必须有外部中断 EINT[7:0]的中断请求产生或实时时钟 RTC 报警中断请求产生。

如图 10.22 所示，刚进入停止模式之后，在 16 个 Fin 周期期间，时钟控制逻辑控制 Fout 输出 Fin 时钟信号而不是 Fpllo 时钟信号。从发出进入停止模式的命令到实际进入停止模式之间的延迟时间计算如下：

延迟时间 = Fin × 16

其中：Fin 为输入时钟周期，晶体振荡周期或外部时钟周期。

如果 S3C44B0X 是在慢速模式下，可以直接进入停止模式，因为慢速模式下的时钟频率低于 Fin。

S3C44B0X 能通过外部中断或 RTC 报警中断从停止模式中退出，在退出期间，PLL 和晶体振荡器可以开始工作。为了稳定 Fout，需要锁定时间，锁定时间由电源管理逻辑自动插入和保证，在锁定时间内，不提供系统时钟信号。

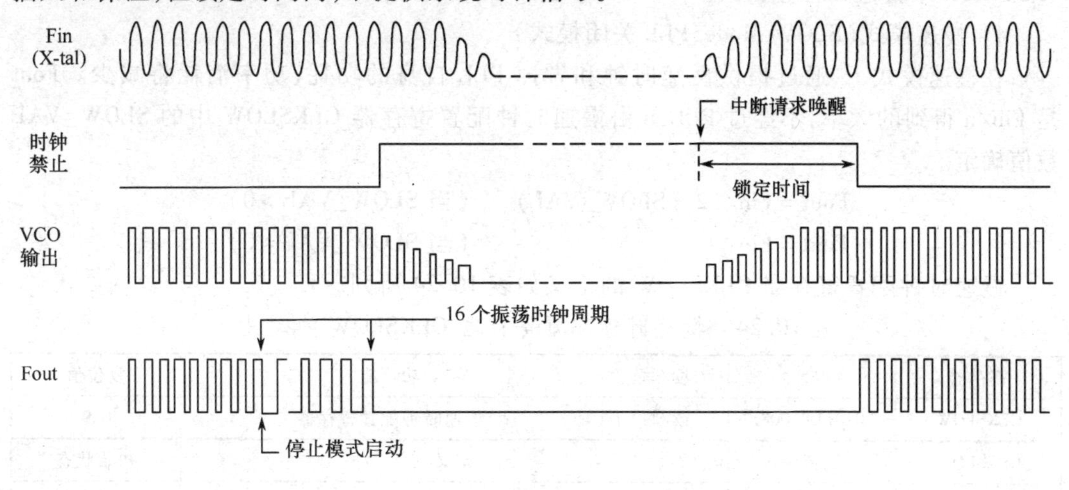

图 10.22　进入停止模式和退出（唤醒）停止模式

在进入停止（STOP）模式之前，必须注意以下几点：

（1）在停止模式期间，为了保持 DRAM 型存储器中的数据不丢失，DRAM 要处于自刷新模式。

（2）在进入停止模式之前，LCD 显示必须停止。因为 DRAM 在自刷新模式下，LCD 不能访问 DRAM。如果 LCD 显示接通，系统将被挂起。

（3）S3C44B0X 的端口应当根据应用系统需求进行适当的配置以降低功耗。

（4）进入停止模式之前，CPU 必须处于 PLL 工作的慢速模式下。在停止模式下，PLL 将自动关闭。

（5）如图 10.23 所示，在进入停止模式时期，如果在 CPU 进入停止模式之前的第 3 个时钟下降沿有任何唤醒请求，S3C44B0X 绝不会响应这个唤醒请求。例如，如果 EINT0 在那一点上产生中断请求，将不会唤醒系统，而其后的唤醒源能够唤醒系统，其后的 EINT0 可以作为下一次的唤醒源。因此，强烈建议在完全进入停止模式之前，任何唤醒信号不要出现。

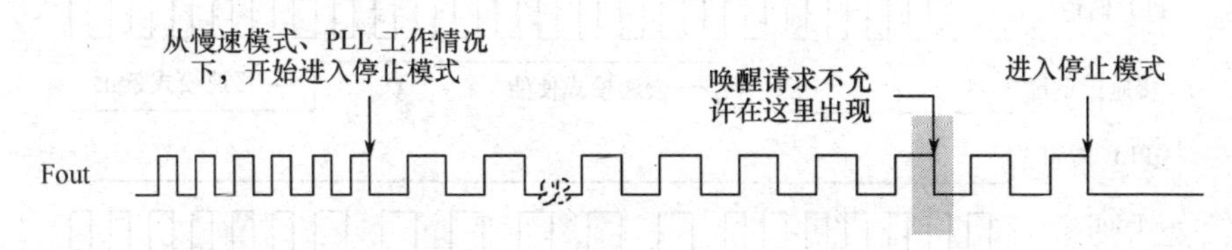

图 10.23　进入停止模式要求

（6）当 S3C44B0X 进入停止模式时，MCLK 时钟频率是 Fin 时钟频率的 2.5 倍。退出停止模式进入正常模式后，可以将 MCLK 改变为需要的频率。

例如，如果 Fin 是 20MHz，希望 MCLK = 36MHz，在进入停止模式之前，MCLK 的频率大于 50MHz，当 S3C44B0X 从停止模式退回到正常模式时，可以通过设定 PLLCON 寄存器，将 MCLK 的频率从 50MHz 变为 36MHz。

(7) 如果在外部中断 EINT 选择电平触发中断模式情况下,S3C44B0X 进入停止模式,电平触发的 EINT 唤醒信号是无效的。如果电平触发的 EINT 唤醒信号有效,S3C44B0X 不会进入停止模式。

4) 慢速模式(SLOW Mode,PLL 关闭模式)

在慢速模式下,通过提供慢速时钟和省掉 PLL 自身的功耗,功率消耗将减少。Fout 是 Fin/n 得到的频率,不经过 PLL,n 由慢速时钟配置寄存器 CLKSLOW 中的 SLOW_VAL 数值确定。

$$\text{Fout} = \text{Fin}/(2 \times \text{SLOW\_VAL}) \qquad (\text{当 SLOW\_VAL} > 0)$$

$$\text{Fout} = \text{Fin} \qquad (\text{当 SLOW\_VAL} = 0)$$

慢速时钟配置寄存器 CLKSLOW 的定义如表 10.24 所列。

表 10.24 慢速时钟配置寄存器 CLKSLOW 的定义

寄存器	地址	读/写	功 能	复位值
CLKSLOW	0x01D80008	读/写	慢速时钟配置寄存器	0x9
CLKSLOW	比特位	定义		初始状态
PLL_OFF	[5]	0:PLL 接通,仅当 SLOW_BIT = 1 时,PLL 接通。 在 PLL 稳定时间(最小为 150μs)之后,SLOW_BIT 位可以被清“0”。 1:PLL 关掉,仅当 SLOW_BIT = 1 时,PLL 关掉		0x0
SLOW_BIT	[4]	0:Fout = Fpllo (PLL 输出) 1:当 SLOW_VAL > 0 时,Fout = Fin /(2 × SLOW_VAL); 当 SLOW_VAL = 0 时,Fout = Fin		0x0
SLOW_VAL	[3:0]	当 SLOW__BIT = 1 时,慢速时钟的除数值		0x9

在慢速模式下,PLL 将关闭,以减少 PLL 的功耗。当希望从慢速模式改变到正常模式时,PLL 需要时钟稳定时间(PLL 锁定时间)。PLL 稳定时间由内在逻辑自动插入,锁定时间的长短由锁定时间计数寄存器 LOCKTIME 内的 LTIME CNT 参数确定。PLL 开启后,其稳定时间需要 400μs,在锁定时间内,Fout 是慢速时钟。

在 PLL 工作状态下,通过使能 CLKSLOW 寄存器中的 SLOW_BIT 位来改变频率,慢速时钟在慢速模式期间产生,时序图如图 10.24 所示。

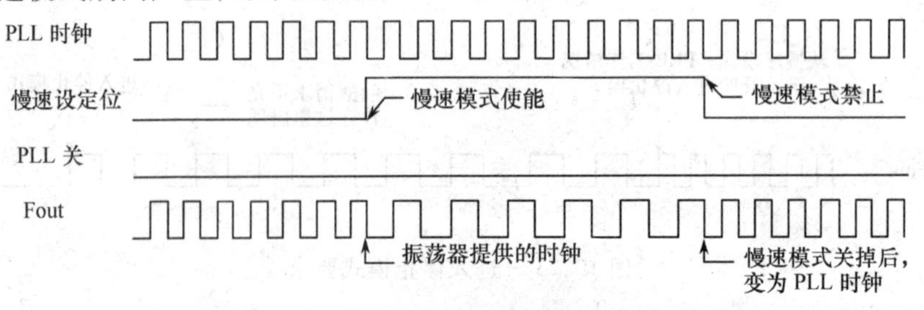

图 10.24 PLL 工作状态下从慢速模式退出的情形

在 PLL 锁定时间之后,如果通过禁用 CLKSLOW 寄存器中的 SLOW_BIT 位实现从慢速模式退到正常模式,在 SLOW_BIT 设置禁用后,频率立即改变,时序图如图 10.25 所示。

如果通过同时禁止 CLKSLOW 寄存器中的 SLOW_BIT 位和 PLL_OFF 位来实现从慢速模式转变为正常模式,在 PLL 锁定时间之后频率才改变,时序图如图 10.26 所示。

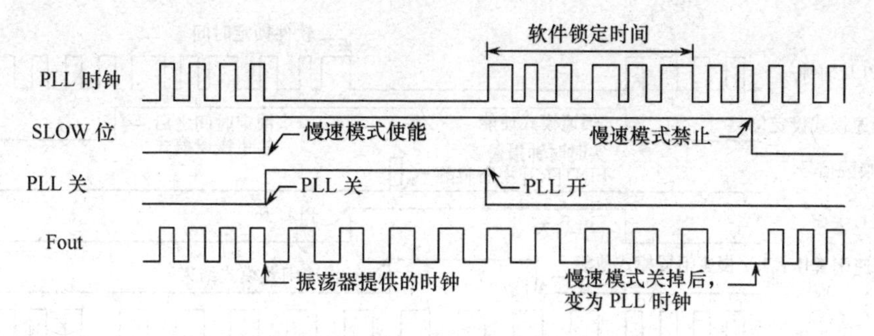

图 10.25　锁定时间之后从慢速模式退出的情形

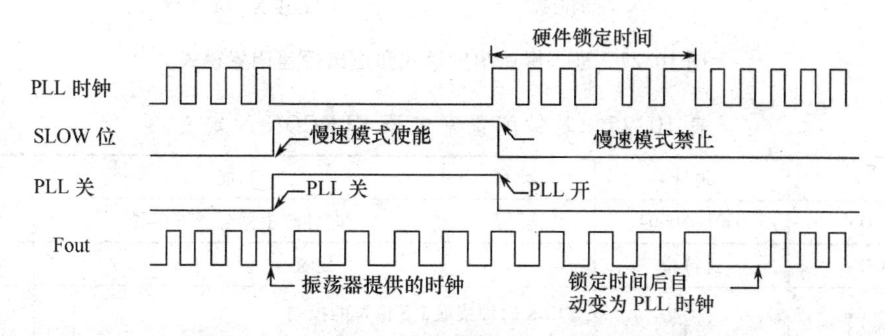

图 10.26　PLL 接通瞬间从慢速模式退出的情形

例如:系统晶体振荡频率为 8MHz,希望系统处于慢速模式,在慢速模式时,系统时钟频率为 4MHz。

取PLL_OFF = 1

SLOW_BIT = 1

SLOW_VAL = 1

Fout = Fin/(2 × SLOW_VAL) = 8/(2 × 1) = 4MHz

编程配置如下:

```
CLKSLOW    EQU        0x01D80008
LDR     R0, = CLKSLOW
LDR     R1, = 0x31           ;PLL_OFF = 1、SLOW_BIT = 1、SLOW_VAL = 1
STR     R1,[R0]
```

5) 慢速闲置模式(SL_IDLE Mode)

进入慢速闲置模式和退出慢速闲置模式的时序如图 10.27 所示,在慢速闲置模式下,基本模块的时钟是断开的。只有 LCD 控制器工作以维持液晶屏幕的显示。慢速闲置模式下的功耗比闲置模式下的功耗低。在进入慢速闲置模式之前,必须先进入慢速模式并且关闭 PLL。进入慢速模式和关闭 PLL 之后,必须向时钟配置寄存器 CLKCON 写入 0x46 数值(0x46 意为 LCD 使能、闲置模式使能、慢速闲置模式使能)才能进入慢速闲置模式。时钟配置寄存器 CLKCON 的定义如表 10.25 所列。

为了从慢速闲置模式下退出,必须产生外部中断 EINT[7:0]请求,或实时时钟报警中断请求。在这种情况下,微处理器模式将自动转变为慢速模式,如图 10.21 所示。为了返回到正常模式,必须等到锁定时间结束,然后禁止慢速模式,清除慢速闲置模式设定位(SLOW_BIT = 0)。在 PLL 锁定时间内,提供慢速时钟。在慢速闲置模式期间,为了保持 DRAM 中的数据不丢失,DRAM 必须处于自刷新模式。

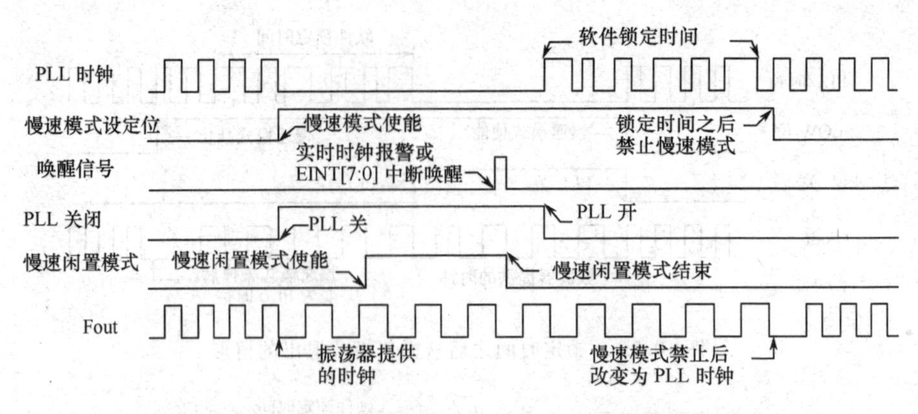

图 10.27 进入慢速闲置模式和退出慢速闲置模式

表 10.25 时钟配置寄存器 CLKCON 的定义

寄存器	地址	读/写	功能	复位值
CLKCON	0x01D80004	读/写	时钟产生器配置寄存器	0x7FF8
CLKCON	比特位		定义	初始状态
I^2S	[14]		MCLK 时钟接通 I^2S 模块的控制: 0:断开　1:接通	1
I^2C	[13]		MCLK 时钟接通 I^2C 模块的控制: 0:断开　1:接通	1
ADC	[12]		MCLK 时钟接通 ADC 模块的控制: 0:断开　1:接通	1
RTC	[11]		MCLK 时钟接通 RTC 模块的控制: 即便本位被清除为 0,RTC 定时器仍然有效。 0:断开　1:接通	1
GPIO	[10]		MCLK 时钟接通 GPIO 模块的控制: 设定为 1,使用 EINT[7:4]中断请求。 0:断开　1:接通	1
UART1	[9]		MCLK 时钟接通 UART1 模块的控制: 0:断开　1:接通	1
UART0	[8]		MCLK 时钟接通 UART0 模块的控制: 0:断开　1:接通	1
BDMA0,1	[7]		MCLK 时钟接通 BDMA 模块的控制: 0:断开　1:接通 (如果 BDMA 断开,外围设备总线上的设备可能不能访问)	1
LCDC	[6]		MCLK 时钟接通 LCDC 模块的控制: 0:断开　1:接通	1
SIO	[5]		MCLK 时钟接通 SIO 模块的控制: 0:断开　1:接通	1
ZDMA0,1	[4]		MCLK 时钟接通 ZDMA 模块的控制: 0:断开　1:接通	1

（续）

寄存器	地址	读/写	功能	复位值
PWMTIMER	[3]		MCLK 时钟接通 PWM 模块的控制： 0:断开　　1:接通	1
IDLE BIT	[2]		进入闲置模式,本位不能被自动清除： 0:禁止　　1:转到闲置(慢速闲置)模式	0
SL_IDLE	[1]		慢速闲置模式选择,本位不能被自动清除： 0:禁止　　1:慢速闲置模式 为了进入慢速闲置模式,CLKCON 寄存器必须设置为:OX46	0
STOP BIT	[0]		进入停止模式,本位不能被自动清除： 0:禁止　　1:转到停止模式	0

6）唤醒和解冻状态(Wake - Up & THAW State)

当 S3C44B0X 从掉电模式(停止模式)中,通过外部中断 EINT[7:0]或实时时钟 RTC 报警中断被唤醒,微处理器的状态将转变为解冻状态,如图 10.21 所示。在解冻状态下,CLKCON 寄存器中的配置将被忽略。因为在进入停止模式之前设定在 CLKCON 寄存器中的参数不能反映微处理器的实际状态。

从停止模式下被唤醒后,微处理器处于如上说明的解冻模式,被唤醒后要进入的新工作模式对应新的参数必须被重新写入到 CLKCON 寄存器中。微处理器可以从解冻模式转变为正常模式、或慢速模式、甚至停止模式。表 10.26 说明了唤醒后 PLL 和 Fout 的状态。

表 10.26　唤醒后 PLL 和 Fout 的状态

唤醒前的模式	唤醒后 PLL 的开/关	唤醒后和锁定时间之前的 Fout	由内部逻辑控制的锁定时间后的 Fout
停止	关→开	无时钟	正常模式时钟
慢速闲置	—	慢速模式时钟	—
闲置	不变	不变	不变

一旦有效配置值写入到 CLKCON 寄存器中,将返回到正常模式、慢速模式、甚至停止模式。

7）用于唤醒的 EINT[7:0]的信号形式

仅当下列条件满足时,S3C44B0X 可以从慢速闲置模式中,或从停止模式中唤醒。

(1) 在 EINTn 输入引脚出现电平信号(高或低)或边沿信号(上升沿、或下降沿、或双沿)。

(2) EINTn 引脚在 PCONG 寄存器中配置为外部中断引脚。

在 PCONG 寄存器中,将 EINTn 配置为外部中断引脚是重要的。对于唤醒来说,需要在 EINTn 引脚出现高/低电平信号、或上升/下降沿信号、或双沿信号。

刚唤醒之后,对应的 EINTn 引脚不要再被用做唤醒。这就意味着这些引脚可以被重新用做外部中断请求引脚。

8）进入闲置模式

如果为进入闲置模式,CLKCON[2]设定为“1”,S3C44B0X 经过一段延迟(等到电源控制逻辑从 CPU 单元接收到应答信号后)将进入闲置模式。

9) PLL 开/关

只能在慢速模式下,关掉 PLL 以降低功耗,如果在任何其他模式下关掉 PLL,MCU 的操作不能保证。

当微处理器在慢速模式下,通过将 PLL 打开改变为其他需要的工作模式时,在 PLL 稳定后 SLOW_BIT 位应该被清"0",以进入到另一模式。

10) PUPS 寄存器和停止/慢速闲置模式

在停止/慢速闲置模式下,数据总线(D[31:0]或 D[15:0])处于高阻状态。但是,由于 I/O 垫(Pad)的特性,数据总线的上拉电阻必须被接通以减少在停止/慢速闲置模式下的功耗。D[31:16]引脚的上拉电阻可以通过 PUPC 和 PUPD 寄存器控制。D[15:0]引脚的上拉电阻可以通过 SPUCR 寄存器控制。

11) 输出口状态与停止/慢速闲置模式

如果输出为低,通过内部寄生电阻将消耗电流;如果输出为高,将不消耗电流。如果配置一个端口为输出口,输出状态为高,将减少电流的消耗。

推荐输出口处于高电平状态,以减少停止模式下的电流消耗。

12) ADC 的节电

在 ADCCON 寄存器中,有一个附加的节电控制位,如果 S3C44B0X 进入停止模式,A/DC 将进入它自己的节电模式。

13) 电源管理状态转换机制

电源管理状态转换机制如图 10.21 所示。

10.3.3 应用举例

系统晶体振荡频率为 8MHz,编程设定系统主时钟频率 MCLK = 60MHz、PLL 锁定时间为 230μs、CPU 工作于正常模式,S3C44B0X 内部外设:I^2S、I^2C、UART1、BDMA、SIO、ZDMA 停止工作,其他外设工作。

配置参数计算如下:

(1) PLLCON 配置

MDIV = 67 = 0x43

PDIV = 3 = 0x3

SDIV = 1 = 0x1

$$MCLK = \frac{m \cdot Fin}{p \cdot 2^S} = \frac{(MDIV + 8) \cdot Fin}{(PDIV + 2) \cdot 2^S} = \frac{(67 + 8) \times 8}{(3 + 2) \times 2^1} = 60MHz$$

(2) PLL 锁定时间配置:

$$count = t\_lock \times Fin = 230 \times 8 = 1840 = 0x730$$

(3) CLKCON 配置:根据表 10.25,CLKCON 应配置为 0x1D48。

编程如下:

```
PLLCON      EQU     0x01D80000
CLKCON      EQU     0x01D80004
LOCKTIME    EQU     0x01D8000C
M_DIV       EQU     0x43
```

```
P_DIV           EQU         0x3
S_DIV           EQU         0x1
LDR         R0, = LOCKTIME              ;配置锁定时间为230μs
LDR         R1, = 0x730
STR         R1,[R0]
LDR         R0, = PLLCON                ;配置 MCLK 为 60MHz
LDR         R1, = ((M_DIV < <12) + (P_DIV < <4) + S_DIV)
STR         R1,[R0]
LDR         R0, = CLKCON                ;配置工作方式,为外设配置时钟
LDR         R1, = 0x1D48
STR         R1,[R0]
```

思考题与习题

1. S3C44B0X 微处理器内核属哪种类型?
2. S3C44B0X 芯片内部共有多少个外设?
3. S3C44B0X 的工作电源是怎样规定的?
4. S3C44B0X 的最高工作频率是多少?
5. S3C44B0X 有多少个引脚?
6. S3C44B0X 的存储空间是多大? 各 BANK 是如何安排的?
7. 大端存储格式和小端存储格式是如何确定的? BANK0 的数据总线宽度是如何确定的?
8. 为什么大端存储格式和小端存储格式、BANK0 的数据总线宽度通过硬件方式确定?
9. 有多少个存储器控制器专用寄存器?
10. 配置存储器控制器专用寄存器时,对使用指令有何要求?
11. SDRAM 型存储器允许配置在哪个 BANK?
12. BANK7 的首地址如何规定?
13. BANK6、BANK7 对存储器类型有何规定?
14. 说明当存储器的数据总线宽度分别是 8 位、16 位、32 位时,存储器的 A0 分别与 S3C44B0X 的哪一条地址线相接。
15. 简述 BWSCON 的功能。
16. 简述 BANKCONn 的功能。
17. 简述配置存储器存取时序的意义。
18. 时钟产生器的主要功能是什么?
19. 电源管理模块的主要功能是什么?
20. 系统晶体振荡频率为 8MHz,编程设定系统主频 MCLK = 66MHz。
21. 系统晶体振荡频率为 8MHz,编程设定 PLL 锁定时间为 250μs。
22. 编程设定 S3C44B0X 工作于正常模式,CPU 核及所有片内外设均工作。
23. 系统晶体振荡频率为 8MHz,编程设定 S3C44B0X 工作于慢速模式,MCLK = 4MHz。

第 11 章　ARM7 微处理器的并行接口与串行接口

11.1　并 行 接 口

S3C44B0X 有 71 个多功能 I/O 口引脚,所谓多功能 I/O 口引脚,指的是引脚不仅可以选择作为基本的 I/O 使用,而且可以选择它的复用功能,复用功能包括:作为地址线、数据线、存储器 BANK 选择信号、串行通信接口信号、LCD 接口信号、定时器输出信号、外部中断触发信号等。当选择作为基本的 I/O 使用时,可分为 7 组:

A 口:10 位输出口。

B 口:11 位输出口。

C 口:16 位 I/O 口。

D、G 口:8 位 I/O 口。

E、F 口:9 位 I/O 口。

每一个口都可以通过软件方便地进行配置,以满足各种系统结构和设计要求。在启动主程序之前,每个引脚的功能必须被选择,如果某个引脚的复用功能没有被使用,可以配置为 I/O 口。系统复位以后,在引脚被配置之前,已被设置了一个恰当的初始状态,以防止出现某些问题。

11.1.1　I/O 口的功能

各 I/O 口的功能配置分别如表 11.1~11.7 所示。

表 11.1　A 口的引脚功能

A 口	可选择的引脚功能		A 口	可选择的引脚功能	
	功能 1	功能 2		功能 1	功能 2
PA9	输出	ADDR24	PA4	输出	ADDR19
PA8	输出	ADDR23	PA3	输出	ADDR18
PA7	输出	ADDR22	PA2	输出	ADDR17
PA6	输出	ADDR21	PA1	输出	ADDR16
PA5	输出	ADDR20	PA0	输出	ADDR0

表 11.2　B 口的引脚功能

B 口	可选择的引脚功能		B 口	可选择的引脚功能	
	功能 1	功能 2		功能 1	功能 2
PB10	输出	nGCS5	PB4	输出	nWBE2:nBE2:DQM2
PB9	输出	nGCS4	PB3	输出	nSRAS:nCAS3
PB8	输出	nGCS3	PB2	输出	nSCAS:nCAS2
PB7	输出	nGCS2	PB1	输出	SCLK
PB6	输出	nGCS1	PB0	输出	SCKE
PB5	输出	nWBE3:nBE3:DQM3			

表 11.3 C 口的引脚功能

C 口	可选择的引脚功能		
	功能 1	功能 2	功能 3
PC15	输入/输出	DATA31	nCTS0
PC14	输入/输出	DATA30	nRTS0
PC13	输入/输出	DATA29	RxD1
PC12	输入/输出	DATA28	TxD1
PC11	输入/输出	DATA27	nCTS1
PC10	输入/输出	DATA26	nRTS1
PC9	输入/输出	DATA25	nXDREQ1
PC8	输入/输出	DATA24	nXDACK1
PC7	输入/输出	DATA23	VD4
PC6	输入/输出	DATA22	VD5
PC5	输入/输出	DATA21	VD6
PC4	输入/输出	DATA20	VD7
PC3	输入/输出	DATA19	I^2SCLK
PC2	输入/输出	DATA18	I^2SDI
PC1	输入/输出	DATA17	I^2SDO
PC0	输入/输出	DATA16	I^2SLRCK

表 11.4 D 口的引脚功能

D 口	可选择的引脚功能		D 口	可选择的引脚功能	
	功能 1	功能 2		功能 1	功能 2
PD7	输入/输出	VFRAME	PD3	输入/输出	VD3
PD6	输入/输出	VM	PD2	输入/输出	VD2
PD5	输入/输出	VLINE	PD1	输入/输出	VD1
PD4	输入/输出	VCLK	PD0	输入/输出	VD0

表 11.5 E 口的引脚功能

E 口	可选择的引脚功能		
	功能 1	功能 2	功能 3
PE8	ENDIAN	CODECLK	输入/输出
PE7	输入/输出	TOUT4	VD7
PE6	输入/输出	TOUT3	VD6
PE5	输入/输出	TOUT2	TCLK
PE4	输入/输出	TOUT1	TCLK
PE3	输入/输出	TOUT0	—
PE2	输入/输出	RxD0	—
PE1	输入/输出	TxD0	—
PE0	输入/输出	Fpllo	Fout

表 11.6　F 口的引脚功能

F 口	可选择的引脚功能			
	功能 1	功能 2	功能 3	功能 4
PF8	输入/输出	nCTS1	SIOCK	I^2SCLK
PF7	输入/输出	RxD1	SIORxD	I^2SDI
PF6	输入/输出	TxD1	SIORDY	I^2SDO
PF5	输入/输出	nRTS1	SIOTxD	I^2SLRCK
PF4	输入/输出	nXBREQ	nXDREQ0	—
PF3	输入/输出	nXBACK	nXDACK0	—
PF2	输入/输出	nWAIT	—	—
PF1	输入/输出	I^2CSDA	—	—
PF0	输入/输出	I^2CSCL	—	—

表 11.7　G 口的引脚功能

G 口	可选择的引脚功能		
	功能 1	功能 2	功能 3
PG7	输入/输出	I^2SLRCK	EINT7
PG6	输入/输出	I^2SDO	EINT6
PG5	输入/输出	I^2SDI	EINT5
PG4	输入/输出	I^2SCLK	EINT4
PG3	输入/输出	nRTS0	EINT3
PG2	输入/输出	nCTS0	EINT2
PG1	输入/输出	VD5	EINT1
PG0	输入/输出	VD4	EINT0

注意:(1) 以上各表中,带有下划线的功能是复位后默认的功能。ENDIAN(PE8)仅当复位信号 nRESET 为低时有效。

(2) I^2CSDA、I^2CSCL(PF[1:0])引脚是源极开放性引脚,作为输出口使用时需上拉电阻。

11.1.2　I/O 口控制寄存器

各 I/O 口有 3 个基本控制寄存器:口配置寄存器 PCONA ~ PCONG、口数据寄存器 PDATA ~ PDATG、口上拉寄存器 PUPC ~ PUPG。对数据总线 D[15:0],还有特殊上拉电阻控制寄存器 SPUCR。

1. 口配置寄存器(PCONA ~ PCONG)

在 S3C44B0X 中,大多数引脚都是复用引脚,每个引脚在使用之前,应当根据应用需要选择确定引脚功能。口配置寄存器(PCONA ~ PCONG),用来选择每个引脚的功能。G 口的复用功能(功能 3)是 8 个外部中断输入引脚。如果 PG0 ~ PG7 用来作为掉电模式下的唤醒信号,必须配置为中断模式。

2. 口数据寄存器(PDATA ~ PDATG)

口数据寄存器的作用是:如果 I/O 口被配置为输出口,寄存器中的数据将被输出到口的对应引脚;如果被配置为输入口,寄存器中的数据是对应引脚的状态。

3. 口上拉寄存器(PUPC ~ PUPG)

口上拉寄存器用于配置每组 I/O 口是上拉电阻还是不上拉电阻,当引脚对应的数据位为“0”时,则上拉电阻;对应的数据位为“1”时,则不上拉电阻。

各 I/O 口配置寄存器、数据寄存器、上拉寄存器的配置和用法分别如表 11.8 ~ 11.14 所列。

表 11.8 A 口配置寄存器

寄存器	地 址	读/写	功 能	复位后值
PCONA	0x01D20000	读/写	配置 A 口功能	0x3ff
PDATA	0x01D20004	读/写	A 口数据寄存器	未定义
PCONA	比特位	功 能		
PA9	[9]	0 = 输出	1 = ADDR24	
PA8	[8]	0 = 输出	1 = ADDR23	
PA7	[7]	0 = 输出	1 = ADDR22	
PA6	[6]	0 = 输出	1 = ADDR21	
PA5	[5]	0 = 输出	1 = ADDR20	
PA4	[4]	0 = 输出	1 = ADDR19	
PA3	[3]	0 = 输出	1 = ADDR18	
PA2	[2]	0 = 输出	1 = ADDR17	
PA1	[1]	0 = 输出	1 = ADDR16	
PA0	[0]	0 = 输出	1 = ADDR0	
PDATA	比特位	功 能		
PA[9:0]	[9:0]	当 A 口配置为输出口时,寄存器中的每一比特位输出到对应引脚。 当 A 口配置为地址总线时,读寄存器内容得到的是未定义的数		

表 11.9 B 口配置寄存器

寄存器	地 址	读/写	功 能	复位后值
PCONB	0x01D20008	读/写	配置 B 口功能	0x7ff
PDATB	0x01D2000C	读/写	B 口数据寄存器	未定义
PCONB	比特位	功 能		
PB10	[10]	0 = 输出	1 = nGCS5	
PB9	[9]	0 = 输出	1 = nGCS4	
PB8	[8]	0 = 输出	1 = nGCS3	
PB7	[7]	0 = 输出	1 = nGCS2	
PB6	[6]	0 = 输出	1 = nGCS1	
PB5	[5]	0 = 输出	1 = nWBE3/nBE3/DQM3	
PB4	[4]	0 = 输出	1 = nWBE2/nBE2/DQM2	
PB3	[3]	0 = 输出	1 = nSRAS/nCAS3	
PB2	[2]	0 = 输出	1 = nSCAS/nCAS2	
PB1	[1]	0 = 输出	1 = SCLK	
PB0	[0]	0 = 输出	1 = SCKE	
PDATB	比特位	功 能		
PB[10:0]	[10:0]	当 B 口配置为输出口时,寄存器中的每一比特位输出到对应引脚。 当 B 口配置为控制信号时,读寄存器中的内容得到的是未知数		

表 11.10 C 口配置寄存器

寄存器	地　址	读/写	功　能	复位后值
PCONC	0x01D20010	读/写	配置 C 口功能	0xaaaaaaaa
PDATC	0x01D20014	读/写	C 口数据寄存器	未定义
PUPC	0x01D20018	读/写	配置 C 口上拉电阻	0x0

PCONC	比特位	功		能
PC15	[31:30]	00 = 输入	01 = 输出	10 = DATA31	11 = nCTS0
PC14	[29:28]	00 = 输入	01 = 输出	10 = DATA30	11 = nRTS0
PC13	[27:26]	00 = 输入	01 = 输出	10 = DATA29	11 = RxD1
PC12	[25:24]	00 = 输入	01 = 输出	10 = DATA28	11 = TxD1
PC11	[23:22]	00 = 输入	01 = 输出	10 = DATA27	11 = nCTS1
PC10	[21:20]	00 = 输入	01 = 输出	10 = DATA26	11 = nRTS1
PC9	[19:18]	00 = 输入	01 = 输出	10 = DATA25	11 = nXDREQ1
PC8	[17:16]	00 = 输入	01 = 输出	10 = DATA24	11 = nXDACK1
PC7	[15:14]	00 = 输入	01 = 输出	10 = DATA23	11 = VD4
PC6	[13:12]	00 = 输入	01 = 输出	10 = DATA22	11 = VD5
PC5	[11:10]	00 = 输入	01 = 输出	10 = DATA21	11 = VD6
PC4	[9:8]	00 = 输入	01 = 输出	10 = DATA20	11 = VD7
PC3	[7:6]	00 = 输入	01 = 输出	10 = DATA19	11 = I^2SCLK
PC2	[5:4]	00 = 输入	01 = 输出	10 = DATA18	11 = I^2SDI
PC1	[3:2]	00 = 输入	01 = 输出	10 = DATA17	11 = I^2SDO
PC0	[1:0]	00 = 输入	01 = 输出	10 = DATA16	11 = I^2SLRCK

PDATC	比特位	功　能
PC[15:0]	[15:0]	当 C 口配置为输入口时,引脚状态输入到寄存器中对应比特位。 当 C 口配置为输出口时,寄存器中的每一比特位输出到对应引脚。 当 C 口配置为数据总线或控制信号时,读寄存器将得到一未定义值

PUPC	比特位	功　能
PC[15:0]	[15:0]	0:对应引脚上拉电阻　1:对应引脚不上拉电阻

表 11.11 D 口配置寄存器

寄存器	地　址	读/写	功　能	复位后值
PCOND	0x01D2001C	读/写	配置 D 口功能	0x0000
PDATD	0x01D20020	读/写	D 口数据寄存器	未定义
PUPD	0x01D20024	读/写	配置 D 口上拉电阻	0x0

PCOND	比特位	功		能	
PD7	[15:14]	00 = 输入	01 = 输出	10 = VFRAME	11 = 保留
PD6	[13:12]	00 = 输入	01 = 输出	10 = VM	11 = 保留
PD5	[11:10]	00 = 输入	01 = 输出	10 = VLINE	11 = 保留
PD4	[9:8]	00 = 输入	01 = 输出	10 = VCLK	11 = 保留

（续）

PCOND	比特位	功　　能			
PD3	[7:6]	00 = 输入	01 = 输出	10 = VD3	11 = 保留
PD2	[5:4]	00 = 输入	01 = 输出	10 = VD2	11 = 保留
PD1	[3:2]	00 = 输入	01 = 输出	10 = VD1	11 = 保留
PD0	[1:0]	00 = 输入	01 = 输出	10 = VD0	11 = 保留
PDATD	比特位	功　　能			
PD[7:0]	[7:0]	当 D 口配置为输入口时,引脚状态输入到寄存器的对应数字位。 当 D 口配置为输出口时,寄存器中的每一比特位输出到对应引脚。 当 D 口配置为控制信号时,读寄存器将得到一未定义值			
PUPD	比特位	功　　能			
PD[7:0]	[7:0]	0:对应引脚上拉电阻　1:对应引脚不上拉电阻			

表 11.12　E 口配置寄存器

寄存器	地　址	读/写	功　能	复位后值
PCONE	0x01D20028	读/写	配置 E 口功能	0x00
PDATE	0x01D2002C	读/写	E 口数据寄存器	未定义
PUPE	0x01D20030	读/写	配置 E 口上拉电阻寄存器	0x00

PCONE	比特位	可选择的引脚功能			
PE8	[17:16]	00 = 保留(ENDIAN)　01 = 输出　10 = CODECLK　11 = 保留 系统复位期间,根据 PE8 的状态确定小/大端存储格式			
PE7	[15:14]	00 = 输入	01 = 输出	10 = TOUT4	11 = VD7
PE6	[13:12]	00 = 输入	01 = 输出	10 = TOUT3	11 = VD6
PE5	[11:10]	00 = 输入	01 = 输出	10 = TOUT2	11 = TCLK
PE4	[9:8]	00 = 输入	01 = 输出	10 = TOUT1	11 = TCLK
PE3	[7:6]	00 = 输入	01 = 输出	10 = TOUT0	11 = 保留
PE2	[5:4]	00 = 输入	01 = 输出	10 = RxD0	11 = 保留
PE1	[3:2]	00 = 输入	01 = 输出	10 = TxD0	11 = 保留
PE0	[1:0]	00 = 输入	01 = 输出	10 = Fpllo	11 = Fout
PDATE	比特位	可选择的引脚功能			
PE[8:0]	[8:0]	当 E 口配置为输入口时,引脚状态输入到寄存器的对应数字位。 当 E 口配置为输出口时,寄存器中的每一比特位输出到对应引脚。 当 E 口配置为控制信号时,读寄存器将得到一未定义值			
PUPE	比特位	可选择的功能			
PE[7:0]	[7:0]	0:有上拉电阻　1:没有上拉电阻　PE8 没有上拉电阻			

表 11.13 F 口配置寄存器

寄存器	地址	读/写	功能	复位后值
PCONF	0x01D20034	读/写	F 口功能配置	0x000
PDATF	0x01D20038	读/写	F 口数据寄存器	未定义
PUPF	0x01D2003C	读/写	F 口上拉电阻配置寄存器	0x000

PCONF	比特位	可选择的功能			
PF8	[21:19]	000 = 输入 011 = SIOCLK	001 = 输出 100 = I^2SCLK	010 = nCTS1 其他 = 保留	
PF7	[18:16]	000 = 输入 011 = SIORxD	001 = 输出 100 = I^2SDI	010 = RxD1 其他 = 保留	
PF6	[15:13]	000 = 输入 011 = SIORDY	001 = 输出 100 = I^2SDO	010 = TxD1 其他 = 保留	
PF5	[12:10]	000 = 输入 011 = SIOTxD	001 = 输出 100 = I^2SLRCK	010 = nRTS1 其他 = 保留	
PF4	[9:8]	00 = 输入	01 = 输出	10 = nXBREQ	11 = nXDREQ0
PF3	[7:6]	00 = 输入	01 = 输出	10 = nXBACK	11 = nXDACK0
PF2	[5:4]	00 = 输入	01 = 输出	10 = nWAIT	11 = 保留
PF1	[3:2]	00 = 输入	01 = 输出	10 = I^2CSDA	11 = 保留
PF0	[1:0]	00 = 输入	01 = 输出	10 = I^2CSCL	11 = 保留

PDATF	比特位	可选择的功能
PF[8:0]	[8:0]	当 F 口定义为输入口时,引脚状态输入到 F 口数据寄存器。 当 F 口定义为输出口时,寄存器中的每一比特位输出到对应引脚。 当 F 口定义为其他功能时,读数据寄存器的内容将得到一个未定义值

PUPF	比特位	可选择功能
PF[8:0]	[8:0]	0:有上拉电阻　　1:无上拉电阻

表 11.14 G 口配置寄存器

寄存器	地址	读/写	功能	复位后值
PCONG	0x01D20040	读/写	G 口功能配置	0x0
PDATG	0x01D20044	读/写	G 口数据寄存器	未定义
PUPG	0x01D20048	读/写	G 口上拉电阻配置寄存器	0x0

PCONG	比特位	可选择的功能			
PG7	[15:14]	00 = 输入	01 = 输出	10 = I^2SLRCK	11 = EINT7
PG6	[13:12]	00 = 输入	01 = 输出	10 = I^2SDO	11 = EINT6
PG5	[11:10]	00 = 输入	01 = 输出	10 = I^2SDI	11 = EINT5
PG4	[9:8]	00 = 输入	01 = 输出	10 = I^2SCLK	11 = EINT4
PG3	[7:6]	00 = 输入	01 = 输出	10 = nRTS0	11 = EINT3
PG2	[5:4]	00 = 输入	01 = 输出	10 = nCTS0	11 = EINT2
PG1	[3:2]	00 = 输入	01 = 输出	10 = VD5	11 = EINT1
PG0	[1:0]	00 = 输入	01 = 输出	10 = VD4	11 = EINT0

（续）

PDATG	比特位	可选择的功能
PG[7:0]	[7:0]	当 G 口定义为输入口时，引脚状态输入到 G 口数据寄存器。 当 G 口定义为输出口时，寄存器中的每一比特位输出到对应引脚。 当 G 口定义为其他功能时，读 G 口数据寄存器将得到一个未定义的值
PUPG	比特位	可选择的功能
PG[7:0]	[7:0]	0:有上拉电阻　　1:无上拉电阻

4. 特殊上拉电阻配置寄存器 SPUCR

D[15:0]引脚的上拉电阻可以通过 SPUCR 寄存器配置。在停止/闲置模式下，数据总线 D[31:0]或 D[15:0]处于高阻状态，但由于 I/O 口垫(I/O Pad)的影响，数据总线的上拉电阻必须接通以减少停止/闲置模式下的功耗。D[31:16]引脚的上拉电阻可以通过 PUPC 寄存器配置，D[15:0]引脚的上拉电阻可以通过 SPUCR 寄存器配置。

在停止模式下，存储器控制信号可以选择为高阻状态或停止模式前的状态，防止设定 SPUCR 寄存器的高阻/停止位对存储器产生错误影响。特殊上拉电阻配置寄存器的功能如表 11.15 所列。

表 11.15　D[15:0]上拉电阻配置寄存器 SPUCR

寄存器	地　址	读/写	功　能	复位后值
SPUCR	0x01D2004C	读/写	特殊上拉电阻配置寄存器[2:0]	0x4
SPUCR	比特位	可选择的功能		
HZ@ STOP	[2]	0 = 停止模式的前一状态　　1 = 停止模式下的高阻状态		
SPUCR1	[1]	0 = DATA[15:8]上拉电阻　　1 = DATA[15:8]不上拉电阻		
SPUCR0	[0]	0 = DATA[7:0]上拉电阻　　1 = DATA[7:0]不上拉电阻		

11.1.3　外部中断触发方式的配置

G 口的 8 个外部中断可以选择各种触发方式，EXTINT 寄存器用来配置外部中断的触发方式，每个外部中断可以配置的触发方式有低电平触发、高电平触发、下降沿触发、上升沿触发、下降沿与上升沿均触发。因为每个外部中断引脚都有一个数字滤波器，中断控制器能识别大于 3 个时钟周期中断请求信号。如果 PG0 ~ PG7 用来作为掉电模式下的唤醒信号使用，那么必须被配置为中断模式。

当外部中断产生时，会被记录在外部中断挂起寄存器 EXTINTPND 中。

1. 外部中控制寄存器 EXTINT

外部中断控制寄存器用于配置外部信号触发中断的方式，EXTINT 的功能如表 11.16 所列。

表 11.16　外部中断配置寄存器 EXTINT

寄存器	地　址	读/写	功　能	复位后值
EXTINT	0x01D20050	读/写	外部中断配置寄存器	0x000000
EXTINT	比特位	触发信号选择方式		
EINT7	[30:28]	配置 EINT7 的触发信号方式： 000 = 低电平触发　001 = 高电平触发　　01X = 下降沿触发 10X = 上升沿触发　11X = 上升、下降沿均触发		

（续）

EXTINT	比特位	触发信号选择方式
EINT6	[26:24]	配置 EINT6 的触发信号方式： 000 = 低电平触发　001 = 高电平触发　01X = 下降沿触发 10X = 上升沿触发　11X = 上升、下降沿均触发
EINT5	[22:20]	配置 EINT5 的触发信号方式： 000 = 低电平触发　001 = 高电平触发　01X = 下降沿触发 10X = 上升沿触发　11X = 上升、下降沿均触发
EINT4	[18:16]	配置 EINT4 的触发信号方式： 000 = 低电平触发　001 = 高电平触发　01X = 下降沿触发 10X = 上升沿触发　11X = 上升、下降沿均触发
EINT3	[14:12]	配置 EINT3 的触发信号方式： 000 = 低电平触发　001 = 高电平触发　01X = 下降沿触发 10X = 上升沿触发　11X = 上升、下降沿均触发
EINT2	[10:8]	配置 EINT2 的触发信号方式： 000 = 低电平触发　001 = 高电平触发　01X = 下降沿触发 10X = 上升沿触发　11X = 上升、下降沿均触发
EINT1	[6:4]	配置 EINT1 的触发信号方式： 000 = 低电平触发　001 = 高电平触　01X = 下降沿触发 10X = 上升沿触发　11X = 上升、下降沿均触发
EINT0	[2:0]	配置 EINT0 的触发信号方式： 000 = 低电平触发　001 = 高电平触发　01X = 下降沿触发 10X = 上升沿触发　11X = 上升、下降沿均触发

2. 外部中断挂起寄存器 EXTINTPND

外部中断 4 ~ 7“或”在一起作为一个中断源向中断控制寄存器请求中断。EINT4 ~ EINT7 在中断控制寄存器中共享相同的中断请求线（EINT4/5/6/7）。如果 4 个外部中断的任何一个请求中断，相应的 EXTINTPNDn 将被置“1”。在中断服务程序中，必须将 EXTINTPND 寄存器中被置“1”的位清除，通过向 EXTINTPND 写“1”实现清除。在清除 EXTINTPND 之后，必须清除 IRQ 中断挂起寄存器（INTPND）中被置“1”的相应位。EXTINTPND 的功能如表 11.17 所列。

表 11.17　外部中断挂起寄存器 EXTINTPND

寄存器	地　址	读/写	功　能	复位后值
EXTINTPND	0x01D20054	读/写	外部中断挂起寄存器	0x00
EXTINTPND	比特位	性　能		
EXTINTPND3	[3]	如果 EINT7 有效，EXTINTPND3 位被置“1”，INTPND[21]也被置“1”		
EXTINTPND2	[2]	如果 EINT6 有效，EXTINTPND2 位被置“1”，INTPND[21]也被置“1”		
EXTINTPND1	[1]	如果 EINT5 有效，EXTINTPND1 位被置“1”，INTPND[21]也被置“1”		
EXTINTPND0	[0]	如果 EINT4 有效，EXTINTPND0 位被置“1”，INTPND[21]也被置“1”		

11.1.4 I/O 口的应用

S3C44B0X 片内具有较多的外围电路,外围电路的接口信号与 I/O 共用相同的引脚,在一个具体的应用设计中,应当根据需要选择使用。本节给出两个 I/O 口应用实例:发光二极管(LED)显示的例子作为 I/O 口的输出应用实例,独立按键驱动程序的例子作为 I/O 口的输入应用实例。

1. 输出使用——发光二极管显示应用

发光二极管显示的硬件电路如图 11.1 所示,8 个发光二极管(VD1 ~ VD8)通过限流电阻 R1 ~ R8 连接到 S3C44B0X 的 PE0 ~ PE7,E 口的某一引脚输出 0 时,对应的发光二极管亮,输出 1 时,对应的发光二极管灭。

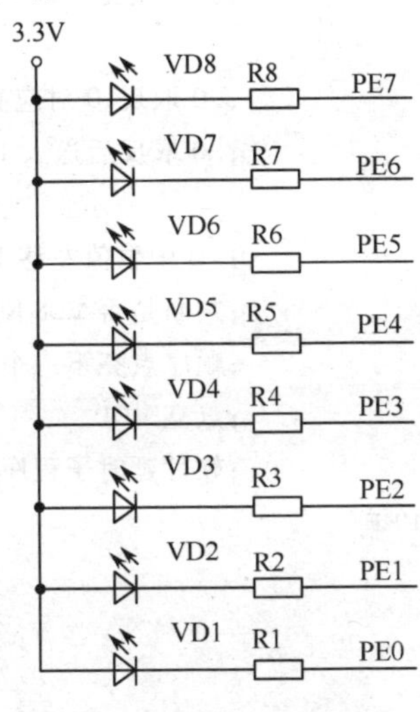

图 11.1 LED 显示电路

1) E[7:0]的配置

根据图 11.1 的硬件原理,E 口的 8 个引脚全部应配置为输出,根据表 11.12,PCONE = 00 01 01 01 01 01 01 01 01B = 0x05555。

通过 PE8 引脚接高/低电平,来选择大端存储格式小端存储格式,这里 PE8 可配置为 00。

根据硬件原理 E 口不需要上拉电阻,所以 PUPE 按下式配置:

PUPE = 111111111B = 0x1FF

PCONE、PUPE 配置好后,向 PDATE 寄存器中的某位写入 1,则某位 LED 不亮;向 PDATE 寄存器中的某位写入 0,则某位 LED;

2) 编程实现

要求 8 个发光二极管按以下顺序,每隔一段时间逐个点亮,周而复始的循环。

→VD1→VD2→VD3→VD4→VD5→VD6→VD7→VD8→

编程如下:

```
AREA LEDDIS,CODE,READONLY              ;编制一段代码,段名:LEDDIS
    ENTRY                              ;程序入口
PCONE      EQU         0x01D20028
```

```
PUPE      EQU        0x01D20030
PDATE     EQU        0x01D2002C
    LDR         R1, = PCONE              ;配置 E 口为输出
    LDR         R0, = 0x05555
    STR         R0,[R1]
    LDR         R1, = PUPE               ;配置 E 口无上拉电阻
    LDR         R0, = 0x1FF
    STR         R0,[R1]
    LDR         R1, = PDATE              ;将 PDATE 地址送入 R1
L1
    MOV         R0,#0x1                  ;首先点亮 VD1
L2
    MVN         R3,R0                    ;R0 取反,0 对应亮;1 对应灭
    STR         R3,[R1]                  ;R0 取反后送入 PDATE
    BL          DELAY
    MOV         R0,R0,lsl#1              ;RO 中数值左移 1 位,顺序点亮下一个 LED
    CMP         R0,#0x100                ;判断是否 VD8 刚亮过
    BNE         L2                       ;顺序点亮下一个 LED
    B           L1                       ;点亮 VD1
DELAY                                    ;软件延时子程序
    LDR         R2, = 0x008FFFFF
DELAY1
    SUBS        R2,R2,#1
    BNE         DELAY1
    MOV         PC,LR
    END
```

2. 独立按键驱动程序

在石油、化工、冶金、电力等很多连续生产过程中,控制室内使用各种盘装式仪表,包括调节器、指示仪等单元组合仪表,用于对生产过程进行集中监控。由于盘装式仪表用于指示、操作的前面板尺寸有限,通常为 80mm × 160mm(高 × 宽),因此,仅能设计较少的按键来满足各种按键操作需要。在按键的设计选用上应当考虑在满足需要的前提下,尽量减少按键的个数。本例中讨论 3 个按键的硬件接口电路和软件驱动程序。由于按键个数少,不需要对按键进行编码访问,直接连接在 S3C44B0X 的 PG0、PG1、PG2 上即可,如图 11.2 所示。当这 3 个 I/O 口通过软件配置上拉电阻时,按键的按下/未按下状态,会转变为对应 I/O 口的高/低电平状态。即无按键按下时,对应的 I/O 口为高电平;当有按键按下时,对应的 I/O 口为低电平,据此识别按键的按下与否。

设计按键驱动程序时,应考虑各种按键方式的需要,并加以识别。对于 3 个按键而言,最多可以有 8 种按键方式。图 11.2 所示的 3 个按键,从左到右分别称为键“△”、键“◇”与键“□”,8 种按键方式如下:

(1) 键“△”单独按下;

(2) 键“◇”单独按下;

(3) 键“□”单独按下;

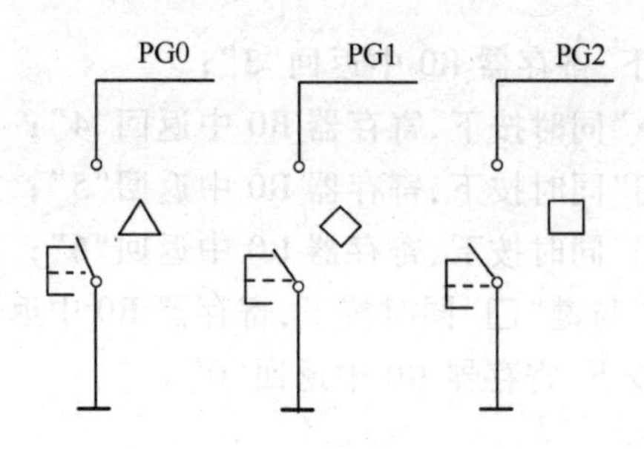

图 11.2 按键接口电路

（4）键“△”与键“◇”同时按下；

（5）键“△”与键“□”同时按下；

（6）键“◇”与键“□”同时按下；

（7）键“△”、键“◇”与键“□”同时按下；

（8）3 个按键均未按下。

按键驱动程序要考虑的另一个问题是按键的“消抖”问题。图 11.3 所示的电路，是利用机械触点的合、断来输入状态信息。通常，按键所用开关为机械弹性开关，由于机械触点的弹性振动，按键在按下时不会马上稳定地接通，而在弹起时也不能一下子完全断开，因而在按键闭合和断开的瞬间均会出现一连串的抖动。一个电压信号通过机械触点合、断过程的波形如图 11.3 所示。

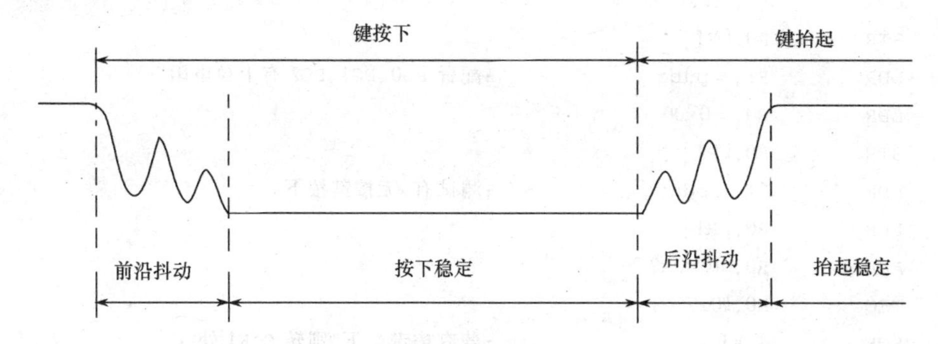

图 11.3 按键过程

当按键按下时会产生前沿抖动，当按键抬起时会产生后沿抖动。如果不加“消抖”措施，每按一次按键，就会被主机误读为按键多次，出现所谓“连击”现象。利用软件“消抖”方法是一种有效措施。为消除前沿抖动，在第一次检测到有键按下时，执行一段延时子程序使键的前沿抖动消失后再检测该键状态，如果该键仍保持闭合状态电平，则确认为该键已稳定按下，否则认定无键按下。

抖动的时间长短取决于具体按键的机械特性与操作手法，一般为 10ms ~ 100ms。延时时间应当根据所选的具体的按键通过调试确定，延时时间太小，会出现按键“连击”现象；延时时间太大，会出现按键响应“迟钝”或不响应现象。延时时间应等于或略小于按键的“前沿抖动 + 按下稳定”时间。

设计的按键驱动子程序，每调用一次，有如下 8 种结果之一：

（1）若键“△”单独按下，寄存器 R0 中返回“1”；

（2）若键“◇”单独按下，寄存器 R0 中返回“2”；

(3) 若键“□”单独按下,寄存器 R0 中返回“3”;

(4) 若键“△”与键“◇”同时按下,寄存器 R0 中返回“4”;

(5) 若键“◇”与键“□”同时按下,寄存器 R0 中返回“5”;

(6) 若键“△”与键“□”同时按下,寄存器 R0 中返回“6”;

(7) 若键“△”、键“◇”与键“□”同时按下,寄存器 R0 中返回“7”;

(8) 若 3 个按键均未按下,寄存器 R0 中返回“0”。

1) G[2:0]的配置

根据图 11.2 的硬件原理,PG0、PG1、PG2 3 个引脚全部应配置为输入,根据表 11.14, PCONG = 00 00 00 00 00 00 00 00 B = 0x0000

根据硬件原理 G 口需要上拉电阻,所以 PUPG 按下式配置:

PUPE = 00000000B = 0x00

2) 驱动程序编写

```
AREA SCAN_KEY,CODE,READONLY                  ;定义 SCAN_KEY 代码段
ENTRY                                        ;程序入口
PCONG       EQU         0x01D20040           ;PCOG 寄存器地址
PUPG        EQU         0x01D20048           ;PUPG 寄存器地址
PDATG       EQU         0x01D20044           ;PDATG 寄存器地址
    LDR         R1, = pcong                  ;配置 PG0、PG1、PG2 为输入
    LDR         R0, = 0x0
    STR         R0,[R1]
    LDR         R1, = pupg                   ;配置 PG0、PG1、PG2 有上拉电阻
    LDR         R0, = 0x00
    STR         R0,[R1]
    LDR         R1, = pdatg                  ;测试有/无按键按下
    LDR         R0,[R1]
    AND         R0,R0,#0x7
    TEQ         R0,#0x7
    BNE         S_K1                         ;若有按键按下,则转 S_K1 处
    MOV         R0,#0                        ;无键按下则退出,返回 R0 = 0
    MOV         PC,R14
S_K1
    MOV         R2,R14                       ;将连接寄存器中内容保存在 R2 中
    BL          DELAY                        ;软件延时,按键“消抖”
    LDR         R0,[R1]                      ;测试“消抖”后,有/无按键按下
    AND         R0,R0,#0x7
    TEQ         R0,#0x7
    BNE         S_K2                         ;若有按键按下,则转 S_K2 处
    MOV         R0,#0                        ;无键按下则退出,返回 R0 = 0
    MOV         PC,R2
S_K2
    TEQ         R0,#0x6                      ;测试是否键“△”按下
    BNE         S_K3                         ;若否,转 S_K3 处
    MOV         R0,#1                        ;若是,R0 = 1,退出子程序
```

```
    MOV        PC,R2
S_K3
    TEQ        R0,#0x5                    ;测试是否键“◇”按下
    BNE        S_K4                       ;若否,转 S_K4 处
    MOV        R0,#2                      ;若是,R0 =2,退出子程序
    MOV        PC,R2
S_K4
    TEQ        R0,#0x3                    ;测试是否键“□”按下
    BNE        S_K5                       ;若否,转 S_K5 处
    MOV        R0,#3                      ;若是,R0 =3,退出子程序
    MOV        PC,R2
S_K5
    TEQ        R0,#0x4                    ;测试是否键“△”与键“◇”同时按下
    BNE        S_K6                       ;若否,转 S_K6 处
    MOV        R0,#4                      ;若是,R0 =4,退出子程序
    MOV        PC,R2
S_K6
    TEQ        R0,#0x1                    ;测试是否键“◇”与键“□”同时按下
    BNE        S_K7                       ;若否,转 S_K7 处
    MOV        R0,#5                      ;若是,R0 =5,退出子程序
    MOV        PC,R2
S_K7
    TEQ        R0,#0x2                    ;测试是否键“△”与键“□”同时按下
    BNE        S_K8                       ;若否,转 S_K8 处
    MOV        R0,#6                      ;若是,R0 =6,退出子程序
    MOV        PC,R2
S_K8
    TEQ        R0,#0x0                    ;测试是否键“△”、键“◇”、与键“◇”同时按下
    BNE        S_K9                       ;若否,转 S_K9 处
    MOV        R0,#7                      ;若是,R0 =7,退出子程序
    MOV        PC,R2
S_K9
    MOV        R0,#0                      ;R0 =0,退出子程序
    MOV        PC,R2
DELAY_COUNT  EQU       0x000FFFFF         ;延时计数值,大小根据系统主振频率与按键的抖动
                                          时间,调试确定
DELAY                                     ;延时子程序名
  DELAY1
    LDR        R0, =DELAY_COUNT           ;R0 加载延时计数值
    SUBS       R0,R0,#1                   ;R0 中延时计数值减 1
    BNE        DELAY1                     ;R0 中延时计数值不等于 0,则循环
    MOV        PC,R14                     ;子程序返回
    END
```

11.2 串行接口

11.2.1 概述

S3C44B0X 的通用异步串行接口(Universal Asynchronous Receiver and Transmitter, UART)单元有两个独立的异步串行接口,每个都可以基于中断方式或基于 DMA 方式工作。所谓基于中断方式,是指在 CPU 与 UART 之间可以通过中断请求的方式传送数据。所谓基于 DMA 方式,是指在 CPU 与 UART 之间可以 DMA 请求的方式传送数据。通信的最高波特率为 115.2kb/s。每个 UART 通道包含两个 16 字节的 FIFO 用于作为接收和发送的缓冲区使用。

S3C44B0X 的 UART 串行通信参数可以编程配置,这些参数包括波特率、红外收/发模式、1 或 2 个停止位、数据宽度(5 位、6 位、7 位或 8 位)和奇偶校验。

每个 UART 内部由波特率产生器、发送器、接收器和控制单元组成,如图 11.4 所示。波特率发生器以 MCLK 作为时钟源。发送器和接收器包含 16 字节的 FIFO 和数据移位寄存器。要被发送的数据,首先被写入 FIFO,然后被复制到发送数据移位寄存器中,最后从发送数据引脚(TxDn)逐位移出。被接收的数据从数据接收引脚(RxDn)依次被移位输入到接收数据移位寄存器,然后被复制到 FIFO 中。

UART 的特性如下:

(1) RxD0, TxD0, RxDl, TxD1(两个 UART 单元的收/发)可以基于中断模式或基于 DMA 模式工作。

(2) UART 通道 0 可以选择红外通信模式,符合 IrDA 1.0 规范,且具 16 字节的 FIFO。

(3) UART 通道 1 可以选择红外通信模式,符合 IrDA 1.0 规范,且具有 16 字节的 FIFO。

(4) 支持收发时的握手模式。

11.2.2 UART 工作原理

1. 数据发送

数据发送的帧格式是可编程的。它包含 1 个起始位、5 个 ~8 个数据位、1 个可选的奇偶位和 1 个或 2 个停止位,这些都可以通过帧控制寄存器 ULCONn 来配置。发送器也能够发出暂停状态(Break Condition)。暂停状态迫使串口输出保持在逻辑 0 状态,时间超过一帧数据传输时间。现有的一帧数据完整地发送完之后,发出暂停信号。暂停信号发送之后,续发的数据进入发送 FIFO 中(在不使用 FIFO 模式下,将进入发送保持寄存器)。暂停信号的发出是通过软件控制的。

2. 数据接收

与发送一样,接收的数据帧格式同样是可编程的,它包括了 1 个起始位、5 个 ~8 个数据位、1 个可选的奇偶校验位和 1 个或 2 个停止位,这些参数通过帧控制寄存器 ULCONn 设置。接收器还可以检测到溢出错误、奇偶校验错误、帧错误和暂停状态,每当检测到任何一个错误时,都会设置一个相应的错误标志,各种错误标志的含义如下:

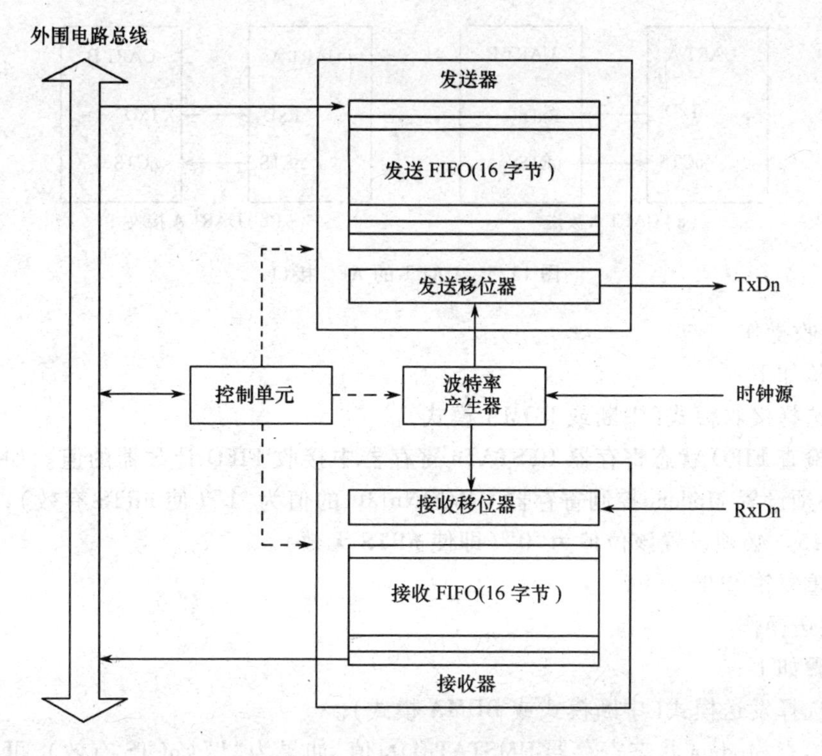

图 11.4　UART 方框图(具有 FIFO)

(1) 溢出错误,表示旧的数据没有及时读出之前,被新的数据覆盖。

(2) 奇偶校验错误,表示接收器检测到了奇偶校验错误。

(3) 帧错误,表示接收到的数据没有有效的停止位。

(4) 暂停状态,表示 RxDn 的输入保持为 0 状态的时间超过了一帧数据传输时间。

(5) 接收超时,在 FIFO 模式、接收 FIFO 不空情况下,当接收器在传输 3 个字时间内没有接收到任何数据时,就认为发生了接收超时状况。

3. 自动流控制 AFC(Auto Flow Control)

S3C44B0X 的 UART 通过 nRTS 和 nCTS 信号实现自动流控制,在这种情况下必须是 UART 与 UART 连接。如果用户将 UART 连接到 Modem,就应该在 Modem 控制寄存器 UMCONn 中设置自动流控制位无效,并通过软件控制 nRTS。

在 AFC 中,nRTS 由接收器的状态来控制,发送器的工作由 nCTS 控制。UART 发送器仅当 nCTS 信号有效时发送 FIFO 中的数据(在 AFC 中,nCTS 信号有效意味着对方 UART 的 FIFO 已经准备好接收数据)。在 UART 接收数据之前,如果它的接收 FIFO 中还有多于两个字节的空余空间就必须使 nRTS 有效,当接收 FIFO 的剩余空间少于一个字节时,必须使 nRTS 无效(在 AFC 中,nRTS 信号有效意味着自己的接收 FIFO 准备接收数据)。所谓 AFC 方式是一种硬件控制方式,接收方的 nRTS 由硬件自动控制,发送方的发送受 nCTS 信号状态控制。AFC 接口如图 11.5 所示。

4. 非自动流控制(通过软件控制 nRTS 和 nCTS)

非自动流控制是一种软件控制方式,nRTS 由接收方通过软件控制,发送方通过软件查询 nCTS 来控制发送。

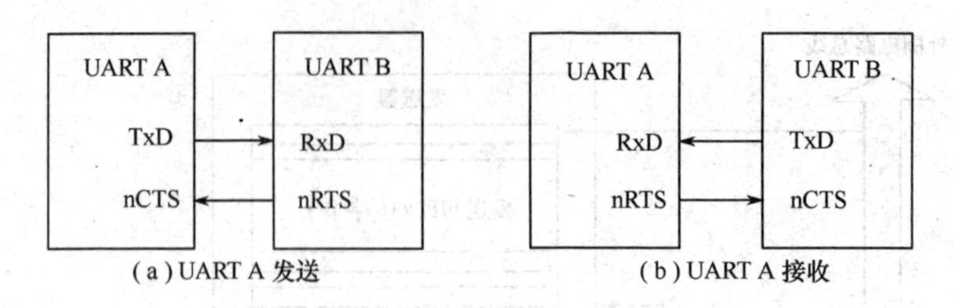

图 11.5 UART 的 AFC 接口

1）接收操作

其步骤如下：

(1) 选择接收模式(中断或 BDMA 模式)。

(2) 检查 FIFO 状态寄存器 UFSTATn 寄存器中接收 FIFO 计数器的值。如果值小于 15,用户必须设置 Modem 控制寄存器 UMCONn[0]的值为“1”(使 nRTS 有效);如果值等于或大于 15。必须设置该位值为“0”(即使 nRTS 无效)。

(3) 重复第②步。

2）发送操作

其步骤如下：

(1) 选择发送模式(中断模式或 BDMA 模式)。

(2) 检查 Modem 状态寄存器 UMSTATn[0]值,如果为“1”(nCTS 有效),可以写数据到输出缓冲区或输出 FIFO 寄存器中。

5. RS－232 接口

如果用户要连接到 Modem,就需要用 nRTS、nCTS、nDSR、nDTR、DCD 和 nRI 信号。在这种情况下,用户必须通过软件控制一些通用 I/O 口来实现这些信号。原因是 AFC 不支持 RS－232 接口。

6. 中断/DMA 请求的产生

S3C44B0X 的每个 UART 都有 7 个状态信号,用来指示发送状态、接收状态和出错信号。这些状态信号包括溢出错误、奇偶校验错误、帧错误、暂停状态、接收 FIFO/缓冲区数据准备好、发送 FIFO/缓冲区空、发送移位寄存器空,所有这些状态都由对应的 UART 状态寄存器(UTRSTATn)和 UART 错误状态寄存器(UERSTATn)中的相应位来指示。

溢出错误、奇偶校验错误、帧错误和暂停状态都被认为是接收错误状态,如果控制寄存器 UCONn 中的“接收错误状态中断使能位”被置“1”,它们中的任何一个都能够引起“接收错误状态中断”请求。当检测到“接收错误状态中断请求”时,要想知道是哪一种接收错误引起的,可以通过读取 UART 错误状态寄存器 UERSTATn 来识别。

当接收器要将接收移位寄存器的数据送到接收 FIFO,它会激活接收 FIFO 满状态信号。如果控制寄存器中的接收模式选为中断模式,就会引发接收中断。

当发送器从发送 FIFO 中取出数据送到发送移位寄存器,那么 FIFO 空状态信号将会被激活。如果控制寄存器中的发送模式选为中断模式,就会引发发送中断。如果接收/发送模式被选为 DMA 模式,“接收 FIFO 满”和“发送 FIFO 空”状态信号同样可以产生 DMA 请求信号。

与 FIFO 有关的中断如表 11.18 所列。

表 11.18　与 FIFO 有关的中断

类 型	FIFO 模式	非 FIFO 模式
Rx 中断	每当 FIFO 接收数据达到某预定值时，就产生接收中断。如果 FIFO 非空，且在长达传输 3 个字时间内没有接收到任何数据，就产生超时中断	每当接收到一帧完整数据，接收移位寄存器将产生一个中断
Tx 中断	每当 FIFO 发送数据，使其剩余数据达到某一预定值时，就产生发送中断	每当发送数据空，发送保持寄存器将产生一个中断
错误中断	帧错误、奇偶校验错误、按字节检测到暂停状态都将产生错误中断。 当接收数据达到接收 FIFO 的顶部，就会产生溢出错误中断	所有错误都会立即产生一个错误中断。但是如果另一个错误同时发生，只产生一个中断

7. UART 错误状态 FIFO

除了接收 FIFO 寄存器之外，UART 还具有一个错误状态 FIFO。错误状态 FIFO 指出了在 FIFO 寄存器中，哪一个数据接收有错误。只有当错误的数据被读出时，错误中断才会产生。为了清除 FIFO 的状态，含有错误信息的接收保存器 URXHn 和错误状态寄存器 UERSTATn 必须被读出。

例如，假设 UART 的 FIFO 连续接收到 A、B、C、D、E 5 个字符，并且在接收 B 字符时发生了帧错误，在接收 D 字符时发生了奇偶校验错误。虽然 UART 错误发生了，但错误中断不会产生，因为含有错误的字符还没有被读出，只有当字符被读出时错误中断才会发生。接收 5 个字符的示例过程如图 11.6 所示。

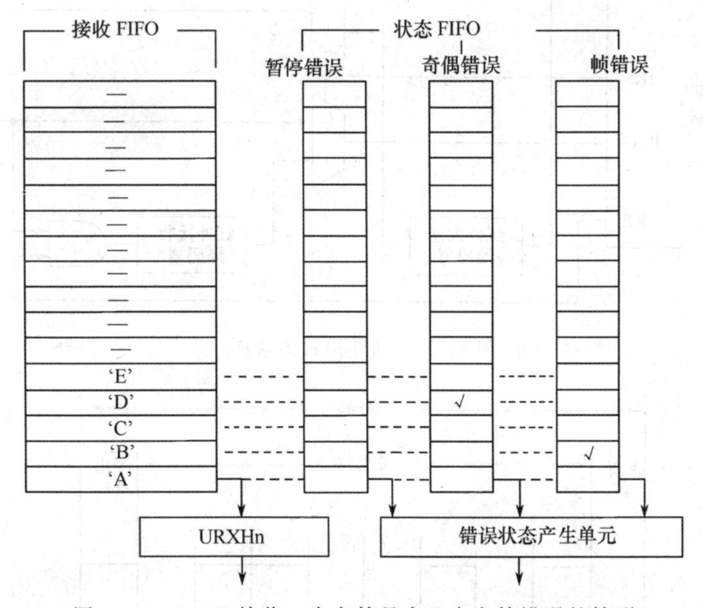

图 11.6　UART 接收 5 个字符具有 2 个字符错误的情形

8. 波特率发生器

每个 UART 的波特率发生器为发送器和接收器提供串行时钟。波特率发生器的时钟源可以通过 S3C44B0X 的内部系统时钟来选择。波特率通过下式计算求取，式中 UBRDIVn 为 UART 波特率除数寄存器 UBRDIVn 中的 16 位除数。

$$\text{UBRDIVn} = (\text{取整})\left(\frac{\text{MCLK}}{\text{波特率} \times 16}\right) - 1$$

波特率除数寄存器 UBRDIVn 中除数的范围为 $1 \sim (2^{16}-1)$。例如，如果波特率为 115200b/s，且系统主频 MCLK 为 40MHz，则 UBRDIVn 的值为

$$\text{UBRDIVn} = (\text{取整})\left(\frac{40000000}{115200 \times 16} + 0.5\right) - 1 = 21$$

9. 回馈模式

S3C44B0X 的 UART 提供了一个测试模式，即回馈模式，这种模式有利于找出通信线路中的错误。在这种模式下，发送出的数据会立即被接收。这一特性用于微处理器验证每个 UART 内部发送和接收数据通道是否通畅。这种模式可以通过设置 UART 控制寄存器(UCONn)中的回馈位来实现。

10. 暂停状态

暂停状态定义为：在数据发送时，连续发送低电平信号，时间大于发送一帧数据的时间。

11. 红外通信模式

S3C44B0X 的 UART 单元支持红外线(IR)发送和接收，可以通过设置 UART 帧控制寄存器(ULCONn)中的红外模式位来选择这一模式。这种模式的实现如图 11.7 所示。在 IR 发送模式下，发送数据 1 为低电平；发送数据 0 为高电平，但高电平的宽度仅为数据 0 这个比特位位宽的 3/16，位于数据位宽的中心位置。在 IR 接收模式下，接收器必须通过检测宽度为数据位宽的 3/16 的高电平来识别数据 0，如图 11.8 ~ 图 11.10 所示。

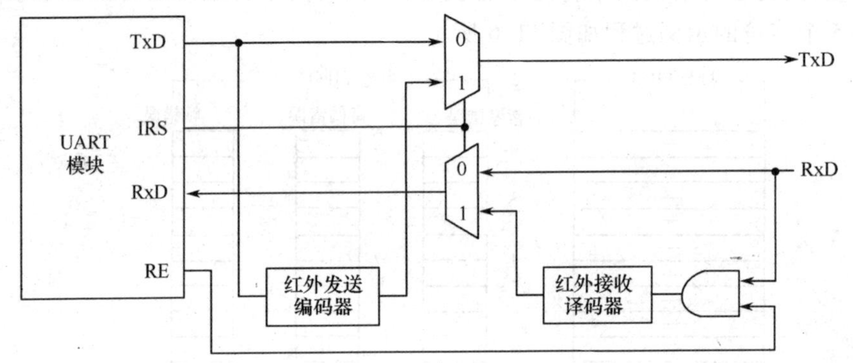

图 11.7　红外模式方块图

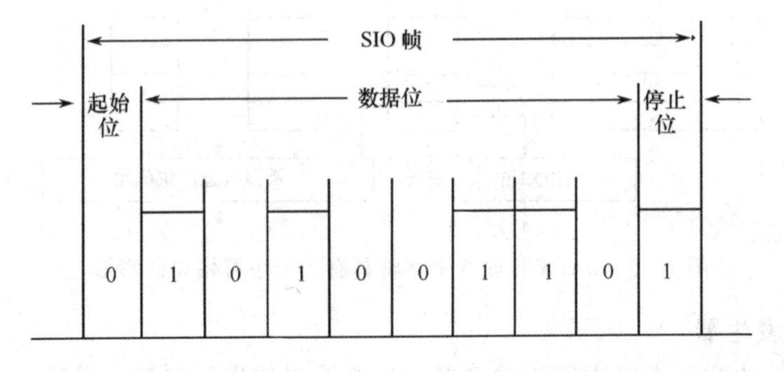

图 11.8　串行 I/O 帧时序图(正常 UART)

注意：S3C44B0X 的采样周期是传输 1 个比特位所需时间的 1/16，因此，当低速通信

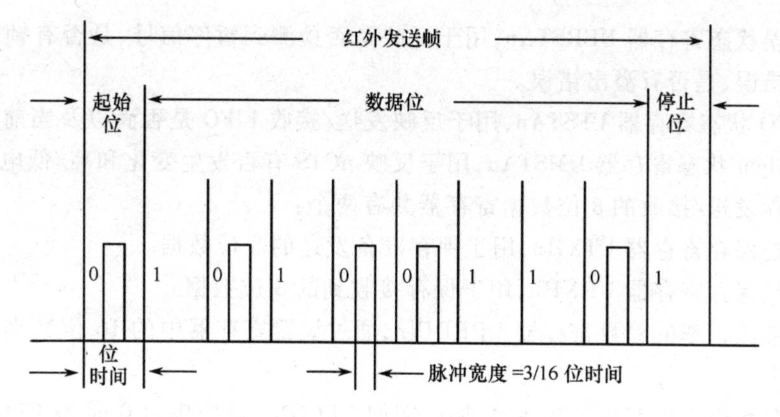

图 11.9　红外发送模式帧时序图

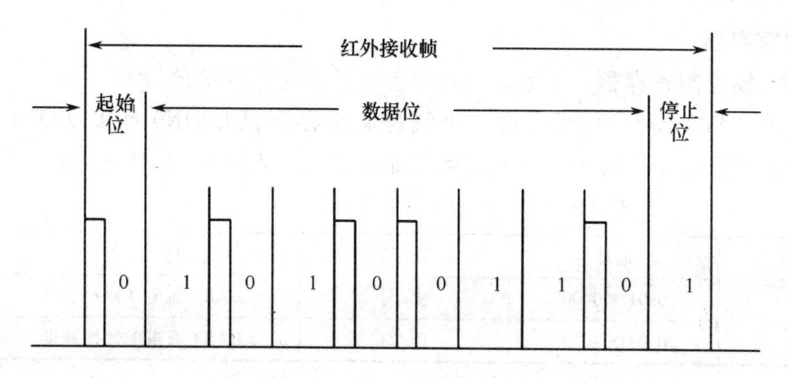

图 11.10　红外接收模式帧时序图

时，接收的脉冲宽度必须大于传输 1 个比特位时间的 1/16，例如，通信的波特率是 9600b/s，接收的脉冲宽度必须大于 6.51μs（传输 1 比特位时间 = 104.1μs，采样周期 = 6.51μs）

图 11.8 ~ 图 11.10 分别给出了正常 UART 帧时序图、红外模式发送帧时序图、红外模式接收帧时序图。

11.2.3　UART 专用寄存器

由于 S3C44B0X 的 UART 支持的工作方式多、功能强，因此相应的配置寄存器较多，有控制寄存器、状态寄存器、数据保存器和波特率除数寄存器。

用于实现参数配置的控制寄存器共有 4 个：

（1）帧控制寄存器 ULCONn，用于配置发送/接收帧格式。

（2）控制寄存器 UCONn，用于中断的开放/禁止设置、中断触发方式设置、发送/接收模式设置、测试模式设置与发送暂停信号设置。

（3）FIFO 控制寄存器 UFCONn，用于 FIFO 模式设置、FIFO 触发预定值设置、FIFO 复位。

（4）Modem 控制寄存器 UMCONn，用于自动流控制（AFC）的设置和非自动流控制的设置。

用于反映 UART 工作状态的寄存器共有 4 个：

（1）发送/接收状态寄存器 UTRSTAn，用于反映当不使用 FIFO 时，发送移位寄存器是否为空、发送缓冲区是否为空、接收缓冲区数据是否准备好。

(2) 错误状态寄存器 UERSTAn,用于反映是否检测到暂停信号、是否有帧错误、是否有奇偶校验错误、是否有溢出错误。

(3) FIFO 状态寄存器 UFSTAn,用于反映发送/接收 FIFO 是否满以及当前数据个数。

(4) Modem 状态寄存器 UMSTAn,用于反映 nCTS 有否发生变化和高/低电平状态。

用于保存发送/接收的 8 位数据寄存器共有两个:

(1) 发送保存寄存器 UTXHn,用于保存准备发送的 8 位数据。

(2) 接收保存寄存器 URXHn,用于保存接收到的 8 位数据。

用于设置波特率的除数寄存器 UBRDIVn,通过设置寄存器中的 16 位数来决定发送/接收的波特率。

寄存器名称中末位字母 n 表示 0 或 1,例如 ULCONn 对应串口 0 时为 ULCON0,对应串口 1 时为 ULCON1,依次类推。

1. 控制寄存器

1) UART 帧控制寄存器

UART0 和 UART1 两个单元各有一个帧控制寄存器,ULCON0 和 ULCON1,其作用是用来规定传输帧的格式。两个帧控制寄存器的功能、定义如表 11.19 所列。

表 11.19　帧控制器(ULCONn)的定义

寄存器	地址	读/写	功　能	复位值
ULCON0	0x01D00000	读/写	UART 通道 0 帧控制器	0x00
ULCON1	0x01D04000	读/写	UART 通道 1 帧控制器	0x00
ULCONn	比特位	定　义		初始状态
保留	[7]			0
红外模式	[6]	本位用来确定是否采用红外模式: 0:正常通信模式　1:红外通信模式		0
校验模式	[5:3]	规定收发过程奇偶校验方式: 0XX:无校验　100:奇校验　101:偶校验 110:校验位强制/检测为 1 111:校验位强制/检测为 0		000
停止位	[2]	每帧中停止位的个数 0:每帧有一位停止位　1:每帧有两位停止位		0
数据长度	[1:0]	每帧中数据位的个数 00:5 位　01:6 位　10:7 位　11:8 位		00

下例是一个帧控制器配置的例子。

例如,编程实现:利用 UART0 实现串行通信,规定帧格式为正常通信模式、无奇偶校验、1 位停止位、8 位数据位,编程配置如下:

(1) UARTCON0 的参数配置:

```
ULCON0[7] =0B
ULCON0[6] =0B
ULCON0[5:3] =000B
ULCON0[2] =0B
ULCON0[1:0] =11B
ULCON0 =0x03
```

(2) 编程:

```
ULCON0      EQU         0x01D00000
LDR         R0, = ULCON0
LDR         R1, =0x03
STRB        R1,[R0]
```

执行完以上3条指令,就完成了规定的帧格式配置。

2) UART控制寄存器

UART0 和 UART1 两个单元各有一个控制器,UCON0、UCON1,功能、定义如表11.20所列。

表11.20 UART控制寄存器(UCONn)定义

寄存器	地址	读/写	功 能	复位值
UCON0	0x01D00004	读/写	UART 通道0控制寄存器	0x00
UCON1	0x01D04004	读/写	UART 通道1控制寄存器	0x00
UCONn	比特位	定 义		初始状态
发送中断类型	[9]	中断请求类型: 0:脉冲(在发送缓冲区变空 瞬间立即触发中断) 1:电平(在发送缓冲区为空时引发中断)		0
接收中断类型	[8]	中断请求类型: 0:脉冲(接收缓冲区接收到数据瞬间立即触发中断) 1:电平(接收缓冲区正在接收数据时引发中断)		0
接收超时使能	[7]	在UART的FIFO使能情况下,使能/禁止接收超时中断: 0:禁能 1:使能		0
接收错误状态中断使能	[6]	在接收过程中,如果出现暂停、帧错误、奇偶校验错误或超载错误时,设置使能错误中断: 0:不产生错误状态中断 1:产生错误状态中断		0
回馈模式	[5]	设置该位,UART自动进入回馈模式,此模式用于实验测试: 0:正常操作 1:回馈模式		0
发送暂停信号	[4]	设置该位,将引发UART在一帧时间内发送暂停信号,该信号发送完后,该位自动被清除 0:正常操作 1:发送暂停信号		0
发送模式	[3:2]	这两位确定当前采用哪种方式向UART发送保持寄存器写入发送数据 00:禁止 01:中断请求或查询方式 10:BDMA0 请求(仅对UART0) 11:BDMA1 请求(仅对UART1)		00
接收模式	[1:0]	这两位确定当前采用哪种方式从UART接收缓冲寄存器中读出接收数据 00:禁止 01:中断请求或查询方式 10:BDMA0 请求(仅对UART0) 11:BDMA1 请求(仅对UART1)		00

下例是一个控制器配置的例子。

例如,编程实现:通过UART0实现正常的通信;不使用FIFO;要求在发送/接收一帧数据后,立即以中断的方式通知 CPU;不设置接收超时使能;当出现接收错误时以中断方式通知 CPU;不发送回馈信号。

(1) UCON0 的参数配置:

```
UCON0[9] = 0B
UCON0[8] = 0B
UCON0[7] = 0B
UCON0[6] = 1B
UCON0[5] = 0B
UCON0[4] = 0B
UCON0[3:2] = 01B
UCON0[1:0] = 01B
UCON0 = 0x045
```

(2) 编程:

```
UCON0     EQU        0x01D00004
LDR       R0, = UCON0
MOV       R1,#0x45
STR       R1,[R0]
```

执行完以上 3 条指令,就完成了规定的配置。

3) FIFO 控制寄存器

UART0 和 UART1 两个单元各有一个 FIFO 控制寄存器,UFCON0 和 UFCON1,功能、定义如表 11.21 所列。

表 11.21 FIFO 控制寄存器(UFCONn)定义

寄存器	地址	读/写	功能	复位值
UFCON0	0x01D00008	读/写	UART 通道 0 FIFO 控制寄存器	0x0
UFCON1	0x01D04008	读/写	UART 通道 1 FIFO 控制寄存器	0x0
UFCONn	比特位	定义		初始状态
发送 FIFO 为空的触发值	[7:6]	决定发送 FIFO 的触发值: 00:0 字节　01:4 字节 10:8 字节　11:12 字节		00
接收 FIFO 为满的触发值	[5:4]	决定接收 FIFO 的触发值: 00:4 字节　01:8 字节 10:12 字节　11:16 字节		00
保留	[3]			0
发送 FIFO 复位	[2]	复位 FIFO 之后自动清"0": 0:正常　1:发送 FIFO 复位		0
接收 FIFO 复位	[1]	复位 FIFO 之后自动清"0": 0:正常　1:接收 FIFO 复位		0
FIFO 使能	[0]	0:禁能 FIFO　1:使能 FIFO		0

注意:在使用 FIFO 的 DMA 接收方式中,当 UART 没有达到 FIFO 的触发值,且在长达传输 3 帧数据时间内没有接收到数据时,将产生接收超时中断。此时,需要检查 FIFO 的状态并读出 FIFO 中已接收到的数据。

下例是一个 FIFO 控制器配置的例子。

例如,编程实现:UART0 使用 FIFO 进行通信,当发送 FIFO 中所有数据发送完毕后触发中断,当接收 FIFO 中存有 16 字节数据后触发中断,复位发送与接收 FIFO。

(1) UFCON0 的参数配置:

```
UFCON0[7:6] =00B
UFCON0[5:4] =11B
UFCON0[3] =0B
UFCON0[2] =1B
UFCON0[1] =1B
UFCON0[0] =1B
UFCON0 =0x37
```

(2) 编程:

```
UFCON0          EQU          0x01D00008
LDR             R0, =UFCON0
MOV             R1,#0x37
STRB            R1,[R0]
```

执行完以上 3 条指令,就完成了规定的配置。

4) Modem 控制寄存器

UART0 和 UART1 两个单元各有一个 Modem 控制寄存器,UMCON0 和 UMCON1,功能、定义如表 11.22 所列。

表 11.22　Modem 控制寄存器(UMCONn)定义

寄存器	地址	读/写	功　能	复位值
UMCON0	0x01D0000C	读/写	UART 0 Modem 控制寄存器	0x0
UMCON1	0x01D0400C	读/写	UART 1 Modem 控制寄存器	0x0
UMCONn	比特位	定　义		初始状态
保留	[7:5]	这 3 位必须是 0		000
AFC(自动流控制)	[4]	0:禁止　　1:使能		0
保留	[3:1]	这 3 位必须是 0		000
请求发送	[0]	如果 AFC 使能,这位的值将被忽略。在这种情况下 S3C44BOX 将自动控制 nRTS 如果 AFC 禁止,必须由软件来控制 nRTS 0:高电平(nRTS 失效) 1:低电平(nRTS 有效)		0

下例是一个 Modem 控制寄存器配置的例子。

例如,编程实现:UART0 与 Modem 之间进行通信,采用自动流控制(AFC)。

(1) UMCON0 的参数配置:

```
UMCON0[7:5] =000B
UMCON0[4] =1B
UMCON0[3:1] =000B
```

```
UMCON0[0] = 0B
UMCON0 = 0x10
```

（2）编程：

```
UMCON0      EQU         0x01D0000C
LDR         R0, = UMCON0
MOV         R1,#0x10
STRB        R1,[R0]
```

执行完以上3条指令,就完成了规定的配置

2. 状态寄存器

1）发送/接收状态寄存器

UART0 和 UART1 两个单元各有一个发送/接收状态寄存器, UTRSTAT0 和 UTRSTAT1,功能、定义如表 11.23 所列。

表 11.23　发送/接收状态寄存器(UTRSTATn)定义

寄存器	地址	读/写	功　能	复位值
UTRSTAT0	0x01D00010	读	UART 0 发送/接收状态寄存器	0x6
UTRSTAT1	0x01D04010	读	UART 1 发送/接收状态寄存器	0x6
UTRSTATn	比特位	定　义		初始状态
发送移位器空	[2]	当发送移位寄存器中不包含有效数据: 0:非空　1:发送保持和移位寄存器空		1
发送缓冲器空	[1]	当发送缓冲区寄存器中不包含有效数据,这一位将自动被置 1 0:缓冲区寄存器非空　1:空 如果使用了 FIFO,则不用检测这个位,而应当检测 UFSTAT 中发送 FIFO 计数位和 FIFO 满位		1
接收缓冲区数据准备好	[0]	当接收缓冲器寄存器中包含了有效数据,这一位将自动被置 1 0:完全为空　1:缓冲区寄存器中包含有效数据 如果使用了 FIFO,则不用检测这个位,而应当检测 UFSTAT 中接收 FIFO 计数位		0

下例是一个查询发送/接收状态寄存器的例子。

例如,执行以下两条指令:

```
UTRSTAT0        EQU         0x01D000010
LDR             R0, = UTRSTAT0
LDR             R1,[R0]
```

如果读到 R1 = 0x00000007,则说明发送移位寄存器空、发送缓冲器空、接收缓冲寄存器中有已经接收到的数据。

2）错误状态寄存器

UART0 和 UART1 两个单元各有一个错误状态寄存器,UERSTAT0 和 UERSTAT1,功能、定义如表 11.24 所列。

表 11.24 UART 错误状态寄存器(UERSTATn)定义

寄存器	地址	读/写	功　能	复位值
UERSTAT0	0x01D00014	读	UART0 接收错误状态寄存器	0x0
UERSTAT1	0x01D04014	读	UART1 接收错误状态寄存器	0x0
UERSTATn	比特位	定　义		初始状态
暂停信号检测	[3]	0:未接收到中止信号　1:接收到中止信号		0
帧错误	[2]	如果在接收操作中发生了帧错误,该位将自动置 1 0:接收中没有发生帧错误　1:帧错误		0
奇偶校验错误	[1]	如果在接收操作中发生了奇偶校验错误,该位将自动置 1 0:接收中没有发生奇偶校验错误 1:奇偶校验错误		0
溢出错误	[0]	如果在接收操作中发生了溢出错误,该位将自动置 1 0:接收中没有发生溢出错误 1:溢出错误		0

注意:当读 UART 错误状态寄存器时,UERSATn[3:0]这 3 个比特位将被自动清“0”。

下例是一个查询错误状态寄存器的例子。

例如,执行以下两条指令:

```
UERSTAT0        EQU        0x01D000014
LDR             R0, = UERSTAT0
LDR             R1,[R0]
```

如果读到:R1 = 0x00000004,说明:接收的一帧数据有帧错误。

3) FIFO 状态寄存器

UART0 和 UART1 两个单元各有两个有 16 字节 FIFO,一个用于发送,一个用于接收。同时每个 UART 各有一个 FIFO 状态寄存器,UFSTAT0 和 UFSTAT1,功能、定义如表 11.25 所列。

表 11.25 FIFO 状态寄存器(UFSTATn)定义

寄存器	地址	读/写	功　能	复位值
UFSTAT0	0x01D00018	读	UART 0 FIFO 状态寄存器	0x00
UFSTAT1	0x01D04018	读	UART 1 FIFO 状态寄存器	0x00
UFSTATn	比特位	定　义		初始状态
保留	[15:10]			0
发送 FIFO 满	[9]	发送过程中当 FIFO 满时,置 1 0:0 字节≤发送 FIFO 的数据个数≤15 字节 1:满		0
接收 FIFO 满	[8]	当 FIFO 满时,置 1 0:0 字节≤接收 FIFO 的数据个数≤15 字节 1:满		0
发送 FIFO 计数值	[7:4]	发送 FIFO 中的数据个数		0
接收 FIFO 计数值	[3:0]	接收 FIFO 中的数据个数		0

下例是一个查询 FIFO 状态寄存器的例子。

例如,执行以下两条指令:

```
UFSTAT0        EQU        0x01D000018
LDR            R0,=UFSTAT0
LDR            R1,[R0]
```

如果读到 R1=0x0000013F,则说明发送 FIFO 中数据未满,其中有 3 个待发数据;接收 FIFO 中数据已满,其中有 15 个已经收到的数据。

4) Modem 状态寄存器

UART0 和 UART1 两个单元各有一个 Modem 状态寄存器,UMSTAT0 和 UMSTAT1,功能、定义如表 11.26 所列。

表 11.26 Modem 状态寄存器(UMSTATn)定义

寄存器	地址	读/写	功 能	复位值
UMSTAT0	0x01D0001C	读	UART0 Modem 状态寄存器	0x0
UMSTAT1	0x01D0401C	读	UART1 Modem 状态寄存器	0x0
UFSTATn	比特位	定 义		初始状态
Δ CTS (CTS 状态变化)	[4]	表明输入到 S3C44BOX 的 nCTS 信号从上一次读以后已经改变过: 0:未改变 1:改变		0
保留	[3:1]	保留		
清除发送	[0]	0:CTS 信号未激活(nCTS 引脚为高电平) 1:CTS 信号已经激活(nCTS 引脚为低电平)		0

下例是一个查询 Modem 状态寄存器的例子。

例如,执行以下两条指令:

```
UMSTAT0         EQU          0x01D00001C
LDR         R0,=umstat0
LDR         R1,[R0]
```

如果读到 R1=0x00000000,说明 TS 自上次读后未发生改变,目前未被激活。

3. 保存寄存器

1) 发送保存(缓冲)寄存器

UART0 和 UART1 两个单元各有一个发送保存(缓冲)寄存器 UTXH0 和 UTXH1,在保存寄存器中保存一个 8 位的发送数据。功能、定义如表 11.27 所列。

表 11.27 UART 发送保存(缓冲)寄存器(UTXHn)定义

寄存器	地址	读/写	功 能	复位值
UTXH0	0x01D00020(L) 0x01D00023(B)	写 (按字节)	UART 通道 0 发送保存寄存器	—
UTXH1	0x01D04020(L) 0x01D04023(B)	写 (按字节)	UART 通道 1 发送保存寄存器	—
UTXHn	比特位	定 义		初始状态
TXDATAn	[7:0]	UARTn 发送的数据		—
注:L 为小端格式;B 为大端格式				

2）接收保存(缓冲)寄存器

UART0 和 UART1 两个单元各有一个接收保存(缓冲)寄存器 URXH0 和 URXH1,在接收保存器中保存一个 8 位的接收数据。功能、定义如表 11.28 所列。

表 11.28　UART 接收保持(缓冲)寄存器(RTXHn)定义

寄存器	地址	读/写	功　能	复位值
URXH0	0x01D00024(L) 0x01D00027(B)	读 (按字节)	UART　通道 0 接收缓冲寄存器	—
URXH1	0x01D04024(L) 0x01D04027(B)	读 (按字节)	UART　通道 1 接收缓冲寄存器	—
URXHn	比特位	定　义		初始状态
RXDATAn	[7:0]	UARTn 接收数据		—
注:L 为小端格式;B 为大端格式				

注意:如果发生了溢出错误,必须读一次 URXHn,如果不读,即使 UERSTATn 中的溢出错误位被清除了,下一个接收的数据仍然会发生一个溢出错误。

4. 波特率除数寄存器

UART0 和 UART1 单元中各有一个波特率除数寄存器,UBRDIV0 和 UBRDIV1。设置在波特率除数寄存器(UBRDIVn)中的数值,用于确定串行发送/接收的波特率,具体计算参见 11.7.2 小节“波特率产生器”。波特率除数寄存器功能、定义如表 11.29 所列。

表 11.29　波特率除数寄存器(UBRDIVn)定义

寄存器	地址	读/写	功　能	复位值
UBRDIV0	0x01D00028	读/写	波特率除数寄存器 0	—
UBRDIV1	0x01D04028	读/写	波特率除数寄存器 1	—
UBRDIVn	比特位	定　义		初始状态
UBRDIV	[15:0]	波特率除数值　UBRDIVn > 0		—

11.2.4　应用举例

本节讨论利用 UART0 实现与 PC 机串行通信的应用实例。

1. 硬件设计

硬件原理如图 11.11 所示,U2 MAX232 是 RS-232C 的接口电路,实现电平转换作用。能将来自 S3C44B0X 一侧的 0~3.3V 正逻辑电平转换为符合 EIA RS-232C 标准的负逻辑电平输出,即当 S3C44B0X 发出 0 电平时,经过 MAX232 转换为 3V~15V 电平,当 S3C44B0X 发出 3.3V 电平时,经过 MAX232 转换为 -15V~-3V 电平;能将来自 PC 一侧的标准 RS-232 电平,转换为 TTL 电平输出,即当 MAX232 接收到 3V~15V 电平时,能转换为 0V 电平传向 S3C44B0X 一侧,当 MAX232 接收到 -15V~-3V 电平时,能转换为 5V 电平传向 S3C44B0X 一侧。通过这种电平转换,实现 S3C44B0X 与标准 RS-232C 设备通信。图 11.11 中 R1、R2 是限流电阻,起保护作用。原因是,MAX232 向 S3C44B0X 一侧的电平信号是 0~5V,而 S3C44B0X 仅能发出/接收 0~3.3V 电平,逻辑高电平不匹配,通过限流电阻,简单实现两种电平的接口。

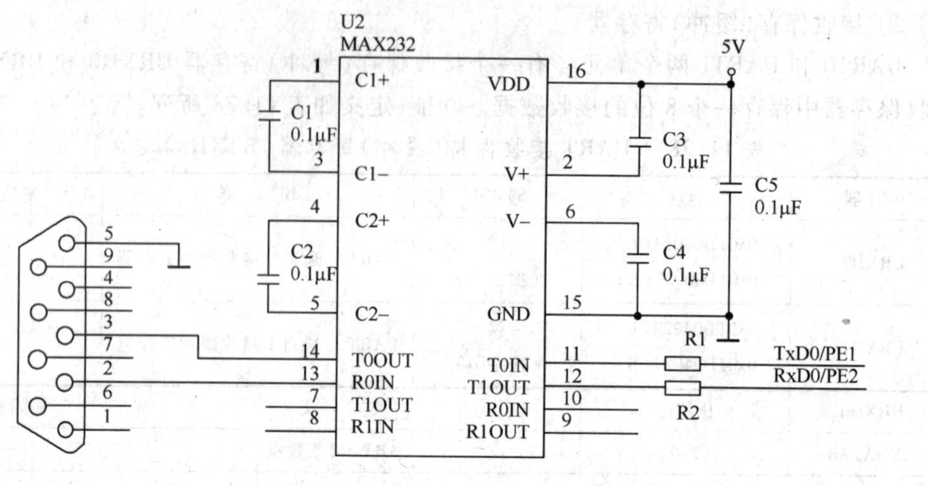

图 11.11　串行通信原理图

2. 软件设计

1）串行发送

功能:将数据区从地址 0xC900000 开始的 16 字节数据,通过 UART0 发送出去。发送帧格式:8 位数据、1 位停止位、无奇偶校验、波特率 115200b/s。

设计思路:主程序按查询方式,即每发送一帧数据,通过查询 UART0 的发送/接收状态寄存器的比特位 2,来看发送移位寄存器是否已空,若空,则说明发送的数据已经从 TxD0 引脚发送出去,可以接着发送下一帧数据,直至全部数据发送完毕。在发送之前,必须先对有关控制寄存器进行初始化,按要求配置参数。这一工作在初始化子程序“INIT”中完成。初始化子程序“INIT”需要完成以下初始化工作:

(1) 将 PE2 口配置为 RxD0, PE1 口配置为 TxD0。

(2) 配置帧控制器 ULCON0,实现规定的帧格式:8 位数据、1 位停止位、无奇偶校验。

(3) 配置控制器 UCON0:RX 边沿触发,TX 电平触发,禁用超时中断,使用 RX 错误中断,正常操作模式,中断请求或查询模式。

(4) 配置 FIFO 控制器 UFCON0:不用 FIFO。

(5) 配置 Modem 控制器 UMCON0:不用 AFC。

(6) 配置波特率除数寄存器控制器 UBRDIV0:实现波特率为 115200b/s。

```
ULCON0      EQU     0x01d00000      ;UART 帧控制器地址
UCON0       EQU     0x01d00004      ;UART 控制器地址
UFCON0      EQU     0x01d00008      ;UART FIFO 控制器地址
UMCON0      EQU     0x01d0000C      ;UART Modem 控制器地址
UTXH0       EQU     0x01d00020      ;发送数据保存器地址
UBRDIV0     EQU     0x01d00028      ;波特率除数寄存器地址
UTRSTAT0    EQU     0x01d00010      ;UART 发送/接收状态寄存器地址
CNT         EQU     16              ;发送字节数
PCONE       EQU     0x01D20028      ;通用 E 口配置寄存器地址
PUPE        EQU     0x01D20030      ;通用 E 口上拉电阻配置寄存器地址
        AREA    T_TXD,CODE,READONLY
        ENTRY
        LDR     SP, =0xC800000              ;规定堆栈指针
```

```
        BL      INIT                    ;调用初始化子程序
        LDR     R4, =0xC900000          ;将欲发送数据的存储首地址送入 R4
        LDR     R5, = CNT               ;将发送数据的字节数送入 R5
LOOP
        LDR     R3, = UTRSTAT0          ;查询发送缓冲寄存器是否为空
        LDR     R2,[R3]
        TST     R2,#0x02
        BEQ     LOOP                    ;如果发送移位寄存器不为空,则继续查询
        LDR     R0, = UTXH0             ;开始准备发送数据
        LDRB    R1,[R4],#1              ;从存储单元中取出 1 字节数据
        STRB    R1,[R0]                 ;发送
        SUBS    R5,R5,#1                ;查询是否发送完毕
        BNE     LOOP                    ;若未发送完毕,则继续发送
LOOP1
        B       LOOP1                   ;发送完毕,等待此处
INIT
        LDR     R1, = PCONE             ;配置通用 I/O 口,使 PE2 为 RxD0,PE1 为 TxD0,
        LDR     R0, =0x28
        STR     R0,[R1]
        LDR     R1, = PUPE              ;配置 E 口无上拉电阻
        LDR     R0, =0xFF
        STR     R0,[R1]
        LDR     R1, = ULCON0            ;配置 UART 帧控制器:正常模式,无奇偶校验,
                                        ;一个停止位,8 个数据位
        LDR     R0, =0x03
        STR     R0,[R1]
        LDR     R1, = UCON0             ;配置 UART 控制器:RX 边沿触发,TX 电平触发,
                                        ;禁用延时中断,使用 RX 错误中断,正常操作模式,
                                        ;中断请求或表决模式
        LDR     R0, =0x245
        STR     R0,[R1]
        LDR     R1, = UFCON0            ;配置 UART FIFO 控制器:禁用 FIFO
        LDR     R0, =0x0
        STR     R0,[R1]
        LDR     R1, = UMCON0            ;配置 UART Modem 控制器:禁止使用 AFC
        LDR     R0, =0x0
        STR     R0,[R1]
        LDR     R1, = UBIRDIV0          ;配置波特率,系统主频为频率 60MHz
        LDR     R0, =0x20               ;(取整)
                                        ;(60000000/16/115200 + 0.5) - 1 = 32
        STR     R0,[R1]
        MOV     PC,LR                   ;子程序返回
        END
```

为了能使上述程序实现预定功能,还需要对整个系统进行初始化设置,包括时钟控制器的配置、存储器的配置、执行环境配置、关掉 WDT 等操作。

2）串行接收

功能:将通过 UART0 串行接收的 16 字节数据,存入地址为 0xC900000 开始数据区。接收数据的帧格式:8 位数据、1 位停止位、无奇偶校验、波特率为 115200b/s。

设计思路:主程序按查询方式,既通过查询 UART0 的发送/接收状态寄存器的比特位 0,来看接收缓冲寄存器是否已收到有效数据,若收到,则将接收缓冲寄存器中的数据读出存放到数据存储器中,直至全部 16 个数据接收转存完毕。

```
ULCON0      EQU     0x01d00000      ;UART 帧控制器地址
UCON0       EQU     0x01d00004      ;UART 控制器地址
UFCON0      EQU     0x01d00008      ;UART FIFO 控制器地址
UMCON0      EQU     0x01d0000C      ;UART Modem 控制器地址
URXH0       EQU     0x01d00024      ;接收数据保存器地址
UBRDIV0     EQU     0x01d00028      ;波特率除数寄存器地址
UTRSTAT0    EQU     0x01d00010      ;UART 发送/接收状态寄存器地址
CNT         EQU     16              ;发送字节数
PCONE       EQU     0x01D20028      ;通用 E 口配置寄存器地址
PUPE        EQU     0x01D20030      ;通用 E 口上拉电阻配置寄存器地址
        AREA    T_RXD,CODE,READONLY
    ENTRY
    LDR     SP, =0xC800000          ;规定堆栈指针
    BL      INIT                    ;调用初始化子程序
    LDR     R4, =0xC900000          ;将欲接收数据的存储首地址送入 R4
    LDR     R5, =CNT                ;将欲接收数据的字节数送入 R5
LOOP
    LDR     R3, =UTRSTAT0           ;查询接收缓冲寄存器是否有有效数据
    LDR     R2,[R3]
    TST     R2,#0x01
    BEQ     LOOP                    ;如果接收缓冲寄存器没有有效数据,则继续查询
    LDR     R0, =URXH0              ;开始准备接收数据
    LDRB    R1,[R0]                 ;从存储单元中取出 1 字节数据
    STRB    R1,[R4],#1              ;发送
    SUBS    R5,R5,#1                ;查询是否发送完毕
    BNE     LOOP                    ;若未发送完毕,则继续发送
LOOP1
    B       LOOP1                   ;发送完毕,等待此处
```

初始化程序“INIT”同上例一致。

思考题与习题

1. 怎样理解 S3C44B0X 的 I/O 口是多功能 I/O 口？

2. 当选择作为基本的 I/O 使用时,可分为哪几组？

3. 哪些 I/O 口只可以做输出口,不可以做输入口？哪些 I/O 口既可以做输出口,又可以做输入口？

4. 每组 I/O 口有几个寄存器控制？用于 I/O 口功能选择的是哪个寄存器？用于输

出数据和保存输入数据的是哪个寄存器？用于选择上拉电阻的是哪个寄存器？

5. 编程确定:C 口用于输出。

6. 编程确定:D 口用于输入。

7. 编程确定:PE 口的 PE8 用于存储器端格式配置;PE3、PE4、PE5、PE6、PE7 用于 PWM 定时器输出;PE2 用于输入;PE0、PE1 用于输出。PE 口不上拉电阻。

8. S3C44B0X 有几个来自引脚电平变化产生的外部中断?

9. 外部中断有几种触发方式?

10. 编程实现:使图 11.12 所示的 LED 闪烁显示。

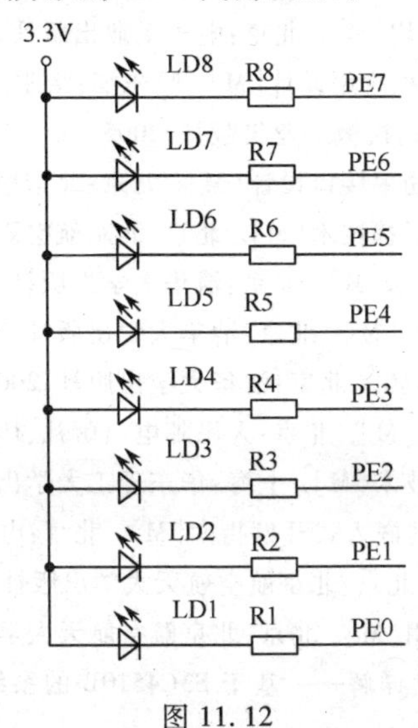

图 11.12

11. S3C44B0X 微处理器有几个片内 UART?

12. 什么是自动流控制 AFC 方式? 什么是非自动流控制方式? 主要区别表现在哪里?

13. S3C44B0X 微处理器的片内 UART 是否支持 RS-232 接口?

14. UART 的波特率是如何确定的?

15. S3C44B0X 微处理器的片内 UART 是否支持红外通信模式?

16. 在 UART 的红外通信模式中,数据位的 0 或 1 是如何表达的?

17. UART 有哪几个控制寄存器、哪几个状态寄存器、哪几个数据保存器、哪几个波特率除数寄存器?

18. 说明 UART 帧控制寄存器 ULCONn 的功能。

19. 说明 UART 控制寄存器 UCONn 的功能。

20. 说明 UART FIFO 控制寄存器 UFCONn 的功能。

21. 说明 UART Modem 控制寄存器 UMCONn 的功能。

22. 说明 UART 发送/接收状态寄存器 UTRSTATn 的功能。

23. 说明 UART 错误状态寄存器 UERSTATn 的功能。

24. 说明 UART 发送保存(缓冲)寄存器 UTXHn 的功能。

25. 说明 UART 接收保存(缓冲)寄存器 RTXHn 的功能。

26. 编程确定:UART0 通信的帧格式为:8 位数据、1 位停止位、无奇偶校验、波特率为 115200b/s(系统主振频率为 60MHz),不用 AFC,不使用 FIFO。

参考文献

[1] 李华. MCS-51系列单片机实用接口技术[M]. 北京:北京航空航天大学出版社,1993.
[2] 王选民. 智能仪器原理及设计[M]. 北京:清华大学出版社,2008.
[3] 余永权. FLASH单片机原理与应用[M]. 北京:电子工业出版社,1997.
[4] 张毅刚,等. 新编MCS-51单片机应用设计[M]. 哈尔滨:哈尔滨工业大学出版社,2003.
[5] 程德福,等. 智能仪器[M]. 北京:机械工业出版社,2005.
[6] 余永权,等. 单片机应用系统的功率接口设计[M]. 北京:北京航空航天大学出版社,1992.
[7] 王幸之,等. 单片机应用系统抗干扰技术[M]. 北京:北京航空航天大学出版社,2000.
[8] 胡汉才. 单片机原理及其接口技术[M]. 北京:清华大学出版社,2004.
[9] 杨居义,等. 单片机课程设计指导[M]. 北京:清华大学出版社,2009.
[10] 李伯成. 单片机及嵌入式系统[M]. 北京:清华大学出版社,2008.
[11] 赵依军,等. 单片微机接口技术[M]. 北京:人民邮电出版社,1989.
[12] 凌志浩. 智能仪表原理与设计技术[M]. 上海:华东理工大学出版社,2003.
[13] 胡大可,等. 基于单片机8051的嵌入式开发指南[M]. 北京:电子工业出版社,2003.
[14] 何立民. 单片机应用文集[C]. 北京:北京航空航天大学出版社,1991.
[15] 宋建国. AVR单片机原理及应用[M]. 北京:北京航空航天大学出版社,1998.
[16] 李驹光,等. ARM应用系统开发详解——基于S3C4510B的系统设计[M]. 北京:清华大学出版社,2003.
[17] 贾智平,等. 嵌入式系统原理与接口技术[M]. 北京:清华大学出版社,2005.
[18] 夏靖波,等. 嵌入式系统原理与开发[M]. 西安:西安电子科技大学出版社,2006.
[19] 马忠梅,等. ARM&Linux嵌入式系统教程[M]. 北京:北京航空航天大学出版社,2004.
[20] 胥静. 嵌入式系统设计开发实例详解——基于ARM的应用[M]. 北京:北京航空航天大学出版社,2005.
[21] Samsung公司. S3C44BoX_datasheet. pdf. http://www. samsung. com.